U0465341

世图心理

博客：http://blog.sina.com.cn/bjwpcpsy
微博：http://weibo.com/wpcpsy

[德] 伯特·海灵格 著　林逸柔 曾立芳 廖文玉 译

在爱中升华

世界图书出版公司
北京·广州·上海·西安

图书在版编目（CIP）数据

在爱中升华 /（德）伯特·海灵格（Bert Hellinger）著；林逸柔，曾立芳，廖文玉译.—北京：世界图书出版有限公司北京分公司，（2025.5重印）
书名原文：Rising in Love
ISBN 978-7-5100-2799-4

Ⅰ.①在… Ⅱ.①伯…②林…③曾…④廖… Ⅲ.①心理学—心理治疗 Ⅳ.①R749.055

中国版本图书馆CIP数据核字（2010）第188812号

Rising in Love © 2008 Bert Hellinger
Hellinger Publications, GmbH & Co. KG
publications@hellinger.com
www.hellinger.com
Simplified Chinese edition © 2011 Beijing World Publishing Corporation
All rights reserved.

书　　名	在爱中升华 ZAI AI ZHONG SHENGHUA
著　　者	［德］伯特·海灵格
译　　者	林逸柔　曾立芳　廖文玉
责任编辑	李晓庆
封面设计	佟文弘
出版发行	世界图书出版有限公司北京分公司
地　　址	北京市东城区朝内大街137号
邮　　编	100010
电　　话	010-64038355（发行）　64037380（客服）　64033507（总编室）
网　　址	http://www.wpcbj.com.cn
邮　　箱	wpcbjst@vip.163.com
销　　售	新华书店
印　　刷	三河市国英印务有限公司
开　　本	787mm×1092mm　1/16
印　　张	21.5
字　　数	350千字
版　　次	2011年1月第1版
印　　次	2025年5月第19次印刷
版权登记	01-2010-3210
国际书号	ISBN 978-7-5100-2799-4
定　　价	59.00元

版权所有　翻印必究
（如发现印装质量问题，请与本公司联系调换）

中文版序

很高兴我的多本新作在中国出版了。

系统排列的理论和方法已经扩展到许多华人治疗师和专业助人领域。通过这些专业助人者的运用，系统排列帮助许多人跨越生命中的障碍，走向快乐成功的生活。

像是重新发现中国古老的智慧一样，许多华人惊奇地见证了系统排列的洞见所带来的惊人结果，而这些洞见所遵循的路径与古代老子道德经所描述的"道"竟是一样的，因此华人对系统排列有一种特别的熟悉感，就好像回到自己的家一样。

感谢所有让这些书成功出版的贡献者与参与人员，包括在中国、马来西亚和新加坡，所有这些开疆辟土、带领系统排列发展、让许多人受益的先驱者，我真诚地尊敬和感谢你们所有的努力。

伯特·海灵格（Bert Hellinger）

推荐序

海灵格是我非常佩服的一位大师，他让我看到"不言之教"的威力，更为我见证了老子的"无为而无不为"的可能性。绕口令式的中国古老智慧，因为他的洞见和实践而复活。

在关系中细腻的感受，在关系中成长，那是来访者的责任，太多的教导反而会失去力量。对于喜欢"教导"的民族，这是一本必读的书，这也是学生欲就读我校，家长若接受过海灵格的课程则可加分的条件之一。

"爱的序位"也是大师有重大影响力的洞见，遵守"爱的序位"能够让爱的能量自然流动。支撑本校餐饮教育的背后力量就源于让爱的能量顺畅流动，让师生在关系中"爱的不累"，让成长在其间自然发生！

夏惠汶

目录

导言与概要
灵性的观点 3
 自由 4
 担忧与关怀 5
 未来与当下 6
 爱 6
关于这本书 6

第一章　序　幕
关系中的罪恶与清白 10
 自我设限 11
 帮助者症候群 12
 充分交换 12
 传递 13
 表达感谢 14
 幸福 16
 平衡 16
 受伤与失落 16
 无助 17
 宽恕 20
 和解 21
 受苦 22
 好与坏 23
 归属于我们的 24
 归属于他人的 24
 命运 24
 谦卑 26

序位与丰饶　　　　　　　　　27
良知的限制　　　　　　　　　　28
　　　解答　　　　　　　　　　　　28
　　　罪恶和清白　　　　　　　　　29
　　　先决条件　　　　　　　　　　30
　　　差异　　　　　　　　　　　　30
　　　不同的关系　　　　　　　　　31
　　　序位　　　　　　　　　　　　31
　　　表象　　　　　　　　　　　　32
　　　打破魔咒　　　　　　　　　　33
　　　归属　　　　　　　　　　　　34
　　　忠诚　　　　　　　　　　　　35
　　　忠诚与疾病　　　　　　　　　36
　　　界限　　　　　　　　　　　　37
　　　良善　　　　　　　　　　　　37
　　　家庭良知　　　　　　　　　　38
　　　归属的权利　　　　　　　　　39
　　　强迫性的重复　　　　　　　　39
　　　序位阶层　　　　　　　　　　39
　　　解决之道　　　　　　　　　　43
　　　洞见　　　　　　　　　　　　44
亲子关系与群体中的爱的序位　　　45
　　　不同的序位　　　　　　　　　46
　　　父母与孩子　　　　　　　　　46
　　　荣耀　　　　　　　　　　　　48
　　　生命的礼物　　　　　　　　　48
　　　拒绝　　　　　　　　　　　　51
　　　特别之处　　　　　　　　　　51
　　　父母所给予我们的　　　　　　52
　　　归属于我们的父母　　　　　　53
　　　傲慢　　　　　　　　　　　　53
　　　命运共同体　　　　　　　　　54
　　　家庭系统　　　　　　　　　　55
　　　家庭系统的连结　　　　　　　55
　　　完整　　　　　　　　　　　　56
　　　家庭责任　　　　　　　　　　57
　　　平等的归属权　　　　　　　　57

爱的序位　　　　　　　　　　　58
🌀**爱的序位：**
　亲密关系及个体与更大整体的关系　　61
　　　男人与女人　　　　　　　　　61
　　　父亲与母亲　　　　　　　　　62
　　　欲望　　　　　　　　　　　　62
　　　性爱　　　　　　　　　　　　63
　　　夫妻之间的连结　　　　　　　64
　　　情欲的连结　　　　　　　　　65
　　　低音的回旋　　　　　　　　　66
　　　互补　　　　　　　　　　　　66
　　　阿尼玛和阿尼姆斯　　　　　　67
　　　双边互利　　　　　　　　　　68
　　　跟随与服务　　　　　　　　　69
　　　平等　　　　　　　　　　　　69
　　　交流的计量　　　　　　　　　70
　　　连结的不同模式　　　　　　　71
　　　纠葛　　　　　　　　　　　　72
　　　承诺　　　　　　　　　　　　72
　　　放弃　　　　　　　　　　　　73
　　　如是　　　　　　　　　　　　74

第二章　灵性的良知
　🌀**不同类型的良知**　　　　　　　76
　🌀**个人良知**　　　　　　　　　　77
　　　归属感　　　　　　　　　　　77
　　　善与恶　　　　　　　　　　　78
　🌀**集体良知**　　　　　　　　　　78
　　　完整性　　　　　　　　　　　79
　　　本能　　　　　　　　　　　　79
　　　超越生死的归属权　　　　　　80
　　　谁属于这个家庭系统　　　　　80
　　　爱是唯一的解决之道　　　　　81
　　　还有谁属于这个家庭系统　　　81
　　　平衡　　　　　　　　　　　　82
　　　补偿与赎罪　　　　　　　　　83
　　　报复　　　　　　　　　　　　83

疗愈	83
优先顺序的法则	84
优先顺序法则的违背情形及其后果	84
集体良知的范围	86
灵性良知	86
不同良知与家庭系统排列	88
灵性良知	88
个人良知	91
集体良知	92
结语	93
沉思录	94
灰飞烟灭	94
指引	94
追寻	95
善意	96
期待	97
眼前	97
轻盈	98
和谐一致	99
同在	100
觉知	101
连结	103

第三章　家庭疾病的成因及疗愈之道

造成疾病的爱及疗愈的爱	107
对家庭的忠诚及其后果	107
共同体及平衡	107
疾病追随心灵	108
宁愿是我而不是你	108
不盲目的爱	110
我代替你离开	110
即使你离开，我仍会留下	111
我将跟随你	112
我会继续活下来	112
遭到误导的希望	113
带来疗愈的爱	114
以疾病补偿	114

透过赎罪补偿注定更加不幸	115
接受与和解的补偿	116
受苦取代连结	117
终止罪恶	118
以疾病作为受苦的方法	118
拒绝接受父母导致疾病	118
尊敬父母	118

第四章　健康及疗愈的灵性观点

灵性之爱	124
从灵性层次爱我们的父母	125
孩子	125
另一种爱	126
冥想：告别	126
道路	128
当下	128
受损的平等	129
牵连纠葛	129
解决之道	129
罪恶与赎罪	130
灵性层次	130
精神疾病，绝望的爱	130
实例	130
精神疾病的成因	133
精神疾病是加害者，而精神分裂者是受害者	135
当精神疾病成为家庭问题	137
助人者	137
练习：灵性之爱	138
深渊之爱	139
无意识的爱	139
对所有人的善意	139
牵连纠葛	140
觉知的爱	141
优先法则	141
盲目的爱	141
净化之路	142
冥想：将我们带离深渊的爱	142

圆	142
让死者安息	143
自由	143
言语障碍：失语症与不被看见的成员	**144**
口吃与精神分裂症	144
口吃，因为心中害怕某人	144
口吃，因为家庭秘密不允许被显现	145
解决	145
让对立的双方和解	146
给口吃患者的练习："你、我、和我们"	146
成长之路	147
练习：心灵的和解	147
案例：口吃与精神分裂症	148
解释	152
说出字词	**154**
命名	155
创造性真实的字句	155
自闭症	**156**
灵性家庭排列在一句话中的运用	**156**
进行方式	156
案例：一位患有神经性痉挛的十二岁男孩	157
案例：一位腹泻的四十岁男性	159
案例：一位患有恐慌症并自残的十五岁男孩	160
案例：一位只能吃流质食物的三十五岁女性	161
案例：一位右半身瘫痪的三十七岁男人	162
内在移动	162
冥想：我们的句子	163
简短督导案例	**163**
未来	164
失语的男孩	165
练习：跟随灵性	166

第五章　迈向和谐

以助人为业	**170**
施与受的助人	170
专业助人	171
我们何时能助人	171

带着尊重助人　　　　　　　　　　　171
　　　安全地助人　　　　　　　　　　　　172
　　　帮助他人成长　　　　　　　　　　　172
助人的秩序　　　　　　　　　　　　　　173
　　　助人，到底是什么意思？　　　　　　173
　　　依循"平衡"和"流动"的方式　　　173
　　　给予我们所拥有的，取得我们所需要的　174
　　　在可行范围中进行　　　　　　　　　175
　　　助人原型：父母与子女　　　　　　　176
　　　平等的帮助　　　　　　　　　　　　176
　　　将来访者的家庭纳入考虑　　　　　　178
　　　不带批判的协助　　　　　　　　　　179
　　　超越善恶的协助　　　　　　　　　　180
　　　不带遗憾的协助　　　　　　　　　　180
　　　与重大考验和谐一致的协助　　　　　181
　　　一种特别的感知　　　　　　　　　　181
　　　观察、感知、洞见、直觉、共振共鸣　182
与心灵共鸣的协助　　　　　　　　　　　184
　　　治疗态度　　　　　　　　　　　　　186
　　　询问来访者的问题　　　　　　　　　186
　　　爱的源头　　　　　　　　　　　　　187
　　　爱与力量　　　　　　　　　　　　　187
　　　助人者之爱　　　　　　　　　　　　188
　　　包容万有的心灵　　　　　　　　　　189
　　　简易心理治疗　　　　　　　　　　　190
　　　爱与命运　　　　　　　　　　　　　191
和家庭融合一致的帮助　　　　　　　　　191
　　　和父母融合一致　　　　　　　　　　191
　　　和自己的家庭融合一致　　　　　　　193
　　　和他人的家庭融合一致　　　　　　　194
　　　和其他助人者融合一致　　　　　　　194
　　　和团队关系——欣然祝福人　　　　　195
如何成功助人　　　　　　　　　　　　　195
　　　最低的序位　　　　　　　　　　　　196
　　　序位的优先次序　　　　　　　　　　196
　　　人的伟大　　　　　　　　　　　　　197
治疗性关系　　　　　　　　　　　　　　197

采取行动	198
控制权	198
为生命而服务	199
热切的渴望	200
融合一致与勇气	200
权力竞争	201
强硬	202
同理心	203
系统同理心	204

伟大的心灵   204

无为	205
灵魂黑夜	205
拒绝行动	206
战士	206
胜利和失败	206
对手的立场	206
犯错	207
源泉	207

令人舒缓的画面   207

内在画面	208
疗愈画面	208

两种感觉   209

原始感觉	209
戏剧化的感觉	209
作梦	210
仁慈的目光和恶毒的眼光	210

有效的协助   211

立即的影响	211
短而精	212
生死攸关的问题	212
极限	212
尊重	213
归于中心	213
另一个面向	214
谦卑	214
同情	214
朝向母亲的连结被中断	215

让亡者安息	215
朝向解决的行动	217
恐惧	218
警告	219
河流	219
在平等关系中助人	220
平辈之间的协助	220
采取行动	220
呻吟	221
事件	221
内在的排列	222
交托	222
真相大白	223
命运	223
个人自由的限制	224
家庭就是命运	224
世代的界限	225
疗愈的力量	226
伟大的命运	226
早夭	227

第六章　灵性家庭排列

哲学	230
身体	231
灵魂	232
人类的心灵	232
创造性心灵——道	232
灵性家庭排列	233
心灵场域	233
道的移动	234
家庭的心灵场域	234
场域和灵魂	235
家庭灵魂	235
良知	236
正义	236
被囚禁的心灵	237
洞见的现象学之路	238

进行的模式 238
　　　冥想：保持距离 240
🌀 灵魂 240
　　　其他方式 241
　　　肃穆 241
　　　范围 242
　　　失落的灵魂 242
　　　清晰 242
　　　我们的家庭 243
　　　来访者的家庭 244
　　　失焦与共鸣 245
🌀 不同的家庭系统排列 246
　　　助人的愿望 246
　　　助人的多种面向 247
　　　无为的呈现 247
　　　初学者 248
　　　信任心灵 248
　　　保护 249
　　　未完成 250
　　　在和谐中成长 251
　　　无为 252
　　　选择不同的道路 253
　　　故事：知识与了解 253

第七章　男人与女人
🌀 灵性观点下的男人与女人 258
　　　尊重 258
　　　同意 259
　　　心灵之爱 259
　　　忠贞 260
　　　谁跟随着谁？ 260
　　　案例：超越伴侣的看见 261
　　　练习：跟随心灵 262
　　　宽容 263
　　　案例：永恒的幸福 264

第八章　需要帮助的孩子

所有孩子都是好的 — 268
- 冥想：我们都是有障碍的孩子 — 270
- 孤儿的故事 — 271
- 帮助孩子 — 272

案例：残障的小孩：现在我同意 — 273
- 排列 — 273
- 案例：排列出被堕胎的小孩 — 276

第九章　剧烈的冲突

大型冲突 — 288
- 决意歼灭他人 — 288
- 将"歼灭他人的决心"转移到不同层面 — 290
- 正义 — 290
- 良知 — 291
- 新想法带来威胁 — 292
- 内化了的拒绝 — 292
- 场域 — 293
- 场域与良知 — 294
- 疯狂 — 295
- 总结 — 296

伟大的和平 — 296
- 爱 — 296
- 交换 — 297
- 集体良知 — 297
- 无力 — 298
- 胜利 — 298
- 洞见 — 298
- 内在和平 — 299
- 感知 — 299
- 另一种良知 — 300
- 另一种爱 — 301
- 人类的和平 — 302

第十章　灵性宗教
- 神之爱 — 306

神与诸神	309
以他的形象	310
另一种神	310
案例：耶稣和该亚法	311
洞见的灵性之路	312
排列	313
反思	315
故事：转折点	315

第十一章　反思

好好整理你的家！	318
守望	318
自由	319
抵达	320
生命不断延续	321
退守	322
和平	323
足够	324
消失	325
尾声	326

导言与概要
Introduction and Overview

海灵格科学（The Hellinger sciencia），在此特别选择"sciencia"（sciencia 为古希腊文。——审定者注）这个词，是因为它意味着哲学传统的共同起源。此一共同起源是"序位"（Order），甚至可以说是人类所有重要的连结和互动行为的法则。首先，序位法则可运用在家庭关系里，包括亲密关系、亲子关系和手足关系。这样的法则也同样适用于我们与组织和机构的工作领域，更可进一步延伸到譬如族群与文化这样更大的领域。

从另一个角度而言，这同时也是一门探讨人类关系的共通性科学，包括冲突的起因、导致人们疏离和无法亲密而引起失序问题的原因等。

这些序位和失序的状况常透过身体表现出来，因此，此科学在探讨疾病以及身体、心灵和心智的健康上亦有着重要的贡献。

为什么这样的学问被称作"海灵格科学"呢？这是因为此学问是我所发掘并加以阐述的洞见，是我在公开场合透过真实生命情境的验证而得来的学问。因此人们也可以透过他们自己的关系和行为来验证这些洞见的影响是否真实存在。这样以实际经验为根据的学问，可以说是一门真正的科学。

以科学的角度而言，海灵格科学是一门不断发展中的学问，它不断地透过许多投入这门学问的人所累积的经验和体会而继续展开。海灵格科学是一门"活着"的学问，它并非来自于学术，也不能以一种系统性的完整定义和结论来灌输给学生。因此，它无法明确标准化的效标或是结果验证的方式，我们只能透过这个工作的效果来证明它的影响。从任何角度来看，它都是一门开放性的科学。

灵性的观点

除了透过关系中的序位和失序法则来了解海灵格科学外，另一个方式是透过灵性的观点来看待这门科学。唯有透过灵性观点我们才能了解这些洞见的深度，也只有透过灵性观点，我们才能领略这门科学普遍适用的意义，并在不同场域去经验这些法则所带来的影响。

什么是灵性的洞见？它又包含了那些层面呢？这样的洞见来自于对宇宙法则的作用过程和影响结果的观察：所有的移动都不是来自于个体本身，而是受到外在力量的牵动。所有的生物都是如此，即使某个移动看起来好像来自于个体本身，但这个移动的起源仍是来自外界，而非这个个体。因此，所有生物移动的动力都是来自于外界。只要生命继续存在，所有移动的起源及过程都是来自外在力量。

另一个值得深思的是，每一个移动，特别是生物的移动，都包含着意识性和目的性。这个假设的前提是，所有移动都来自于一股有意识的力量。换句话说，每一个移动都是意识作用的结果，移动起源于这股意识力量作用的结果，移动同时也是这股意识力量作用的具体表现方式。

移动的起源是什么呢？有一种观点是，每个个体都以原本的样貌存在。再延伸下去是：没有一个个体不接受自己原本的样貌，也没有一个移动能够违背个体的意愿而发生。因此，每一个移动都来自于道的移动。因此，对道来说万事万物都是永无止息的。道在过去、现在、未来都是以同样的方式作用着。

道同时思考过去和未来，而过去的发生对未来有着深远的影响，过去的经验将影响未来的发生并借此达到满足。

未来是过去的一种延伸、完成的状态，移动是由过去导向未来。对我们而言，移动万物的力量超越了我们能够理解的范围，所有思考的动力也是来自这股无可比拟的力量，所以，有谁能够再宣称自己是站在制高点，不受这股力量影响地评论一切移动的发生？

一旦面对这样的想法，许多我们长久以来深信不疑的假设就会完全受到推翻。例如自由意志和个人责任，以及在我们文化中所重视的许多价值、评断和区别，都将会被丢弃。

在此，我主要讨论的是，我们文化中区别好坏、对错、亲疏、上下、高低、善恶及生死的标准。

我们不断地制造区分，并且将之视为真实经验。然而，"道"也如此看待生命中的发生吗？

在此，我们需要思考：我们是否能在未来复制过去的经验？

过去将延伸出未来，因此，在我们的经验中有"过去"与"未来"的对照，会有"更多"或"更少"的情况。

"少"是什么？"多"又代表什么？在此，它们所代表的是觉知的程度。我们发现，我们的移动是从较少的觉知朝向较多的觉知；我们的移动是从较少觉知、与道较疏离，朝向较多觉知、最终与道合而为一的过程。所以，对我们而言，一个存在的移动是从少到多的过程。但是道的想法并非如此，因为对道而言，多与少的差别并不存在，而无所谓从少朝向多的移动过程。对道而言，所有的发生都会为我们带来移动。道相信，所有的经验都能够为我们带来更"多"的觉知。

古往今来，有谁成功地得到更大的觉知？有谁成功地与道合而为一？这是我们个人能够达成的吗？这是我们此生能够完成的吗？或者人类在此道途上，从过去、现在、未来以一个整体的方式达到"更大"的觉知？或者这是我们与其他许许多多的人，从过去到现在，生生世世必须同样经验并穿透的过程？或者只有与他人一起才能到达？

自由

当然，在各个不同层面我们认为自己拥有自由，我们对自己的行为和行为后果感到有责任。然而与此同时，我们了解：我们的自由、责任和罪恶，及其所有后果，都是被一股更大的力量、一股移动万物的灵性力量所移动的。我们从中思考、行动并促成所有经验的发生。

我们能有不同的回应方式吗？我们办得到吗？我们要从何处得到不同的行动和反应的力量？

那么，还有什么留给我们做呢？只有继续以从前的方式，以我们所经验到的去同意我们的自由、责任、罪恶、过去以及所有后果。

但与此同时，我们也经验到道，及与那促成一切移动的道合而为一的更大的意识。我们与那些为我们承担自由与责任的后果的人，以及我们行为与罪行所波及的人，都同样地经历到更大的意识。

如此一来，我们各自以不同的方式经验同一个事件，因为同一个发生而有不同的收获。当我们同时出于自由意志或身不由己地去察觉时，会获得更多的觉知，也许与促成一切发生的道更融合而为一，也将与他人一样获得更多体认，然后在朝向全然觉知的道路上再向前迈一步。

担忧与关怀

在这样的灵性层面上，担心将不再存在，包括对海灵格科学未来发展的担心。海灵格科学的存在同样是"道"的产物，无论人们接受与否，它都是道思考和移动的结果。当然它也同样处于变动之中。作为一个宇宙共通的科学，道在它的影响下展现它的真理。

我的担心是什么？对未来的担心，对我们的未来、对他人的未来、对世界的未来？我们的担心不已经被证明是愚蠢的吗？我们以为担心可以改变或预防一些事情。如果真是如此，那些担心就可以构成一股对抗"道"的力量，就好像他们可以独立于"道"之外而存在。

担忧和与道合一的关怀是不相同的，这样的关怀是在"道"的影响下所产生的对世界的关怀，是为世界服务的。这样的关怀与道所关心、所在乎的一致，这样的关怀与生命的秩序一致，与生命的起源和结束一致。

未来与当下

对道而言，当下是威力之点。道是在当下思考，所有对未来的担忧都不存在。活在当下就是与道的和谐状态。因为当下就包含了下一个发生，当下就包含了未来，未来就在此时此刻发生。

爱

最终来说，海灵格科学是爱的科学。爱涵容万物，海灵格科学亦是如此。爱只有在与促使世界所有发生的道和谐一致时，才能够成功。与道的思考和谐一致就是爱，爱清楚地了解道的移动。这样的爱了解道运作的方式，以及它是如何被允许发生的。因为这样的爱带着清楚的觉知，并与道和谐一致。这样的觉知是智慧的洞见，这样的爱是纯净的，因为它的发生是受到另一股更大力量的影响。这样的爱是纯净而觉知的爱。

因此，它也是一种具有创造性的爱，它的创造性与道和谐一致。因此，这样的爱也是一种科学，它是一种宇宙共同运行的科学，它运行在世界的每一个角落，它能够如此运行乃是因为它是真理。

关于这本书

这本"海灵格科学"，可能会有人怀疑它可涵盖的范围，我也曾经问过自己这个问题。我是在经过漫长的旅程后，才逐渐发展出涵盖整个人类关系及爱的序位的洞见。经过这些过程，我了解到，这些洞见经过整理后能够发展成一门理解关系的科学，如今已是以科学的方式向人们及世界公开这些洞见的时机了。

我以自己的名字为这个科学命名，是为了确保这门科学能够以它原始的面貌清楚地呈现，而这也是本书的目的。

人类关系序位和失序的洞见，是透过我对于人类良知运作方式，以及对于人类关系各层面影响的了解而来。在欧美国家，良知有着神圣不可侵犯的地位，特别是在基督教文明中更有着较为巨大的影响。即使是著名的哲学家，像是德国哲学家康德和其他几位启蒙时代有名的思想家，也因为文化中"良知的神圣地位"的影响而受到蒙蔽，这些哲学家们无法清楚地观察和思考所谓的良知是如何在人类的各种关系上运作以及它的目的和所带来的影响。阻碍我们去检视良知的更大的障碍是那些所谓权威的宣告，他们宣称良知是神的讯息，这是我们必须要小心检视的。

这样的宣称所带来的是破坏性的后果以及毁灭性的冲突，这样的情况常造成对立双方都出于所谓"好的良知"，而采取不顾人道关怀及相互尊敬的消灭异己之攻击行为。

这本书对海灵格科学做了整体的描述，它可以应用于以下领域：

- 男人与女人
- 父母与孩子
- 健康与疾病
- 工作与成功
- 组织
- 和解与平静

同时这本书也是理解这些洞察的一本实用手册，主要着重在家庭系统排列与其未来的发展：灵性家庭排列。

本书涵盖以下主题：

- 序幕
- 灵性的良知
- 家庭疾病的成因和疗愈之道
- 灵性观点下的健康与疗愈
- 与道合一的助人方式
- 灵性家庭排列
- 男人与女人
- 需要帮助的孩子
- 剧烈的冲突
- 灵性信仰

透过以下各层面的洞见，包括：良知的运作，特别是系统排除成员的影响，施与受、得与失的法则，序位的优先法则以及违反法则后对系统的影响，海灵格科学得以广泛运用。

透过本书，我将传递来自于真实的丰富讯息，协助读者了解海灵格科学，让您在个人和工作等不同领域里可实际运用，如此您在关系的各个层面上都将较容易成功，这也将使更多人得到幸福。

第一章
序　幕
The beginnings

经过长期的临床工作，我逐渐地了解人类关系的本质。在本章中，你将与我一同踏上这发现之旅，我们将一起从头经验这个旅程。

在这一年中，我根据这些洞见发展了几个独立的篇章。这些篇章所陈述的洞见之基础，是我透过不断检视自己随着工作及生活的成长与变动，积累经验逐渐发展而来的心灵之旅。每一个章节都延伸出更多关于施与受的秩序、良知、归属与排除的法则，以及亲密关系和亲子关系中爱的序位。

关系中的罪恶与清白

人类关系始于施与受，而施与受又开启了我们清白及罪恶的经验。这是因为一方带着期待而付出，接受的一方则感觉自己背负着回报的义务。一方带着期待，而另一方则感受到义务，如此一来造就了每一段关系中的罪恶与清白。这也使得付出与接受的两方必须交换位置。除非最终施与受能达到平衡，否则不论付出或接受的一方都不会满意。这意味着接受的一方将有机会付出，而付出的一方也必须能够接受。以下来举一个例子。

平衡

在非洲，一个传教士即将迁移到另一个教区。在他离开的那天早晨，一位教徒带着礼物步行几个小时，希望能够与这位传教士进行最后一次晨祷并道别。传教士了解这个教徒是为了感谢传教士曾在他生病时前去探视，他也了解这个教徒的礼物对他而言价格不菲。

  传教士原本试图退还礼物，甚至希望能够再给予这个教徒一笔钱。然而，在深思后，他决定带着感谢接受这个礼物。

  无论快乐与否，当我们接受了别人的礼物时，我们也失去了独立与清白。当我们接受时，我们会觉得对给予者有所亏欠；我们会因亏欠而感到不舒服，并会努力回报以使自己能释放这样的压力。每一份礼物都有这样的代价。

  另一方面，当我们不求回报地给予某人或是付出大于回报时，我们通常会愉悦地经验清白感。当我们不亏欠任何人、无所求或者没有得到任何赠与时，我们通常会有轻松而自由的愉悦感。

  当施与受能够平衡时，我们将经验最深沉的满足。

  为了维持前述清白的愉悦感，通常人们会有以下三种行为模式。

自我设限

  有些人会为了维持清白感而拒绝参与任何形式的交流，他们宁愿封闭自己，也不愿接受来自他人的任何赠与。如此一来，他们就无须背负对任何人的责任。这是一种"旁观者"的清白，他们借由不参与而不玷污自己。所以，他们常因为对生命采取冷眼旁观的态度而产生空虚和不满足的感受。

  许多有忧郁症的人采取这样的生活态度。首先他们拒绝接受来自父亲或母亲（或者两方）的给予，然后将这样的态度逐渐扩展至其他关系中，最终拒绝这个世界所给予的一切美好事物。他们如此合理化这种生活态度："对方所给予的并不是我需要的"，或者"对方所付出的无法满足我"。有些人拒绝的理由则是不愿接受给予者的批评或者附加限制。无论基于什么理由，结果都是一样：他们心中充满被动与空虚。

完整

我们会在另一些人身上看到完全相反的情况。他们愿意接受父母所付出的，这意味着，他们接受父母如实的样貌，并且带着感恩的态度接受来自父母的赠予。这样的接受经验是一种幸福的能量流动。这使得人们能够在其他关系中也能够充分地经验"施"与"受"。

帮助者症候群

第二种维持清白的方式是否定自己对他人的需求，这发生在当我们付出多于别人的给予时。这种维持清白的方式是短暂的，因为一旦我们接受了他人的给予，这样的"权力感"就消失了。

有些人为了维持这种"权力感"，常抱着"宁人负我，也不愿我负人"的生活原则，而不愿接受他人的给予。许多所谓的理想主义者事实上都是"帮助者症候群"。

然而，避免背负责任的自由对关系发展是没有帮助的。有些伴侣在关系中只想要打破原本的平等，保持自己优越的地位。当某一方拒绝伴侣的付出时，另一方可能也会拒绝他的给予，他的伴侣可能会经验到疏离及愤怒。这样的帮助者将会经验到空虚及怨愤。

充分交换

第三种经验清白的方式最美好，能够感受到在充分地给予及接受后的满足感。这种"施与受"的充分的经验将滋养关系。这意味着，不论一方得到什么，他都能够平衡地回报另一方。

对于这样的清白感而言，除了施与受双方角色的流动之外，交换过程中"等量"平衡也同样重要。我们小额的交换将带来少许利益，大量的施与受将带来丰富与幸福的感受。这样的幸福并非从天而降，大量的回报将为我们带来满足、正义及平静。在各种维持清白感的方法中，这样的方式最能让我们获得自由，这样的清白将使我们心满意足。

传递

在某些关系中，给予者与接受者之间存在着无法克服的差异。这种现象出现在亲子关系和师生关系中。在这两种关系中，父母或教师通常是给予者，而孩子或学生则通常是接受者。的确有时父母也会从孩子身上有某些获得，而老师从学生身上有某些获得，但这只能减少而无法消除他们之间地位的差异。

但这些为人父母、为人师表者，他们也曾经是孩子和学生。当他们将他们曾经从他人身上得到的传承给下一代时，就达到了施与受的平衡。下一代也重复同样的模式而达到另一个施与受的平衡。

德国的诗人鲍里斯(Boerriesvon Muenchhausen)曾经在诗篇中动人地描写了这样的状况：

黄金球

因为爱，父亲给了我一个黄金铸造的球，
当时我因为年幼而不了解这个礼物的价值。
成年后，我成为一个刚强的男人，
而更无法了解这个礼物的价值。
所以我至今仍未回报父亲所给予我的礼物。

现在我的儿子也在深挚的爱中成长，
从来没有人能够像他如此深深地牵系着我的心。
为了回报父亲，

我给了儿子我曾经得到的黄金球，

而他将不会回报我。

因为当他长成一个男人，

以一个男人的方式思考，

一如我，

他也将选择属于他的人生旅程。

当他传递黄金球给他的孩子时，

我将会带着渴盼而非羡慕的心情看着他。

穿越时间长廊，

我带着沉静及喜悦深深凝视着，

一代接着一代，

我们跟随着同样的生命舞步，

每一个人都含笑地传递着这颗黄金球，

没有人会将它抛回给赠与的人。

在亲子和师生关系中，我们无法借由"回报"来达到施与受的平衡，只有将我们所得到的传承下去，才能够达到施与受的平衡。

表达感谢

最后我要讨论的是，以表达感谢的方式来平衡施与受。表达感谢无法免除我们回报的责任。然而，这是在接受他人赠与时唯一一种合宜的回应方式，比如说，对于残障者、病患、临终者、甚至是在伴侣之间皆可以如此。

在平衡施与受的需要之外，还有一种"原始之爱"的驱力。相较于贪婪的驱力，原始之爱的驱力是连结社会系统成员的力量。这样的爱持续伴随着施与受的过程。在接受时，表达感谢是爱的一种形式。

当一个人表达感谢时，他同时承认：无论我是否能够回报，你都为我付出；为此，我心怀感激地接受你所给予我的礼物。

当另一方接受了这样的感谢，事实上也在无声地说：你的爱以及对于我付出的认同已是最好的回报。

在此，我要分享两个小故事。

唯有感谢

曾经有人因为从鬼门关被救回来，而觉得对上帝有所亏欠。他问他的朋友，他要如何对上帝表达他的感激，他的朋友告诉他以下的故事：

有一个男人曾经全心全意地爱着一个女人，并且要向她求婚。她拒绝了，因为她似乎有不同的人生规划。有一天，他们一起穿越街道，那个女人差点被一辆车子撞到，但因为这个男人挺身保护而救了她。事件发生后，这个女人转向男人，并告诉他："现在我愿意嫁给你。"

说故事的人问他的朋友："你觉得这个男人的感受如何？"这个人扮了个鬼脸，而未直接回答这个问题。

这个说故事的人说："你看，也许上帝对于你所谓的感激也有类似的感觉。"

返回家园

一群童年时期的朋友被派去作战，他们经历了难以言喻的危险，其中有些人因此丧命，有些人身受重伤，而有两个人毫发无伤地返回了家园。

其中一个人十分平静，因为他确信是命运挽救了他，而他也以接受恩典的态度接受他的生命。

另一个人则逢人便吹嘘他在战场上如何英雄般地从种种危难中脱困。他白白浪费了他的经验，而未从中得到任何体悟。

幸福

当我们得到自己不期而遇的幸福时,通常会经验到某种导致焦虑的威胁感。这是因为在心底深处,我们相信幸福是生命的禁忌,或者将引起旁人的妒羡。这将使幸福成为某种诅咒,也因此伴随着罪恶或焦虑的感受。但真诚地心怀感谢,将减轻这样的焦虑。接受幸福需要谦卑及勇气。

平衡

当罪恶感及清白感的交流具体化后,就成为行动上的付出与接受。这是因为每一个人都潜存着调节平衡的需求。一旦达到平衡,关系就可能结束或开始另一阶段的施与受的平衡。

在平衡尚未达成前,延续流动是不可能的。当我们行走时,如果我们坚持不愿打破现有的平衡,那我们将站在原地不动。当人失衡时就会跌倒,只有不断冒着失衡的风险,打破现有的平衡,我们才能继续前行。

在人们的经验中,责任代表罪恶感,期待代表清白感,而行动就是交流的过程。透过这个过程,我们相互帮助、滋养着彼此的发展,并且保持良性互动。这样的罪恶感和清白感就成为一股正向的力量。透过这股力量,我们经验到秩序感和控制感,我们感受到与他人之间的和谐。

受伤与失落

在施与受的过程中,罪恶与清白也以一种负向的形式呈现,像是在犯罪中,加害人是接受者而受害人是给予者。这同样也适用于一方在对方毫无抵抗的状况下,对另一方做出未经允许的行为,或是某人的获得建立在他人的痛苦或是付出的代价上。

在此,加害人及受害人双方亦需重新建立施与受的平衡;受害人有伸张正义的权利,而加害人有补偿的责任。然而,在这样的状况中,若受害人欲以"以牙还牙"的方式得到补偿，两者的地位将交换过来，而造成另一次施与受的不平衡。为此，加害人除了赎罪之外，也必须承认受害人的犯行。

只有当受害人与加害人双方互相伤害，造成彼此等量的损失与痛苦，他们才能再次感到平衡。只有在这样的状况下，平静及和解才有可能发生，而他们可以再次为彼此付出使对方受益，或者当损失太过巨大时，才能够平静地同意互相让步。

以下是一个例子。

解决之钥

一个人告诉他的朋友，他曾为了陪同自己的父母外出度假，在二十年前新婚时离开妻子长达六个星期，妻子至今仍为此愤愤不平。二十年来，他所有的道歉和解释都无法得到妻子的谅解。

朋友告诉他："告诉她，她可以对你提出要求，或者对你做某件事使你也身受同样的痛苦。"

这个人豁然开朗。他找到了解开难题的钥匙。

有些人可能质疑，在关系中难道只有清白的一方变得自私或是以牙还牙，双方才能够和解吗？然而，根据一句古老的谚语"种瓜得瓜，种豆得豆"，只有透过检视结果，我们才能够真正判断什么是自私的行为，什么是增强关系平衡的行为。

无助

透过受伤和失落，我们以几种不同的方式经验"清白感"。

第一种是"无助"。通常加害人是能够"行为"的一方，而受害人则注定受苦。我们通常以受害人"无助"的程度来决定罪行的轻重。然而，受害人无需以自身的无助证明恶行的存在。她可以在加害人做出恶行后，要求得到公正的对待，为此罪恶画下句点，并允许自己重新开始。

若受害人无法或决定不采取对自己有利的行动，他人仍可为他讨回公道——但这当中存在着极大的差异。以被害者之名采取的报复行动所带来的伤害与不公，将远超过受害者自己采取的行动。以下是一例：

双重转移

一对上了年纪的已婚夫妇参加成长工作坊。但在第一天傍晚妻子失踪了。她在第二天早晨出现，并当着所有成员的面，对丈夫说："昨天我和爱人共度良宵。"

在其他团体成员看来，这个女人是体贴而善解人意的人。而当她对丈夫做出这样的宣告时，她像是精神失常的样子。其他人无法理解她为什么对丈夫如此愤怒，特别是这个丈夫保持冷静并且不为自己辩驳。

随后，在工作坊的课程中，这个妻子分享说，小时候，她和母亲以及其他兄弟姐妹一起到乡下避暑，而父亲则和他的情妇留在城里。有时候，父亲甚至会带着他的情妇到乡下，而母亲总是和善地侍候他们两个人，母亲压抑了她的愤怒和痛苦，但孩子(也就是前述的妻子)却铭记在心。

你可以说这位母亲有一种"殉道者的美德"，但她的行为所带来的后果却是具有毁灭性的。在人类系统中，压抑的怨恨会在另一位毫无抵抗力的成员身上重现，大部分会是由孩子或是孙子承继。如此就出现了"双重转移"的现象。

这样的苦难由一个人转移到另一个人身上。在上述的案例中，转移是从母亲到女儿身上。

其次，这当中有"对象"的转移。怨恨的对象从应当负责的父亲，转移至她无辜的丈夫，这样似乎比较容易，因为丈夫出于对妻子的爱而不做任何抵抗。在这样的情况下，清白会以一种"受苦"而非"行动"的形式存在，而制造出更多的受害人及加害人。

在上述状况中，解决之道是母亲必须公开表达她对自己丈夫的愤怒，然后父亲将无可避免地面对自己行为的后果。而这可能为关系带来一个崭新的开始，抑或导致分离。

在上述案例中，重要的是这个女儿基于她对母亲的爱，而承继母亲的愤怒并为她做出报复行为；她同时也因为爱她的父亲，而在亲密关系中复制了父亲对待母亲的方式。在此有另一个罪恶—清白的影响模式：出自于孩子对父母盲目的爱，她也盲目地遵从着优先序位。清白感，在此案例中是母亲，使我们盲目地将罪归咎于第三者，结果孩子必须为盲目的清白感而承担苦果。

双重位移也发生在受害者因为自身的受害经验而变得无助、无法为自己采取行动的情况。以下是一个真实案例。

复仇者

在一堂心理治疗课程中，有位四十多岁的男性为自己可能潜在的暴力感到担心和焦虑。他的行为和人格特质都并未有潜在暴力特质的迹象，所以治疗师问他，原生家庭中是否曾经存在暴力行为。

随后了解到，来访者的舅舅（母亲的兄弟）是一个杀人犯。在他舅舅的公司里，其中一个雇员同时也是他舅舅的爱人。有一天，他的舅舅对其爱人出示一张女性的照片，并希望她能够模仿照片中女子的发型，她欣然同意。随后他带着她到国外旅游并且谋杀了她。之后他带着照片中的女人返回国门，而照片中的女人则取而代之成为他的雇员及爱人。最终这个谋杀的罪行遭到揭发，而他被判终身监禁。

治疗师希望能够更了解来访者的亲人，特别是他的祖父母，也就是杀人犯的亲生父母，因为治疗师对于他的杀人动机感到好奇。

但是来访者能够提供的信息有限，他只知道祖母是个虔诚且受人尊敬的教徒，而对于祖父则是一无所知。随后，他收集了更多的信息并且发现，祖母过去曾向纳粹密告自己的丈夫是同性恋，导致祖父遭到逮捕并被遣送至集中营，之后在营区遭到杀害。

事实上，在这个系统里，这位虔诚的祖母才是谋杀者，她是这股毁灭能量的来源。而她的儿子（也就是来访者的舅舅）为父亲复仇，就像是哈姆雷特的行为。在此，双重转移再次浮现。

首先，来访者的舅舅站在父亲的立场采取报复行动。他将报复对象转移至无辜的第三者。而他也包庇着自己的母亲，因为他谋杀的对象并不是母亲，而是他的爱人，那是"对象的转移"。此时，他透过对女友的愤怒，再次认同了父亲。

他同时也为自己及母亲所犯下的谋杀罪行付出了代价，这是他对于父母双方的忠诚。他用成为谋杀者的方式来表达对母亲的忠诚，而以终身监禁来表达对父亲的忠诚，因为他是代替母亲接受监禁，并且以行动为父亲表达他的愤怒。所以他用许多不同的方式在说："妈妈，这是我为你做的；爸爸，这是我为你做的。"

由此可见，想要透过清白、无助的伪装以避免沾染邪恶的信念完全只是假象。我们必须面对加害者罪恶的真相，这意味着我们即使做了所谓"不好"的事也是如此。否则，罪恶无法画下句点。被动地接受他人的罪恶无法保全我们的清白，而这也将造成伤害。

宽恕

除了面对质疑，"宽恕"也是另一种尝试遮掩并拖延冲突的发生、而非直接面对并寻找解决之道的方式。

若受害者将"宽恕"当成是他们免除加害人罪恶的某种权力，"宽恕"将有负面效果。当和解真正发生时，清白的一方将得到赔偿，这是权力也是义务。从另一方的角度来看，罪恶的一方承担行为的后果，这不只是他们的责任，同时也是他们的权力。有一个这样的案例：

第二春

一位已婚男性和已婚女性坠入爱河。当她怀孕时，他们两人同时离婚并结为连理。女性在上一段婚姻中无子女，而男性有一个小女儿，离婚后他将女儿交给前妻抚养。这对伴侣对于男人的前妻和女儿都感到内疚，他们深深希望男人的前妻能够原谅他们。然而，男人的前妻对两人十分怨恨，因为她和女儿正为他们两人的婚姻付出沉重的代价。

他们寻求一位朋友的咨询，而他建议这对伴侣想象：如果第一任妻子原谅他们，情况会是如何？他们开始了解，两人都在避免经验他们的罪恶感。在期待得到原谅的同时，他们否定了前妻的尊严及需求。他们承认两人幸福的婚姻奠基于前妻及女儿的不幸及牺牲，他们决定满足前妻所提出的合理要求，而他们的婚姻得以持续维系着。

和解

有一种较正向的原谅形式，它同时保存了罪恶和清白两方的尊严。这种原谅要求受害的一方不提出过分的要求并接受合理的补偿。如果没有这样的宽恕，便无法达到真正的和解。以下是一例：

灵光乍现

一个女人为了另一个男人遗弃她的丈夫并且办理了离婚。多年之后，她了解到自己仍然深爱着前夫。她询问前夫，两人是否能够破镜重圆。他不愿做任何承诺，但两人同意寻求治疗师的协助。

治疗师在会谈一开始询问男人，他希望得到什么样的结果。他说："我想要一个灵光乍现的经验。"治疗师告诉他，这可能很困难，但他们可以试试看。他接着问这个女人，她可以提供什么让男人愿意再次接纳她成为妻子。因为她想象这是一件简单的任务，所以并未提供令人信服的答案。而这男人，理所当然地保持着他的疑虑。

治疗师告诉这个女人，首先也是最重要的是她必须承认自己深深地伤害了前夫，而他则需要看到前妻补偿伤害的诚意。

女人沉思片刻，然后直视着她前夫的眼睛说："对于过去所做的，我很抱歉。我请求你再次接纳我做你的妻子。我将爱你，照顾你，而且我可以保证，未来你可以完全信任并且依赖我。"

男人丝毫不为所动。治疗师看着他，说："过去你的妻子对你所做的，必定造成你莫大的痛苦，而且你显然并不想要再次经历这样的痛苦。"男人霎时流下眼泪，治疗师继续说："当一个人因为另一个人的行为受苦时，他会觉得自己好像优于对方。他有权力可以拒绝对方，就像是他不再需要对方一般。如此一来，对方就无法做任何补偿了。"此时男人笑了。他知道他已经了解并且能面对他的前妻，充满爱意地看她。

治疗师下了这样的结论："这就是你要的灵光乍现的经验，现在我要结束会谈，而且我不想知道你的决定是什么，请付我咨询费吧。"

受苦

在关系中当一方造成另一方严重的伤痛，通常会导致亲密关系结束。而造成伤痛的一方在独身后，看来似乎是自由独立的。但如果他无法承认自己造成伤害，他将可能变得形影憔悴，甚至生病，然后他就有权力对过去的伴侣感到怨恨。

通常造成伤害的一方在分离前，会以受尽苦楚作为减轻伴侣伤痛的补偿。他可能只希望能够扩展自己目前生活的界限，但想要达到这个目的却必须有人因此受伤，而他也为此所苦。而分离能够对伤人及受伤的双方都带来一个新的开始，受害者也可能在一夕之间拥有新的可能。

然而，如果受害者仍固着于自己的受伤经验，并拒绝向前，加害者就很难开始新的生活。如此一来双方即使分离却仍会继续纠葛着。

但如果受害者能有新的开始，就将为另一方带来自由与轻松，这是宽恕最美的形式，因为即使双方分隔两地，两人都能够达到和解。

然而，若我们以宿命的角度来检视罪恶与伤痛，和解只有在双方都放下对于补偿的坚持时才可能发生。

这种对于无力感的臣服是一种谦卑的宽恕形式。受害及加害双方都臣服于未知的命运，所以罪恶及补偿都不再存在。

好与坏

我们倾向于将世界区分两部分：一部分是对的，有存在的正当性；而另一部分是不该存在的——即使这个部分仍真实存在于这个世界上。前者我们称之为好的、有益的、神圣的或是和平的。另一部分我们常称之为疾病、灾难或是战争。我们可能对于以上两者有更多不同的称呼方式。我们常以"良善"或是"益处"称呼对我们而言轻松的部分；而以"邪恶"或是"坏处"来称呼对我们而言困难的部分。

但若我们仔细检视，将会发现，改变世界的力量根植于我们所谓的"困难"、"严酷"及"伤害"之中，而挑战通常来自于受我们排斥或是摒除的部分。

所以，当我们避免不舒服、罪恶，或是挑战性的人与事物，我们就完全失去了生命及其尊严、自由、崇高的力量。只有面对黑暗的力量，并同意这股力量的存在，我们才能与生命力量的源头连结，才能够超越"善恶"二元。它们与更大的整体保持和谐，并因此带来生命的深度及强度。

归属于我们的

如果我们个人的命运有某些不好或者沉重的部分，像是遗传性疾病、孩提时的创伤经验或是背负着某种个人的罪恶，我们唯有接受这样的命运并在生命过程中与之调和，才能让这一切转变成为力量的来源。

但是当某人反对他们的生命经验，比如在战争中所受的伤，力量将从他们的生命中消失。这同样也适用于个人的罪恶及其行为的后果。

归属于他人的

在家庭系统中，通常某个成员会承担被拒绝的命运或是他人未承认的罪恶，这可能会产生双重的负面效应。

背负他人的命运或是罪恶无法给予我们力量，只有我们自己的命运才能够使我们更有生命力。当我们为别人背负他们的责任时，这同时也削弱了他们的力量，透过他的命运和罪恶可能带来的力量也将流失。

命运

当我们因为他人所付出的代价而受到偏爱时，我们会有罪恶感。在这样的命运下，我们无法事先做任何防范去阻止事件发生或改变这样的际遇。

比如说，一个小孩出生时他的母亲死亡。毫无疑问，他是全然无辜的。没有人会觉得他必须为此背负责任，然而，这样理智的想法却无法使他解脱，因为他的生命与母亲的死亡紧密交错着，所以，他未曾从罪恶感的压力中解脱。

另一个例子是，驾驶员因为爆胎、车子打滑而迎面撞上另一辆车，这另一辆车的驾驶员因此丧命而他存活了下来。虽然他并没有肇事责任，但他的内心仍交杂着导致他人死亡与受苦的复杂感受，即使事后证明他在车祸中并没有任何过失，但他仍然无法减轻内心的罪恶感。

第三个例子是，一位男性描述他的母亲在怀他时，是如何在战争结束的时刻历尽千辛万苦到战地医院接回他的父亲。他们在飞行的过程中，受到一名值行勤务的俄国士兵威胁，他们不得不杀害了这名士兵。即使出于自卫，这对父母及孩子仍然带着罪恶感，因为他们存活了下来，而那名执勤的士兵却离开了人世。

在这样宿命的罪恶和清白中，我们经验到自己的无力，而使这经历更令人难以承受。我们拥有力量并有能力去影响我们过去生命经验所造成的罪恶，然而我们至此明了，无论好坏，我们事实上都深受不可知的命运所影响，而命运是超越好坏、生死、救赎以及不幸的。

这样命定的无力感对某些人来说是可怕的，以至于他们宁愿放弃唾手可得的幸福或是生命，也不愿接受命运的恩赐。

他们通常在一个重大的生命事件之后，以自怨自怜来逃避命运经由事件可能带来的救赎或是罪恶。

一种典型的反应是，当一个人因为他人的重大牺牲而得到某种利益时，他不允许自己享受这样的利益，甚至可能透过生病、自杀或者自我惩罚这样的方式来放弃他人牺牲所带来的利益。

一个人采取这样的解决之道，是因为他存有一种不切实际的想法，他在以一种不成熟的方式去面对自认为不配得到的好运或是幸福。如果我们仔细检视，就不难发现这种自我设限式的惩罚并不能阻止或减轻任何不幸与悲剧的发生，甚至可能使情况更加严重。

一个具体的例子是，当一位母亲在生产过程中失去生命而胎儿得以存活下来，这个孩子可能会限制自己生命的发展，甚至自杀。如此一来，不但母亲的牺牲白费，甚至她还需要为孩子的遭遇负责。其实，孩子可以以一种全然不同的方式面对命运。他可以说："亲爱的妈妈，虽然你为了生下我而过世了，但你的牺牲不会白费。为了纪念你，我会好好运用你所给我的生命。"接下来，宿命的罪恶就可以转化成为生命前行的动力，而这股力量将是其他人所无法拥有的。因此，母亲的过世就能够有一股不同于一般死亡的正面影响，如此面对就能够带来和解与平静。

多数人都有平衡生命际遇的本能。我们希望能够等量回报我们所得到的，当无法回报时，我们常常以自我惩罚来达到平衡。但这样的方式对于实际状况于事无补，因为命运不是以我们希望的方式运作，也不会因为我们所做出的补偿而有任何改变。

谦卑

保持清白的希望让我们难以承受宿命的罪恶感。如果有罪时就受到惩罚，而清白时得到救赎，那么就可以说命运是一种道德的秩序。我们可以假设在命运之上还有一种更高的秩序，而我们可以透过罪恶和清白来操纵我们生命的际遇。然而，如果只有我们因为操纵着罪恶和清白而得到救赎，但其他人却不重视他们的罪恶、任意毁坏他们的清白，那么我们依然受到挑战，我们仍旧无法透过罪恶、清白的法则来操控命运。

除了将自己交付给命运，臣服于一股更大的力量之外，我们别无他法。这是我称之为"谦卑"的态度。它允许我们，只要生命和幸福存在，就以全然接受的态度面对——无论他人需要为此付出什么样的代价。同样，这样的态度也允许我们在面对死亡或者沉重的打击时，也同样全然的接受，无论我们是清白或是罪恶的。

谦卑的态度也使我们了解，命运并非操之在我们，而是超乎于我们。生命依据一种超乎我们所能理解的法则在拣选我们，涵养我们。谦卑是一种合宜地响应命定的罪恶和清白的方式，它使我们和受害者有平等的地位，它允许我们向他们致敬，如是地接受一切，并和他人分享我们所拥有的，而非丢弃我们因他们付出沉重代价而得到的生命礼物。

在此我将罪恶与清白视为施与受。罪恶和清白以许多不同的样貌存在着、运作着。人类关系是一种为了满足不同需要、不同序位存在的一个互动过程，而在此过程中，罪恶和清白的经验感受以各种不同的样貌出现。

罪恶和清白不同的经验风貌，我将在讨论良知的限制和爱的序位时做进一步的阐释。

序位与丰饶

序位是各种不同事物互动的方式

它的内涵丰富而多样

它存在于交流中并连结着分散的一切

它也使各自独立的命运交织在一起

所以它是一个流动的状态

它形塑着每一个片刻

使得延续变得可能

它蕴涵着永恒

就像一棵树

当它倒下时

种子将同时埋入土壤

这是树未来的延续

所以，序位中存在着时间的顺序

也蕴涵着交换和更新

序位存在于当下

随着生命的开展而与当下辉映

在这里，它涵容着所有分开的一切

良知的限制

就像骑师控制赛马的方向，水手依靠星星的位置修正航程，我们也都意识到良知存在并指引着我们的行为。只是，赛马可能和不同的骑师搭配，而水手靠着许多不同的星星来判断船只航行的方向，但问题是，是什么指引着骑师，而船长又是如何决定船只航行的目的地呢？

解答

一学生询问他的老师："请告诉我，自由是什么？"

老师问："什么样的自由？第一种自由是愚昧。就像马儿嘶嘶得意地将骑师摔下马背一般，它只会感觉到马鞍的肚带被勒得更紧。"

"第二种自由是悔恨。就像是水手宁愿选择留在沉船上，也不愿攀上救生艇逃生一般。"

"第三种自由是了解。它只有在人们经历愚昧和悔恨之后才会来到。了解就像是迎风摇曳的芦苇一般，它有随风摆动的柔软身段。"

学生问："就这样吗？"

老师回答："有些人相信他们是透过探索自己的灵魂而得到生命的真理，但是却有一个更伟大的灵魂透过他们在思考和追寻。"

"就像是自然之母涵融一切，虽然你可以尝试欺骗更伟大的灵魂，但终将徒劳无功，这只会使得更伟大的心灵离开你并转移至另一个人身上思考及追寻。但是如果我们允许这更伟大的心灵停驻在我们身上进行思考，我们就能得到更大的自由，停留在当下，融入这股更大的力量，它就能引领我们到达彼岸。"

罪恶和清白

我们在关系中经验着良知，而这也是一种罪恶和清白的经验形式。因为所有我们的行为都会影响其他人，并因此造成我们清白或罪恶的感受。就像我们的双眼，无时无刻不在分辨光明和黑暗，我们的良知也无时无刻不在分辨着我们的行为是伤害还是滋养着关系。当行为伤害关系时，我们会经验罪恶感；当行为滋养关系时，我们就会经验清白感。

良知的罪恶感会在危及关系的行为出现时，迫使我们转向，改变行为。清白感则会使我们放下支配的欲望继续安心前行。

一如我们常经验到感受的舒服与否，也经验并维持着关系中施与受的平衡。同样，良知也透过感受的舒服与否来促使我们在重要的关系中维持平衡。

当关系中的给予能够依照事物本质的需要而发生时，关系就能够维持和谐，一如我们的感知有上下、前后、左右。我们摇摆的方向可能是前后左右，但我们与生俱来的本能反应会使我们设法维持平衡，以免灾难发生，所以大部分时候，我们都会维持直立的姿势。

如前所述，当我们做出背离维系关系的行为，而对关系造成威胁时，平衡的需求会高于我们个人的偏好，它监控着我们在关系中的行为，并使关系得以持续并保持平等。就像我们生理本能的反应一般，在关系中维持平衡的需求会在环境中保护我们，使我们了解自由的范围和限制，并透过不同的愉悦和不适的感受确保我们在安全范围内行动。罪恶在此以不适的感受被经验着，而清白的感受则是愉悦的感受形式。

因此，罪恶与清白都同样服膺着一个更高的力量。这更高力量使得罪恶与清白同时存在，并且一前一后地引导着它们走向同一个方向，透过这样的方式，确保我们走在正确的轨道上。有时我们会希望能够自己掌舵，但这更高的力量并不因此罢休，我们不过是轨道上的过客。这更高力量我们称之为"良知"。

先决条件

关系有几个已然存在的先决条件：归属、平衡、序位。

一如前面所讨论过的平衡法则，即使违背他人的期待或是我们的计划，我们也会在关系中以压力、需求及本能反应的方式，经验这三个先决条件。

归属、平衡和序位三者之间相互牵制又互补。同时，这三者的交互作用也建构了我们良知的经验。因此，我们也以直觉、需求和本能反应等形式经验良知。所以，透过良知的作用，我们经验到归属、平衡和维持序位的需求。

差异

虽然这三个需求：归属、平衡及序位总是同时运作，但三者也各有不同的目的，也各有不同的罪恶和清白的经验方式。所以随着目的和需求的不同，我们也将经验不同的罪恶和清白感受。

当罪恶和清白的感受是为了达到"归属"时，我们会以分离、疏远的感受经验罪恶，而以舒服、亲密的感受经验清白。

当两者是为了达到施与受的平衡时，罪恶的经验会以责任呈现，而清白的经验会以自由或是期待的形式呈现。

当罪恶与清白是为了达到"序位"的目的时，我们会以内疚、对被惩罚的害怕经验罪恶，而以尽责、忠诚经验清白。

即使有时我们与他人看来相互对立，但透过良知的引导，我们在生活中所有的行为都朝向这三个目的之一。因此我们会经验到与他人之间因良知目的的不同而带来的冲突，同时我们内在也可能因为同时经验不同目的而产生冲突。因此，为了达到平衡，良知会为了达到归属的目的而禁止我们的某些行为，但同时为了维持序位，又否定为了达到归属的某些行为。

比方说，当我们以他人伤害我们的程度等量回报对方时，我们"平衡"的需求会感到满足，并认为这是公平的。然而在此同时，我们也牺牲了归属的需求。

为了同时满足归属与平衡，我们必须以低于对方伤害我们的程度回报对方。如此一来，虽然我们牺牲了平衡，却达到了爱与归属的目的。

相反，如果我们以对方所给予我们"好"的程度等量回报，我们满足了平衡却无法照顾到归属的需求。如果希望同时满足平衡和归属的需求，我们必须回报多于对方所给予我们的。当我们回报了对方所给予我们的礼物之后，对方就要以同样的原则以多于等量的礼物再次回报。以这样的方式，施与受能够达到平衡，归属与爱的流动也会在往来的循环中达到。

我们也可能同时经验到归属的需求与序位间的矛盾。举例而言，母亲告诉她的孩子，他因为顽皮而必须留在房间里。当她独自将孩子留在房间里时，序位目的就达成了。但是孩子会开始生气，如此一来，虽然满足了序位，却违反了爱的原则。但是，如果母亲在一小段时间之后，解除了对孩子的惩罚，虽然此举违反序位的原则，但是却强化了她与孩子之间的爱与归属。

无论我们如何回应我们所碰到的情境，我们都同时会感到自由和罪恶。

不同的关系

就像我们有各种不同的内在需求一般，我们也有各种不同的关系，不同关系的利益可能相互冲突。当我们照顾了某一段关系的同时，也可能伤害到另一段关系。在一段关系中维持清白的行为，却可能在另一段关系中引起罪恶。我们常因为同一个行为面对许多不同的审判。可能有人谴责我们某个行为时，却有另一个人赞扬我们所做的。

序位

有时我们会只单纯地经验一种良知的形式，更多数时候，就像在一个团体中，不同成员各自为了不同的目的而以不同的方式努力着，他们也各自经验不同形式的罪恶和清白感受。以同样的方式，成员之间相互扶持也确保团体整体的利益不受损害。即使相互对立,也是为了服务更大的秩序。

这样的序位就像是一个陆军统帅,在不同的战场,以不同的战略部署不同的军队,并给予不同的武器装备。他在面对不同战况时,以不同的战略取胜。但为了赢得整个战争,有时他必须输掉部分战役并失去城池。这也同样适用于清白,我们只能在某些时刻感受到清白。

表象

在大部分的情况下,罪恶和清白常是相伴相随的。如果你试着要维持清白,通常罪恶的感受也将同时升起。如果你住在罪恶之屋中,你终将发现,清白也存在同一个屋檐底下。进一步来说,罪恶和清白常常会相互交替,有时当我们掀开罪恶的外衣时,常会发现底下隐藏着清白感。

我们可能被事物的表象所蒙蔽,但结果却能够清楚地让我们看到真相。为了进一步说明这个部分,我要跟您分享一个小故事。

棋手

  他们将对方当成对手

  面对面地坐下

  比赛进行着

  在同一张棋盘上

  有许多不同的棋子

  他们遵循着古老的游戏规则

  一步接着一步

  这是一个古老而神圣的棋赛

  在进行过程中

双方各有损伤

他们努力地尝试赢得优势

直到所有的棋步完成

再无棋子可移

游戏至此结束

然后他们交换座位和棋色

继续重复一样的赛局

那些身经百战的棋手们

曾经历多次胜利

也有过多次失败

他们在输赢两边

都是有着丰富经验的大师

打破魔咒

  如果想要探寻良知之谜,你就必须进入一个迷宫,你会需要许多线索去寻找正确的方向,然后你将发现自己如坠十里雾中般的困惑。只有透过不断地碰壁、不断地尝试错误,你才能找到真正的出口,得到真正的自由。

  在黑暗中踽踽而行,你也将遭遇到围绕着罪恶、清白的故事和谜团,这使我们受尽煎熬,有时也使我们踌躇难行,直到我们有足够的勇气去发现那些被埋藏已久的秘密,才可能解除这样的状况。

  就像孩童在大人告诉他们送子鸟是如何将婴儿送到世界上时,或者死刑犯在行刑前读到墙上所刻的句子"工作将使你解脱"时,他们都会产生相似的感受,也就是两者都被导向与经验不符的情况中。

  偶尔有人有足够的勇气打破这样的魔咒。就像国王的新衣里,在所有人欢呼讨好迷失本性的国王时，那个孩童勇敢地说出国王没有穿衣服的真相。

就像那个原来要协助村民驱赶老鼠，最后却以笛声迷惑孩童的吹笛手：当村子里孩童因为笛声逐渐靠近，有些孩童在吹笛手变换曲调的过程中，因脚步错乱而清醒过来。

归属

良知为了生存会促使我们与社群连结，并且不计代价地遵循社群所制订的规则。

良知并非以一种高于社群的方式存在，相反，良知所蕴涵的所有信念及衍生出来的盲目行为都是为了服务社群而存在。就像是树种没有决定生长环境的自由，它将因为生长在空地、树林间、保护区或者是山顶等不同环境而长成不同的样貌。孩童也是如此，他们毫无疑问地可以适应最原初归属的社群，并且以生命的所有力量与坚持维持自己与社群的连结，这样的力量和坚持只有难以磨灭的铭印能够比拟。无论社群对于孩童的照顾品质如何，"归属"对于孩童而言，都等同于爱与幸福。

良知对于任何强化或削弱家庭归属感的发生都会做出回应。所以，当我们确定我们能够继续归属于社群时，我们的良知就会有正向的感受；而当我们恐惧偏离社群规则可能使我们失去或是减损归属的权力时，良知就会产生负面的感受。无论是正面或是负面的感受都在满足同样的目的：引导我们朝向归属社群的方向。两者都使我们与家庭及宗亲牢牢牵系。

良知由我们归属的社群所决定。通常来自不同社群的人们会有不同的良知标准，而同一个人所归属的数个不同社群也常有不同的规则。

就像是牧羊犬会将羊驱赶成群，良知也使我们与系统紧密连结。然而，当我们的环境改变时，良知也会如变色龙一般的变换保护色，以确保我们的安全。所以当我们对应母亲时有一种良知，对应父亲时则会有另一种；在家庭和工作场域，将有不同样貌的良知；在教堂和在社交圈中，良知也将有所变换。无论何时，良知都在对我们重要的社群中关注着"归属感"和"爱",以及恐惧、分离、失落等议题。

当不同社群的归属产生冲突时,我们怎么办呢?通常我们会尝试尽力平衡各种相互冲突的需求。容我举例说明如下。

考虑

一对父母为了女儿的教养问题而求助于治疗师。母亲为女儿设下一些行为规则,但她觉得并未得到丈夫的全力支持。

治疗师以三句话解释了成功教养的原则:

1. 为了养育孩子,父母亲会因为承袭各自原生家庭所看重或是缺乏的价值,而对于事情的轻重有不同的考虑。

2. 孩子会侦测并服从父母两方原生家庭所看重或是缺乏的行为规则。

3. 当父母任何一方抵触对方对孩子的教养时,孩子表面上会遵从强势的一方,但实际上会与弱势的一方愈来愈像。

接下来,治疗师建议,让这对父母看到他们的孩子是如何同时爱着两个人。至此,他们直视着对方的眼睛,两个人的脸都亮了起来。

最后,治疗师建议父亲告诉女儿,当她与母亲相处融洽时,他有多开心。

忠诚

当我们在社群中处于较低的位阶而得到较多照顾时,良知会以较强大的力量来使我们与社群保持连结。当我们在社群中变得愈有力量、依赖的需求愈少时,良知也逐渐对我们松绑。

但是当某个社群成员愈虚弱时,他也将因良知强大的连结作用而继续对社群保持忠诚。所谓虚弱的社群成员,在家庭系统中指的是孩子,在职场上是基层员工,在军队里指的是一般士兵,在教会中则是一般的信众。

为了社群中较高阶层成员的福祉,在序位层级上较低的人常愿意牺牲他们的健康、清白、幸福、生命，甚至当序位较高的成员以所谓更高目的而利用他们时，他们仍然愿意献出他们所有的一切。

这些人翘首仰望着在社群中较高阶的成员。他们就像是刽子手随时准备好让双手沾染血迹；像是士兵不顾一切地为一场注定失败的战争奋战到底；也像是忠心跟随牧羊人的羊儿，即使被带到屠宰场也甘之如饴；他们是一群随时准备付出任何代价的无辜受害者。这就是孩子，他们为父母和祖先奉献自己，修补父母或祖先所留下的缺憾，为自己从未做过的事做出补偿，背负自己未曾承诺过的沉重包袱。

以下是一个实际案例：

挪出空间

一位父亲责备了他生闷气的儿子，而儿子当晚在房间上吊自杀。

当这位父亲逐渐年老，他仍背负着良心严厉的谴责。然后，他记起和一个朋友的对话。在他儿子自杀前几天，孩子的母亲坐在桌旁说自己再次怀孕了。儿子激动地大叫："天啊，我们已经没有多余的空间了。"然后这位年迈的父亲终于了解，孩子的自杀是为了消除父母生活空间不足的压力，他为当时尚未出生的胎儿，挪出生活的空间。

忠诚与疾病

家庭系统中的爱也可能以严重疾病的形式展现其样貌。比方说，一个患有厌食症的女儿，在身为孩子的心灵深处，她正无声地告诉父母其中一方："我宁愿代替你死。"这样的疾病难以痊愈，因为孩子的心灵将以疾病的方式来保持清白感，并为父母捍卫他们归属的权力。生病是一种忠诚的证明，虽然深受痛苦的折磨，来访者仍会恐惧并逃避解决之道。因为若是真正的疗愈发生，来访者就会失去一些归属感并承担背叛的罪恶感。

界限

良知带来连结，但也同时衍生出限制和某些排除的状况。通常为了要留在原本归属的社群中，我们必须否定那些背离社群规范的成员。良知促使我们因为这些成员与我们的差异而将他们排除在外。良知可能使我们对其他人造成威胁。我们最大的恐惧是遭到所属社群以良知之名的排斥，而这正是我们对其他相异于我们的成员所做的。

我们以良知之名对其他人所做的一切，也正是我们被他人对待的方式。因此，我们为彼此设下界限，并定义什么样的行为是好的。我们同时也在告诉对方，我们是不好的。而为了维持这必要之恶，我们同样以良知之名移除这样的限制。无论站在何种立场，我们都以恶相向，因为我们认定对方的行为是不好的。

因此，罪恶和清白很难单凭行为表象论断，而良知亦是如此。在良知的影响下，我们常心安理得地做出恶行，也常做出善行却良心不安。为了确保我们归属于社群的权利，即使我们明知违背良心也会做出恶行。同样，我们也可能会做出善行却良心不安，因为我们担心自己可能因此与其他成员不同而失去归属的权利。

良善

因此，真正能达到和解及平静的良善，需要超越驱使我们归属于特定团体或族群的良知。这样的良善必须遵循一种截然不同的、隐微存在于事物运行中的单纯法则。

完全不同于良知运行的方式，这样的法则就像伏流于地底下的水一般，安静无声、难以觉察。我们唯有透过影响才能发现良善的存在。

良知却常敲锣打鼓地不断评价着单纯存在于当下的一切。比如说，就像一个孩童步入花园，好奇地观察着所有生物的成长，他全神贯注地倾听鸟儿在丛林里发出来的声音。然后一个大人走过来，说道："看，这里好漂亮！"这一刻，这个孩童就不再专注于身旁的一切,他失去了对当下一切如是的观察和连结,取而代之的是评论和价值判断。

家庭良知

良知时时刻刻使我们和家庭及群体牢牢牵系,虽然意识上未曾觉察,但我们的确认同着祖先的苦难与罪恶。良知就是透过这样的方式,使我们盲目地牵连纠葛于他人的罪恶与清白、思想、担忧、感受、冲突、行为后果以及意图和目的。

比如说,家庭中一个女儿为了照顾年迈的父母亲而牺牲了自己的婚姻幸福,却遭到其他手足和家庭成员的贬低和嘲笑。之后,可能家庭中某一位不知情的侄女,无论她个人对此事的立场或是观点如何,却重复了她姑姑的遭遇,并且经历同样的痛苦。

在此,我们看到了另一种秘而不宣的良知运行方式。它凌驾于我们个人的良知感受,并与之背道而驰。我们的道德理智常使我们无法觉察更深刻运作于自身的良知,我们常为了遵循个人良知而与道德理智背道而驰。

个人良知的存在是为了维持序位,它常会以驱力、需要和本能反应的方式使个人感受到它的存在。更深沉的良知就像序位一般,以一种隐而不见的方式存在及运作着,我们只有透过它的影响(通常是因为忽视这种更深沉的良知而受苦时),才能确认它的存在。它的难以觉察也正是大部分孩子遭受痛苦的原因。

个人的良知和与我们相连结的人有关,包括我们的父母、手足、亲戚、朋友、伴侣和孩子。透过良知,他们在我们的心灵中有一个位子。

当原本归属于群体的某些成员被排除在外时,这种隐而不见的良知就会开始产生影响。当我们出于害怕而同声谴责、不愿正视这些成员的命运,抑或是家庭中其他成员伤害了他们而不承认自己所做的罪行,更别说是面对或是尝试解决这样的状况,不论我们付出或得到了什么,他们必须为我们所得到的付出代价,且不会为此得到任何的感谢或荣耀。良知将照顾那些遭到拒绝、排除、遗忘或死于非命的命运,除非能够在心中给予受到排除的成员一个位置、在心中为他们发声，并且将这些成员归属于系统的权利交还他们，否则那些仍然安全地归属于家庭或团体的成员将无法得到平静。

归属的权利

家庭的良知给予每一位成员同等归属的权利。它确保每一位成员都平等地受到承认。家庭良知在"归属感"上的运作方式要远比个人良知复杂。即使在家庭内发生谋杀，家庭良知也知道加害人与受害者都拥有相同的归属权利。

强迫性的重复

如果在一个团体中，某个成员被摒除在外，即使是被遗忘或者没有被提及（这通常发生在一个孩子早夭的家庭里），另外一位成员将会代表他。因为深沉良知的运作，使得这个替代的成员无意识地以被排除成员的方式生存，而使得自己也受到团体的排除。例如孙子可能在没有觉察到连结存在的情况下，无意中在感受、意图和生活方式等方面模仿着被系统摒除在外的祖父。

对家庭系统良知而言，这是一种补偿作用，然而在层次上，良知就像是一种古老的意识。它盲目地追求平衡而对成员没有任何的帮助或疗效，只是重复受害者的痛苦而没有产生任何的疗愈。系统对于早期成员所做的不公义之事只是重复发生在后来的成员身上，但并没有带来任何益处。对于受到排除和遗忘的成员来说，状况并没有任何改变。要寻求解决之道就必须超越家庭系统良知的层级。

序位阶层

另一个基础法则是透过家庭系统良知而展现。每一个群体都存在着先来后到的"序位阶层"，也就是先到者在序位的较高阶层。这意味着，根据这样的序位，先到者将比晚进者有较高的优先序位。比如说，在一个家庭中，祖父拥有较高的序位，孙儿则在序位阶层上处于较低的位置。

因此，根据此原则，在需要做出补偿时，系统良知将无视对晚进者的公平，因为晚进者并不拥有与先到者平等的地位。当两者在系统内平衡的法则上产生冲突时，良知将以先到者为优先，而无视对晚进者的平衡原则。

比如说，即使是为了捍卫父母或祖父母的权益、补偿他们的罪恶，或者使他们从过去沉重的生命际遇中解脱，家庭系统都不允许孩子或孙儿干预父母或祖父母的命运。

在系统良知的压力下，所有后辈在没有觉察这股力量时，任意干涉长辈命运的行为终将注定失败。我们常看到，在家庭系统中，当某位成员以关心之名试图干涉其他人的行为时，他们盲目却自以为是，这样的举动终将招致失败，甚至造成自我伤害。这样的事情常发生在家庭系统中后辈的身上。他们自以为有能力介入，但却终将感到无力；他们自以为介入有正当性，但终将经验罪恶感；他们自以为能够改善别人的命运，却终将以悲剧收场。接下来，我将举几个例子来说明这一点。

渴望

一个年轻女人经验着自己无法解释、难以餍足的渴望。最终，她发现这并不是属于她的渴望，这渴望来自于她父亲第一段婚姻里的女儿。当她的父亲再婚时，这个同父异母的姐姐被禁止与她的父亲以及父亲第二段婚姻所生的子女见面。

姐姐长大后移民到澳洲，来访者与她所有可能联络的线索全部中断了。然而，来访者设法找到了姐姐，并且邀请她到德国见面，她甚至寄给姐姐一张机票。然而，这并未改写她们的命运，因为姐姐在前往机场的途中失踪了。

颤抖

在一个工作坊中,有位女士开始无法控制地颤抖。治疗师帮助她与颤抖连结,他了解这是属于另一个人的。

他询问来访者:"这颤抖是属于谁的?"她回答:"我不知道。"治疗师继续问道:"可能是个犹太人吗?"她回答:"这是个犹太女人。"

随后揭露的是,来访者出生时,一位纳粹官员以聚会之名造访她的母亲并恭贺她女儿的出生,当时有一个犹太女人因为害怕自己行踪曝光而躲藏在门后害怕地颤抖着。

恐惧

一对夫妻结婚多年但始终没有同住,因为丈夫坚持只有在外地才能够找到合适的工作。在一个治疗团体中,治疗师指出他能够和妻子同住并在当地找到合适的工作时,他又找到其他的借口。

所以,显然这位丈夫行为背后隐藏着其他原因。

他的父亲过去曾因肺结核而长年住在医院接受治疗,而他极少前往探视,因为父亲担心他的妻儿会因为探视而受到感染。这样的危险很久之前就随着父亲的痊愈而消失,然而,儿子接受了和父亲相同的焦虑和命运。他将自己与妻子隔离,因为他相信自己可能会威胁到妻子的安全。

误入歧途

在自杀危机中的男人参加了治疗团体,他在团体中分享,小时候他曾问他的外公:"外公,你什么时候会死,并且把空间让出来给别人?"他的外公被这童言童语逗得哈哈大笑,但这个孩子仍然无法原谅自己曾经说过这句话。

治疗师告诉他,只有孩子能够说出这句别人说不出的话。

他们决定了解这个家庭的状况,接着他们发现,许多年前孩子的祖父和他的秘书有婚外情，同时，他的妻子却得了肺结核。

那句"你什么时候会死，并且把空间让出来"的话其实是源于这里的，即使祖父并未意识到这句在心中想要跟妻子说的话。随后，他的妻子过世而他的秘密愿望得以实现。

然而，他的后代子孙却不知情地为祖父赎罪，背负着对自己而言毫无由来的罪恶感。首先，他的儿子阻止父亲因为母亲的死亡而得益：他和父亲婚外情的秘书私奔了。而他的孙子为他说出了这个造成悲剧的句子，并为此付出代价：这位孙子正处于自杀边缘。

补偿

以下来访者例，是来访者写信告诉我的。

来访者的曾祖母嫁给一个年轻的农夫，并在一段时间后怀孕。在她怀孕期间，她丈夫于当年十二月三十一日死于原因不明的高烧，享年二十七岁。这个不幸的事件指向家中另一个不幸。随后揭露的是，这位曾祖母在她第一段婚姻中有婚外情，之后嫁给了她的情人，而她第一任丈夫的死被怀疑与此有关。

这位曾祖母在一月二十七日嫁给了她第二任丈夫（也就是来访者的曾祖父）。第二任丈夫在他儿子二十七岁时死于意外。在他死后的第二十七年，他的一个曾孙也死于同样原因，另一位曾孙同样在二十七岁时失踪。

第三位曾孙在他二十七岁时精神疾病发作，发作的日期正是在十二月三十一日前后，也就是曾祖母第一任丈夫的死亡日期。这个曾孙在一月二十七日上吊自杀，也就是曾祖母第二段婚姻的结婚纪念日。写信给我的来访者，他的妻子在曾祖母第一任丈夫死亡的日期怀孕。

这封信来访者写于这位上吊自杀的年轻人的儿子——来访者曾祖父的玄孙——差一个月满二十七岁时。我的来访者觉得他的这个晚辈很可能会在他自己父亲上吊自杀日期的前后发生危险。出自于这样的恐惧，来访者时常去探望他这个晚辈，并且带他到他上吊自杀的父亲坟前。随后，晚辈的妈妈告诉我的来访者，她的儿子在十二月三十一日精神病发，并准备了一支左轮手枪准备结束自己的生命。这位母亲和她第二任的丈夫即时阻止了悲剧的发生。而这个事件的发生日，正是曾祖母那位死于二十七岁的第一任丈夫死后的第一百二十七个十二月三十一日。值得一提的是，这个试图自杀的年轻人并不知道他曾祖母第一任丈夫的存在。而且晚辈们更加确定，这个第一任丈夫是死于毒杀。

在此，我们可以看到一个家庭的谋杀行为影响了四、五代之久。

然而故事尚未结束。来访者写完信几个月之后，在极度惊恐的情况下来找我。他觉得自己开始无法控制地产生自杀意图。我建议他想象自己站在曾祖母的第一任丈夫面前，直视着他。然后我请来访者向他深深地鞠躬，并且对他说："我现在看到你，也尊敬你。你在我心中有一个位子。如果我继续活下来，请你祝福我。"

然后我请他同时对他的曾祖父母说："不管你们曾经犯下什么样的罪行，我将这一切留给你们。我只是个孩子。"然后我请他想象系在他脖子上的锁链松脱开来，然后自己转身离开这一切。此后，来访者的自杀意图就消失了，而曾祖母的第一任丈夫从此成为他生命中一股支持、保护的力量。

解决之道

在上一个例子中，我向各位说明了家庭系统良知是如何转变成一股疗愈后代子孙的力量。那些曾被排除的成员再次受到尊敬，并回到系统中属于他们的序位中，这个家庭的后代子孙就能够不再为先人的罪恶或行为后果而受苦，并且回到原本属于他们的序位，承担他们所能够承担的。这些后代子孙透过谦卑的态度而不再背负先人罪恶的重担。如此一来，系统就能再次平衡，并为当中的每一位成员带来认同与平静。

洞见

家庭系统中隐微难见的良知在关系中影响着我们,如果我们了解这些影响,就能够透过洞见超越家庭系统良知的限制。这样的洞见是:

清楚良知所造成的盲点,

使我们从盲点中解脱;

阻断良知所加诸我们的压力,

使我们在良知禁制之处仍能采取行动,

也使爱能够存在于良知孤立我们之处。

在这个章节的最后,我要告诉各位一个故事。

道途

儿子回家见他的父亲,并且提出了这样的要求:

"父亲,请在你离开前,祝福我。"

父亲回答:

"我的祝福是,

明天我将花点时间,

在通往知识的道路上,

伴随你走一段。"

隔天他们走到户外,

从狭窄的山谷中,

攀爬上山。

天色渐暗时,

他们到达了山巅。

然而此时，

在遥远的地平线上，

落日发散着最后一道光芒。

日暮西沉，

散尽它最后的光芒。

黑夜降临，

当他们抬头望去，

在黑暗之中，

他们看见满天星斗。

亲子关系与群体中的爱的序位

首先，我要探讨序位和爱的交互作用，这当中有相当丰富的涵义。

爱的序位

爱充满在序位所涵容的范围

爱是水而序位是容器

序位召唤

而爱跟随

序位与爱如影随形

如同不同的声部透过歌曲调合一般

透过序位我们找到爱的和谐

即使不同声部各自传达重要的涵义

如未经调合则仍会刺痛耳朵

所以当爱不在序位中

我们的心灵将无法得到平静

有些人将序位

当做是一种参考

他可以选择改变或背离

序位先于我们存在

它的运作无需我们了解

我们只需要去发现，而非创造序位的存在

我们透过它的影响

而发现序位存在的过程

就如同我们发现心灵和生命意义的过程

不同的序位

如此，我们透过影响而发现序位与爱的存在，也透过这样的发现，理解关于爱得与失的法则。我们清楚发现，本质相同的关系有着相同的法则，本质不同的关系则有着不同的运行法则。父母与孩子之间爱的序位，不同于三代同堂的大家庭成员之间爱的序位；伴侣关系中爱的法则不同于亲子关系中的法则；同样，主宰人与人之间关系的法则和人与自然的灵性、宗教相连结的法则也截然不同。

父母与孩子

亲子之间爱的序位的主要原则是：父母给予而孩子接受。父母将他们从自己的父母那里以及伴侣之间所得到的传递给他们的孩子。第一步是孩子接受他们的父母；第二步是孩子接受他们父母所有的给予；接下来，孩子再将他们所得到的传递下去，特别是他们的下一代。

人们有能力给予是因为过去曾得到父母所付出的；孩子能够接受是因为未来他们也将给予他们的孩子。先从他人身上获得的人，在未来必须要为下一代付出更多。下一代也许会有获得大于付出的情形，但是一旦有足够的获得，他会为随之而来的人付出更多。如此，不论是接受者或付出者，都将遵循着相同的序位和法则。

这样施与受的序位也同样适用于手足关系。兄姊都必须为弟妹付出，而弟妹都必须要接受来自于兄姊的给予。这代表着老大必须照顾老二和老三；老二则接受来自于老大的照顾并且为老三付出较多；而老三则接受来自老大和老二的照顾。老大付出最多，老么则得到最多；而老么常常以照顾年迈的父母作为回报。

德国诗人康雷（Conrad Ferdinand Meyer）在他的诗篇中非常生动而完整地描述了这样的移动过程：

罗马喷泉

　　涌出的水流喷出、坠下

　　盈满了石盆

　　在满溢后流动着

　　落入第二层石盆

　　直到第二层石盆盈满后

　　向下流动至第三层石盆

　　如此

　　每一层都以相同的方式接受、付出

　　在满溢流动后

　　归于平静

荣耀

在亲子关系和手足关系中，爱的序位要求每一个获得他人给予的成员以给予者及所得到的礼物为荣。以这样的精神来珍惜另一方的付出，最终将使得这样的付出得到彰显与荣耀。虽然付出的受益者是另一位成员，但同时给予者也将同样受益。就像是前面所提到的罗马喷泉：较低层的石盆承载较高层石盆所流下的水，然后累积足够能量再将水喷向天空——水的给予者。在家庭中爱的序位的第三层意义是，这是一个有优先级的序位，正如施与受是从上层流向下层，在此以时间上的先来后到，由长者付出，幼者获得。因此，父母在家庭中有较高的序位，而手足间，老大的序位也高于第二个孩子。

施与受的流动在空间上从高层移向低层，在时间上从年长者移向年幼者，这样的流动无法停止，也不能逆转方向。在序位上，孩子从属于父母，事件的发生也有先来后到的时间顺序。施与受和时间都不断前行，永不回头。

生命的礼物

我们在此所关心的，是父母的付出以及孩子的接受，这样的施与受并非一般的形式，而是生命的给予与接受。父母毫无保留地给予孩子生命并付出他们自己。当父母给予孩子生命时，他们只能如当初他们自己的父母给予他们生命的方式一般，忠实地以同样方式将生命传递下去，而无法有任何的增加、减损或者保留。如此，孩子不只拥有父母，他同时也是父母生命的延续。

爱的序位要求孩子全然地接受承袭自父母的生命，毫无抗拒和恐惧地全然地接受父母如是的样貌，而不期待他们有任何不同。这样的全然接受是一种谦卑的过程，它使我们臣服于生命法则和个人命运，透过父母所给予我们的一切臣服于我们生命中所遭遇的限制、所得到的机会，也臣服于家庭命运所带来的纠葛、罪恶、负担、喜悦和任何所有的一切。

透过以下练习，我们能够经验到接受生命的态度所带来的影响：想象我们在父母面前下跪，将双手伸直手心向上，对他们深深地磕头并且告诉他们："我以你们作我的父亲、母亲为荣。"然后站起来，看着他们的眼睛，谢谢他们赐予你的生命。此时，我们可以这样说：

生命感恩辞

"亲爱的妈妈

我从你那里得到了生命

为了将我带到这世界

你所必须承担的

还有你为此付出的代价

我将回报

我将好好利用我的生命为你带来喜悦

你的付出不会白费

我将丰富并荣耀我的生命

而且如果可以

我会将你所给予我的生命传递下去

一如你所做的

我全然地接受你作为我的母亲

也请你接受我作你的孩子

对我而言

你是最适合我的母亲

而我也是最适合你的孩子

你是大的

我是小的

我接受你对我所付出的一切

亲爱的妈妈

我很高兴你选择了爸爸

你们是我最适合的父母

只有你们"

"亲爱的爸爸

透过你我得到了生命

为了将我带到这个世界

你所必须承担的

还有你为此付出的代价

我将回报

为了带给你喜悦

我将好好利用我的生命

这一切将不会白费

我会好好活着并珍惜我的生命

如果可以，我也会将生命传递下去

一如你所做的

我全然地接受你作我的爸爸

也请你接受我作你的孩子

对我而言

你是最适合我的父亲

而我也是最适合你的孩子

你是大的

我是小的

我接受你对我所付出的一切

　　亲爱的爸爸

　　我很高兴你选择了妈妈

　　你们是我最适合的父母

　　只有你们"

当人们可以在心中对父母这样说时，他们将得到平静，感觉到处在正确的轨道上并且再次变得完整。

拒绝

　　有些人害怕一旦以上述的方式接受自己的父母，这意味着他们也必须接受父母的恶行和令人恐惧之处，比如某些人格特质、身体的残缺或是某些罪行。他们以抗拒接受父母的"好"，来抵抗父母的恶行或是残缺，因此，他们无法完整地接受生命。

　　为了弥补自己的缺憾，许多人拒绝全然地接受他们的父母，他们试着追寻所谓的"开悟"或是"自我实现"。此时，所谓的开悟和自我实现只是一种寻找理想父亲或是理想母亲的一种替代性行为。一旦我们拒绝了父母，我们同时也拒绝了自己，而我们也将因此感到缺憾、盲目和空虚。

特别之处

　　还有其他我们必须要纳入考虑的观点。我无法做出明确解释，但当我告诉别人这个观点时，我都能感受到，他们正确无误地了解了。我们都能了解，我们每一个人身上都有特别之处，而这并非来自我们的父母，我们也需要同意这一点。这特别之处可能是沉重的或是轻盈的、好的或坏的，而对此我们毫无选择，无论成功与否、接受与否、喜欢与否。我们都在服务于一个更大的力量，这可能以某种任务或职业的形式出现在我们的生活中，而它的基础不是来自我们的怜悯或是罪恶，比如说，那对我们而言可能是生命中沉重或是残酷的部分。无论生命中发生什么，我们每一个人都受一个更大力量的作用。

父母所给予我们的

父母不单单给予我们生命，他们同时抚养、教育、保护、关心我们，也给我们一个家。我们可以将父母所做的一切当成是他们所给予的礼物。所以我们可以跟父母说："我带着爱，接受你们所给予的一切。"带着爱和感谢的接受也是一种平衡的形式，因为父母将因此感受到我们的感激和荣耀。如此一来，他们将带着更大的喜悦付出。

当我们以这样的方式接受父母的付出时，我们通常会觉得满足。当然如我们所知，可能期待仍在，虽然事实通常并不如我们预期，但以这样的方式我们将感到满足。

当孩子成年后对父母说："我从你们那里得到了很多，而那已经足够了。我会一辈子带着你们所给予的礼物。"这将为他带来丰盛和满足的感觉，并且他能够说："其他我所需要的，我将为自己创造。"这也是会带来极大益处的语句。这会使这个孩子独立。也许他可以再试着说："现在我将你们留在平静里。"然后这个孩子就能够和父母分离，但仍然维持着良好的亲子关系。然而，如果孩子告诉父母："你亏欠我，你该给我更多。"这将使父母紧闭心扉。从此，父母将无法自由、快乐地为孩子付出，他们所做的将是出于孩子的要求。如此一来，在孩子放弃他的要求之前，他也将无法接受父母的给予。如果孩子坚持向父母要求更多，这将使他仍与父母紧密连结而无法独立，当他无法离开父母时，父母也将失去他们的孩子。

归属于我们的父母

此外，父母的样貌和他们的付出，无论得失好坏，都是他们从生命中努力而来，而这归属于他们。孩子将分享父母的生命，但无法直接从父母的生命中拿取任何的荣耀或责任。这是我们的命运，但我们常常背离这样的原则。当一个孩子从父母那里继承了一笔财富或是头衔，而不是付出自己的努力、经验或是痛苦得来时，他的权力或是要求将没有根基。

在家庭中，当孩子承继了父母生命早期的经历、疾病、罪行或不公义之事等不属于孩子个人的生命经历时，施与受的法则将出现逆转。孩子承受不属于他的遭遇，这样的罪行、疾病、义务或是不公义是属于另一个长辈的，这是另一个人的责任或命运，是另一个人生命中的一部分。而当这个长辈能够接受属于他的责任和命运时，他就同时拥有他自己的尊严，因此发展出力量并且受益，他可以将这种好的特质而非行为代价传递给他的后代。

当一个人出生之后，即使出于爱而承继了前人的苦难，他也干预了前人的命运，同时剥夺了前人面对自己命运的力量和尊严。如此一来，留下的只有牵连纠葛，而两者为之付出的代价将超乎想象。

傲慢

当家庭中的后辈试图要为前人付出，仿佛这位后辈的地位与前人平等，甚至高过于他，而不是接受前人的给予并尊敬他时，施与受的法则将出现逆转。一个典型的例子是，父母从孩子身上得到他们在自己父母或是伴侣身上所无法得到的，而孩子也愿意为父母付出。此时，父母就变成孩子，而孩子就变成父母。爱的流动就不是自然地由高处移向低处，施与受的流动将必须对抗地心引力由低处向高处流。但就如水无法往高处流动一般，这样的付出也将永远无法到达它真正的目的地。

在我的团体中，曾经有位女士的母亲失明而父亲失聪。这一对父母相当地契合，而这个孩子觉得她有责任照顾父母。为了揭开隐藏的真相，我为这个来访者进行了一个排列。在过程中，女儿的行为像是她大过她的父母。然而，她的母亲告诉她："我可以照顾你的爸爸。"而她的父亲说："我可以照顾你的妈妈，我们不需要你的帮忙。"这位来访者听到相当地失望，她觉得自己被降格回到孩子的位置上。

当晚她睡不好，隔天她问我是否能够提供帮助。我告诉她："一个人睡不好通常是为了要监视别人。"然后我跟她分享了德国作家包契的一个故事：一个在柏林的年轻人，战争后为了不让老鼠毁坏他弟弟的尸体而彻夜不眠。另一个人走向他说："你难道不知道老鼠晚上也要睡觉吗？"然后这个年轻人晚上就能够入睡了。隔天这位来访者说她的睡眠质量提高了。

当孩子轻视施与受的序位时，她也会为此得到严厉的惩罚，即使不了解这种错误或是原因，她也会感觉到无力或失败。当她错置了施与受的对象和序位时，尽管出于爱，她仍然忽视了序位法则。她无法了解这样做并不合宜，而只是觉得自己是在做好事。序位无法因爱淹没，序位的阶层高于爱而存在，心灵中存在着一股力量，即使以生命及个人福祉为代价，爱的流动仍要依照序位及平衡法则运行。因此，盲目地出自爱而不顾序位法则的行为是悲剧的开始。唯一的出路是：带着爱了解并接受序位法则。对序位法则的了解是一种智慧，而带着爱的臣服则是一种谦卑。

命运共同体

父母和孩子一起构成了命运共同体，他们以各种不同的方式互相依赖。每一个人都根据他的能力为别人的福祉作出贡献，每一个人都有所付出也有所获得。父母年老时孩子照顾父母即是一个例子。在此，父母有权力要求并接受孩子的照顾。这就是我所想要讨论的亲子关系中爱的序位。

家庭系统

我们和父母也同时属于一个更大的家庭系统，由我们的父母和与他们有关的亲族成员所组成。这个家庭系统中有一股力量将成员牢牢牵系，并且对所有成员都运行着同样的序位和平衡法则。

所有在这家庭系统里的成员都因为序位和平等的归属而与家庭紧紧相系。未受牵系或是不受这股力量影响的人就不是这个家庭系统的成员。这股力量的影响范围明示了我们哪些人归属于我们的家庭系统。一般而言，以下的成员归属于我们的系统：

1. 孩子和他们的手足，包括早夭或是流产、堕胎的孩子，还有那些非婚生、有一半血缘关系的兄弟姐妹。

2. 父母和他们的手足，包括上面所提遭遇各种状况的兄弟姐妹。

3. 祖父母，有时候包含他们的手足。

4. 有时包括曾祖父母其中一位，或是全部。

5. 有时包括与我们没有血缘关系，但也以不同方式归属于这个家庭系统的人，像是父母早年的伴侣，或是因为家庭系统成员而遭到不幸或死亡、抑或使某位成员遭遇不幸或死亡的陌生人。

6. 杀死某位家庭系统成员、或是遭到某位成员杀害的陌生人，或是他们的受害者或谋杀者的家庭系统成员。

家庭系统的连结

家庭系统成员的命运牢牢牵系在一起，那些因为创伤事件而进入我们系统的成员，也影响着这个家庭系统的命运。比如说，如果有一位手足早夭，其他人可能会跟随他的命运，父母或是祖父母有时可能也会因为想要跟随他们的孩子或是孙子而出现自杀的念头。或者，伴侣其中之一过世了，另一个人可能也想死。存活下来的成员事实上在无声地对着死者说着："我会追随你。"许多有致命疾病的成员，像是癌症、严重事故或有自杀意图的成员，都是因为受到家庭命运牵动，而无声地说着："我会跟随你。"

这样的成员深受一个信念的影响：一个人可以取代另一个人。这意味着他可以代替另一个人受苦、补偿或是死亡，而使这个成员从他沉重的命运中解脱。这样的行为在无言地说着："我来代替你。"

比如说，当一个孩子看到他家庭系统里的某一个成员生重病时，他会无声地说："我会代你生病。"或者当一个孩子看到某位家庭成员背负着必须补偿的重罪，他将无声地说："我会为你补偿。"再或者，当这个孩子了解到，他的父亲或母亲，或者家庭中某位较亲近的成员需要离开或是死亡，这个孩子会以行动无言地说："消失的人最好是我而不是你。"

比较常见的是在家庭系统中年纪较小的成员会代替另一成员受苦、补偿或是死亡。这种替代也会出现在伴侣之间。

必须注意的是，这样的过程大部分是在无意识的层面运作的。无论是原来的成员或是做出替代行为的成员，双方通常都未觉察到这样的过程。然而，只要能够保持觉察，我们就有可能从这样的过程中解脱。这样的纠葛能够透过系统排列的工作而浮上台面。

完整

家庭系统中，命运牢牢相系是为了保持系统的完整性。序位是家庭系统中一股不容忽视的力量，它超越死亡，确保每位成员无论发生任何事都有归属于系统的权利。家庭系统对于亡故或是存活的成员一视同仁，通常会追溯三代之前，甚至更久远。当家庭系统遗失了某位成员，比如他的归属权利不受承认，或者仅仅是被遗忘，系统就会产生一股无法抗衡的强迫力量，要重现原本存在的完整性。这反映在系统中，就是某个后代子孙会认同或是代替遭到排除的成员，而重演他的遭遇。

这个过程也是在无意识层面运作，通常发生在孩子的身上。以下是一个真实案例：

> 一位已婚男士遇到另一个女人，他告诉太太："我要跟你离婚，跟别的女人在一起。"后来，他和他的第二任太太生了几个小孩。第二段婚姻中的一个孩子重现了他前妻的行为，而且这个孩子将一直带着父亲前妻所经历的情绪：憎恨、被拒绝或是悲伤。无论是孩子或是他的父母都不一定能觉察到存在这样的认同。

家庭责任

在家庭系统中，清白无辜的成员通常必须为其他成员的恶行付出代价，这是为了补偿前人所造成的不公义。通常受到这股平衡不公义的力量影响最深的，也会是孩子。

这可能与系统序位的优先级有关，通常长辈在系统中有较高的序位，而晚辈会为了长辈的福祉而作出牺牲。所以，为了平衡家庭系统，系统中的较年长的成员和较年幼的成员并不会受到一样的待遇，对于晚辈，也没有所谓公平而言。

平等的归属权

家庭系统中，有一个最基本的法则是：每位成员都有同等归属的权利。许多家庭和家庭系统会否认某位成员归属于系统的权利。比如说，当一个已婚的男人因为外遇而有非婚生子女，他或他的妻子可能说："我不想知道关于这个孩子或是他母亲的任何事，他们不属于我们的家庭。"或者当某一位家庭成员受苦，比如说祖父的第一任妻子死于难产，在家庭中，其他成员出于害怕而不再提起她的事，像是她从来不存在一般。或者某位家庭成员违反家规而其他成员说："你使我们蒙羞，我们跟你断绝关系。"

实际上，那些相信自己站在道德制高点的人，只不过在说："我们比你更有权利归属于这个家庭。"或是"你放弃了你归属的权利。"在这样的情况下，所谓的"善"不过是"我有较多的权利"，而"恶"不过是"你的权利较小"。

胎死腹中或是早夭的孩子在家庭中，其归属的权利通常因为遗忘而遭到否定。有时候父母会以死去的孩子的名字为另一个孩子命名，这样的行为对于死去的孩子的讯息是："你不再归属于我们的家庭，我们已经找人取代你的位置了。"这个死去的孩子无法保留属于他自己的名字。

当家庭系统中某位成员归属的权利遭到否定，不论是由于他受到轻视或者遭受骇人的命运，或是其他人不想承认这个成员为了他人而空出位子，或者他未得到应有的感谢，要求平衡的力量将会驱使系统中的后代成员透过认同而模仿过去遭到排除成员的命运。认同的后代成员可能在意识上并未觉察，而且他也无法抵抗。一旦有成员的归属权利遭到否定，就会产生一股无法遏止的力量，这种力量将会努力恢复系统原来的完整。为了要补偿对某些成员的不公义，将会有其他成员模仿或是重现他们的命运。

在这样的情况下，幸存的家庭成员通常认为自己的存活对亡者不公平，而产生罪恶感，即使在意识层面并未觉察，但他们渴望补偿这样的不公，并且将限制自己生命的发展。

爱的序位

家庭系统受到古老的序位法则支配，常常会造成而非减轻成员的不幸或是痛苦。系统中要求晚进成员补偿过去成员行为的后果，造成一个永无止息的悲剧循环。只要这样的序位法则仍停留在无意识的层面，它就仍会强而有力地影响我们。然而，当它的运行方式浮上意识层面，我们就能够以一种较有益而非重复悲剧的方式来满足序位法则的目的。继而，另一个要求先进和晚进成员有同等权利的平衡系统中伤痛或是不公义的序位法则就能开始运作。这样的序位法则我称之为"爱的序位"。相较于试图以一个悲剧来补偿另一个悲剧的盲目的爱,这样的爱是有智慧的,它以一种带来疗愈的方式平衡系统,并且透过好的事停止不好的事。

首先,我要先带各位检视这个句子 "我会跟随你",或是"由我来代替你"。

接下来,我会要求来访者直接向她要跟随的家庭系统成员、或者她想要补偿或是替代的成员、或者她想要牺牲生命的对象,无声地说出这句话。当她看着另一个成员的眼睛时,她通常说不出这句话。现在,她了解,这个成员也有爱,并且不愿接受这样的牺牲。下一步是,请来访者看着这个成员的眼睛,并告诉他:"你是大的,我是小的。我向你的命运鞠躬,并且接受我个人的命运所赐给我的。如果我活下来,请你祝福我。现在带着爱,我让你离开。"然后来访者将会以一种更深的方式与另一个成员连结,而不只是盲目地跟随或是认同他的命运。另一个成员的过去将不再威胁来访者的幸福,他会带着爱来祝福来访者。

或者,当有人想要跟随亡者死去,比如一个早夭的手足,来访者可以说:"你是我的兄弟(或是姐妹),我尊敬你是我的兄弟(或姐妹)。在我心里,你有一个位子。我向你的命运鞠躬——不论它是如何。而我也将跟随属于我自己的命运。"接下来,活着的成员就不会再盲目地想要跟随亡者,亡者将会带着爱祝福活下来的成员。

当一个孩子因为手足的死亡而自己却存活下来的事实感到内疚时,他可以对他死去的兄弟姐妹说:"亲爱的兄弟,亲爱的姐妹,你们已经过世了;我还会继续活下来,有一天,我也会死去。"然后,因为亡者已逝而自己存活下来所产生的优越感就会消失,这存活下来的孩子将能不再内疚。

当家庭系统中某位成员受到排除或是遗忘,一旦他的存在被承认和尊敬时,系统就能再次建立它的完整性。我要举的第一个例子是一个内在历程。第二任妻子可以告诉第一任妻子:"你是第一,我是第二。我承认因为你让出妻子的位子,我才能够在这里。"如果第一任妻子因为受到不公义的对待而受苦,这位第二任妻子可以说:"我承认我的婚姻使你付出代价。"她可以继续说:"我选择了这个男人作我的丈夫，并且继续保持和他的伴侣关系，请你友善地看待我。也请你友善地看待我的孩子。"在家庭系统排列中，我们常可以看到第一任妻子因为这些句子而放松，并且在她得到适当的尊敬时，她能够响应来访者的要求。然后，序位就再次被建立，也无须孩子必须要代替父亲的第一任妻子。

有个年轻的商人取得某项产品的独家代理，驾着保时捷跑车来告诉我他有多成功。显然，他很有竞争力，并且拥有令人难以抗拒的魅力。但是他酗酒，而且公司的会计告诉他，他的个人公关费用支出过高，虽然他事业有成，但他秘密地想要让自己失去所有的一切。

接下来我们发现，他的母亲在来访者出生之前曾因为第一任丈夫的软弱而离婚。当时这位母亲怀着第一任丈夫的孩子，嫁给了她现任的丈夫。这个孩子，也就是来访者的哥哥，未曾见过他的亲生父亲，而且他也不知道自己的亲生父亲是生是死。

这个年轻的商人了解到，他不敢成功，因为他的生命是建立在他同母异父的哥哥所付出的代价上的。他找到了以下的解决之道：

首先，他了解到，父母的婚姻与自己的生命、和他同母异父的哥哥、和母亲第一任丈夫的生命中的痛苦及损失紧紧相系。

第二步是，他同意他所拥有的幸运，并且告诉他同母异父的哥哥以及母亲的第一任丈夫，他觉得自己和他们平等，而且相信自己对生命拥有和他们同等的权利。

第三步是，认同自己想要平衡施与受的意愿，他为和他有一半血缘关系的哥哥准备了一个特别的礼物。他决定要为他的哥哥找到他失散的父亲，并设法使他们重逢。

当我们以爱的序位为出发点，就能将为了平衡过去家庭系统中不公义的家庭责任告一段落，罪恶和后果将回归到它原本的位置上，以一个悲剧来平衡另一个悲剧的恶性循环就能够停止，而开始一个良性循环。不管前人为此付出何种代价，晚辈就是要接受前人所给予他们的；无论前人做过些什么，都荣耀且尊敬他们的存在；让一切是非善恶随风而逝。那些被系统排除的成员有重新归属的权利，我们无需恐惧这些成员，而是感觉并接受他们的祝福。为此，我们需要在心灵为他们保留一个位子，那是他们原本的归属的权利。只有如此，我们才能够再次感到完整。

爱的序位：
亲密关系及个体与更大整体的关系

首先我要从一个显而易见的事实来讨论男人与女人的关系。

男人与女人

男人因为自身缺乏女性化的部分而受女人吸引，正如同女人受男人吸引是因为她们缺乏男性化的部分。男性的阳刚响应女性的阴柔，所以他需要一个女人来帮助他成为男人；女性的阴柔响应男性的阳刚，所以她需要一个男人来帮助她成为一个女人。男性在他选择一个女人作他的妻子时，成为一个男人；而女性在她选择一个男人作她的丈夫时，成为一个女人。此时，男人和女人结为伴侣。

关于男人与女人间的爱的序位，首先是男人要一个女性成为他的女人，而女人要这个男性成为她的男人。如果男人或女人只是为了好玩或是为了找人来照顾自己，这样关系的基础就像建立在流沙上一般的脆弱。有时候我们会根据贫富、教育程度或是宗教信仰等外在条件，或是为了满足自己的征服、保护、改善或拯救的欲望来寻找伴侣，抑或是为了满足父母愿望或者奉子成婚，这样的伴侣关系的基础仍旧脆弱，而且从一开始就埋下了裂痕。

父亲与母亲

第二，爱的序位要求在亲密关系中男人和女人朝向创造第三个存在实体：男性与女性结合并创造出一个新生命。为此，只有当男人成为父亲，他的存在才能够圆满；同样，也只有当女人成为母亲，她的存在才完整。只有透过孩子，男人和女人的结合才能牢不可破。他们为人父母而对子女的爱，丰富也荣耀了他们的伴侣之爱；伴侣之爱进一步升华成父母对子女的爱。就像树根提供了大树养分一般，伴侣对彼此的爱也滋养了他们对子女的爱。

如果伴侣之间的爱发自内心毫无保留，那么当他们为人父母时，他们对子女的爱也将是如此。相对地，当伴侣之间的爱有所保留，他们对子女的爱也将是如此。如果男人与女人彼此欣赏、相爱，他们也将会欣赏、爱他们的孩子。同样，如果他们彼此之间存在愤怒及抱怨，这样的感受也将转移到孩子的身上。

父母于亲密关系中在尊敬、爱和支持上能够达到什么样的深度，决定着他们在亲子关系中发展的深度。同样，当父母无法建立亲密连结，他们就无法在亲子关系上与孩子建立亲密的连结。

如果父母对孩子的爱丰富并荣耀了他们的伴侣之爱，孩子会感受到认同、接受、尊敬、安然及被爱。

欲望

一对已婚的伴侣前来咨询一位享有盛名的治疗师，并请求治疗师的协助。他们说："每个晚上，我们都努力想完成传宗接代的责任，但是无论我们怎么努力，都无法完成这个神圣的责任。我们做错什么了吗？还是我们应该从这样的过程中做到或是学习到什么？"

治疗师要这对伴侣做的，就是静静地听他把话说完，然后在结束后，他们要直接回家，而且不能互相讨论。他们都同意了。以下是治疗师对他们说的话：

"每一个晚上你都努力地完成传宗接代的任务，虽然你做了诸多努力，但仍然无法成功。你为何不让你的热情引导你？"说完之后，他就请这对伴侣离开了。

他们匆忙赶回家，就像是他们迫不及待要享受鱼水之欢一般。当他们独处时，他们带着热情和欢愉。他们只花了四个晚上，妻子就成功受孕了。

另一个女人已经稍微超过正常的生育年龄，她害怕自己再也无法生育，在报纸上登了以下的广告："护士征婚！对象：已有小孩的鳏夫。"这样的亲密关系成功的几率能有多大？她无异于在写："女人急征男人！有谁要我？"

性爱

我们常对于伴侣关系中最亲密的欲望羞于启齿，因为我们的文化将性爱视为低贱的、不庄重的。然而，性爱却是人类最伟大的行动。人类没有其他任何行为比性爱更能够达到生命的和谐与圆满，也没有其他任何行为比性爱需要担负起更大的责任，没有其他任何行为可以在过程中带来深刻的喜悦，在结束时忍受如此甜蜜的痛苦。这是人类最重要的行为，它比其他行为要更加冒险、更加挑战，使我们与另一个个体达到如此深的辉映和了解，并带来智慧与精神更高的层次。当一个男人和女人做爱，结果将会是严肃的，而人类其他行为都像是在为这个严肃的结果作准备，也许是成为这个结果的补给或是替代。

要完成性爱，我们必须保持在最谦卑的状态。我们从未在任何时刻让自己处在如此开放而且毫无保护的位子上，我们暴露自己并且处于一种最脆弱易伤的状态。所以，我们从未像男人与女人在爱中交会那样如此深刻地放下我们的困窘与防备，敞开我们自己。在这样的行动中，我们展现了最私密的自己并且将自己交付给对方。

男人与女人在爱中的圆满也是我们最勇敢的行为。即使在一开始，男人与女人尚未经历到圆满，他们相遇并彼此托付终身，他们了解到关系是有尽头的——他们接受限制，并且找到调适的方式。

夫妻之间的连结

圣经上有一句深刻的话："爱一个女人，男人需离开他的父母，并忠于他的妻子，夫妻两人变成命运共同体。"对女人而言，也是如此。这样的意象就像是我们以一种效果可见的方式经验实相的过程，无论我们喜欢与否，在亲密关系中，我们都建立了一种不可能重现于其他关系中的紧密连结。可能有人会反驳说，一旦离婚，夫妻各自建立新的关系，以上的论点就不成立。而事实上，第二段关系以一种不同的方式运作。

第二任丈夫或是第二任妻子会本能地知道他们伴侣与前夫或前妻所存在的连结。我们可以看到在第二段婚姻中的丈夫或妻子不相信自己能够如第一段婚姻一样，全心全意地接受他的第一任伴侣。他们两人都会带着内疚进入第二段婚姻——即使是前任伴侣死亡导致第一段婚姻结束，情况也是如此。

第二段婚姻在前任伴侣全然承认并尊重彼此连结的情况下，才可能成功。接下来，新的伴侣必须了解他们的关系跟随在第一段关系之后而排在第二、甚至第三顺位。他们必须要接受他们对前任伴侣的责任，并尊重新关系的存在是因前任伴侣的退让。第二段婚姻的伴侣也必须彼此承认，他们无法建立第一段婚姻中的连结，也无法抹灭这个连结的存在。根据这样的法则，当第二段关系结束时，伴侣所经验的内疚和对彼此的义务将不如第一段关系般强烈。以下是一个真实的案例。

嫉妒

一个女人对团体描述，她是如何以嫉妒来折磨她的丈夫，虽然明知这样已经伤害了伴侣关系，但来访者就是无法克制自己。治疗师告诉她解决问题的方法："无论如何，你都会失去你的丈夫。那么，在你仍拥有这段关系时，就好好地享受吧！"来访者松了一口气并笑了。不久之后，来访者的先生前来向治疗师道谢，感谢他"找回他的太太"。

很多年前，这位先生和他当时的女友参加了工作坊。在过程中，这位先生不顾他当时交往七年的女友，当众宣布，他已经找到另一个更年轻的女友，他打算要和坐在他身边的女友分手。这位先生随后带着他的新任女友前来参加研讨会。当时他的新任女友怀孕了，而随后他们结了婚。这位新任女友，就是前面在工作坊中说她无法控制自己嫉妒的来访者。

治疗师了解她嫉妒的根源。这个女人公开地否认她丈夫和前女友的连结。在嫉妒的同时，她也在公开宣示她对丈夫的主权。但在内心深处，她知道丈夫与前任伴侣的连结和她的责任。她的嫉妒不是为了证明她丈夫有罪，而是在内心深处，她知道她没有资格拥有这段关系。以嫉妒导致分离是她承认前段关系的唯一方式。这也证明，她与丈夫的前任伴侣紧密连结着。

情欲的连结

男人与女人发生性行为后就发展出深层、难以磨灭的连结，他们因此成为伴侣、为人父母。柏拉图式的爱和对外界公开关系并不足以成为亲密关系的基础。如果其中一位伴侣在进入关系前结扎，即使他们仍期待有紧密的关系，伴侣的连结仍无法建立。如此，他们之间并未产生连结，分开时，也不太会觉得罪恶或是亏欠对方。

如果关系中爱的流动受到影响，或者，比方说怀孕的过程中断，即使连结仍在，伴侣关系也会产生裂痕。依据这样的法则，流产就会使关系结束。如果一对伴侣在流产之后仍希望关系继续，他们就必须要像是重新建立第二段关系般地再次承诺、同居，因为通常他们原来的关系已经结束。性行为的真相是，它的生理层面大于灵性层面，并且是人类一种基本且重要的行为。即使真相如此，我们仍常认为智性的活动较性行为高尚。似乎透过本能需要、爱的欲望而发生的行为，相比于出于逻辑及道德决定的行为，是较为低下的。然而，出于本能的行为往往蕴涵了逻辑和道德所缺乏的智慧与力量。以如此较宽广而深刻的观点看待，将能够鼓舞我们顺从本能；若是我们顺从逻辑和道德的教诲，将使我们产生恐惧而逃避。

想象有个孩子跌落水中，而一个人马上跳下水救他。这个人的行为并不是根据逻辑推演，或是道德义务。他的行为是出于本能反应。难道出于本能反应的行为是较不正确的吗？难道这样的行为相较于根据逻辑、根据道德的行为，是怯懦、不可取的吗？

或者，当雄鸟对着雌鸟求偶、吟唱，之后筑巢、交配、产卵、孵化小鸟、喂食、保暖、保护并教导小鸟，直到他们能够离巢独立生存，这些出自于本能反应的行为是较无意义的吗？

低音的回旋

亲密关系就像是演奏巴洛克乐章。音域较高的音符受到低音连奏的引导、调和、厚实并得以充分发挥。在亲密关系中的低音像是："我要你，我要你，我要你。我选择你。我选择你做我的妻子。我选择你做我的丈夫。我要你，而我将在爱中献出自己。"

互补

为了要保持男人与女人在亲密关系中的承诺，男人必须作个男人并维持他男性的阳刚，而女人必须作个女人并维持她女性的阴柔。这同样意味着，男人必须克制他从伴侣身上吸取女性能量并且出现女性化的思考、行为和感受；女人同样必须克制她从伴侣身上吸取男性能量并做出男性化的思考、行为和感受。在亲密关系中，男人只有维持男性的身分和位置，他才会受到重视；同样，女人只有维持女性的身分和位置，她的伴侣才能维持对她的渴求。这是维系亲密关系的秘诀。

如果男人能够自行发展女性特质，那么他就不需要女人；同样，如果女人能够自行发展男性特质，那么她就不需要男人。因此，那些能够自行发展出另一个性别特质的人通常会维持独身，他们能够自给自足。

牺牲是男人与女人之间爱的序位的一部分。它在童年时期就已开始。为了要成为一个男人，儿子必须放弃他对生命中第一个女人——母亲的爱；为了要成为一个女人，女儿必须放弃她对生命中第一个男人——父亲的爱。为了要完成成为男人的旅程，他必须脱离母亲的影响；而为了要完成成为女人的旅程，她则必须脱离父亲的影响，并且回到母亲的影响范围。如果一个儿子留在纯然由母亲影响的状态，他在青春期后通常会发展成一个女性化的男孩，而无法成为一个男人、一个丈夫；当女儿停留在纯然由父亲影响的范围内时，她通常会停留在青春期享受异性注意、调情的阶段而成为情妇，而无法成为一个女人、一个妻子。

当一个"妈妈的宝贝儿子"与一个"爸爸的宝贝女儿"结婚时，这个先生只是想要以爱人的形式寻找母亲的替代品，而妻子只是想要以爱人的形式寻找父亲的替代品。然而只有"父亲的儿子"和"母亲的女儿"结合时，伴侣关系才最可能成功。

同时，如果一个男人是"父亲的儿子"，他将能在婚后和他的岳父相处愉快，而一个"母亲的女儿"则在婚后能与她的婆婆和睦相处。相反，"母亲的宝贝儿子"在婚后，能够讨岳母欢心，但却较难和岳父建立良好的关系；而"父亲的宝贝女儿"在婚后能和她的公公愉快相处，但较难与婆婆建立建好的关系。

阿尼玛和阿尼姆斯

当儿子停留在母亲的影响范围内时，他的心将充斥着女性能量，这将使他无法从父亲身上汲取男性力量。这也同样适用于那些停留在父亲影响范围内的女儿，她的心将充满男性能量，而使她无法从母亲身上汲取女性力量，并影响她成为女人的发展。荣格将男人心灵中的女性原型称为"阿尼玛"，而将女人心灵中的男性原型称为"阿尼姆斯"。当儿子笼罩在母亲影响范围中时，阿尼玛有较强烈的发展。奇怪的是，当男人笼罩在母亲的影响范围中时，他对其他女人的了解和热情较高，对其他男人和女性的吸引力较小。而当女人笼罩在父亲的影响范围中时，阿尼姆斯的发展较为强烈。她对其他男人或女人而言，吸引力也较小，却对其他男人的了解和热情较高。

男人心灵中阿尼玛的影响将限制他无法及早朝向父亲移动。令人惊讶的是，这也使他对于女性的独特与价值产生较多的热情和了解。同样，女人心灵中阿尼姆斯的影响将限制她无法及早朝向母亲移动，她将对于男性的独特与价值产生较高的了解与热情。

因此，我们了解，阿尼玛是儿子没有接纳他的父亲的结果，而阿尼姆斯是女儿没有接纳母亲的结果。

双边互利

在爱的序位中，男人与女人之间存在着施与受平衡的交流。他们同时拥有对方所缺乏的部分，也从对方身上得到他们所缺乏的。要丰富关系，双方都必须为另一半付出自己所有，并且接受对方的付出。男人必须献出他自己并且接受另一半成为他的女人；同样，女人也必须献出自己并且接受另一半成为她的男人。如果伴侣当中只有其中一人接受而另一半付出，爱的序位将会失去平衡，因为接受的一方看来较弱势而不受看重，而付出的一方看来较伟大。伴侣关系中，当一方因为耗竭而需要另一半的照顾，虽然他们同样爱着对方，另一方的行为举止也将会像是在施恩。在过程中，接受的一方将愈来愈像个小孩，而施恩的一方将愈来愈像父母。接受的一方可能会觉得自己有义务要感谢对方的付出，而没能回报；施恩的一方则会像是不求回报的慈善家而产生优越感。如此一来，伴侣关系将无法平衡，也无法交流。为了达到伴侣关系的平衡，双方都需要有求于对方，并且带着爱付出，并尊重对方的需求。

跟随与服务

伴侣关系中爱的序位的另一个面向是：女人跟随男人。这意味着，她跟随男人并进入他的家庭、住处、社交圈、语言及文化，并且她同意她的孩子跟随父亲。我们无法解释这个序位法则，只是当我们检视实际情况，我们会看到它的影响。我们只需比较妻子跟随丈夫、孩子跟随父亲的家庭和丈夫跟随妻子、而孩子跟随母亲的家庭即可得知。但是也有例外，比如说，当父系家庭遭遇艰难的命运或疾病，让丈夫和孩子跟随母系亲族是比较安全而妥当的时候。

然而，伴侣关系中，爱的序位有另一个面向是：男人必须为女人服务。

平等

伴侣关系中爱的序位不同于亲子关系的爱的序位。如果伴侣将亲子关系的爱的序位应用在亲密关系中，伴侣关系将受到阻滞及干扰。

比方说，在伴侣关系中，一方期待另一方能够给予全然无条件的爱，就像是孩子对父母的期待一般，此时，他期待另一方能够给予他父母带给孩子的那种安全感。这将造成伴侣关系的危机。当其中一方感受到他的伴侣有过多要求时，他将会退缩甚至离开，而这样的反应是正当的。因为如果其中一方童年时期的序位在当时没有得到满足，而被转移至成年后的亲密关系中，然后要求无辜的伴侣对我们童年的需求负责，这是不公义的，并将导致关系的结束。

比如说，当丈夫跟他的妻子，或者妻子跟丈夫说："我没办法跟你共同生活"，或者"一旦你离开，我就马上自杀"时，另一方就必须结束这段关系，因为他所遭受的压力不属于平等的伴侣关系，他也无法应对这样的压力。然而，一个孩子对父母这样说却是真实而恰当的，因为孩子无法离开父母独立生存。

当男人或女人在伴侣关系中认为他们有权苛责、教育或是改变另一半，这是假设自己拥有只存在于亲子关系中的父母对孩子的权力。这样的结果，常常是另一半会因为压力而变得疏离，并且在关系外寻找平衡及出口。

亲密关系中的爱的序位要求双方以平等的态度尊敬对方。在任何情况下，当一方感觉自己像是另一半的父母时，或者自己像是孩子一样依赖着对方时，伴侣关系中爱的流动就受到了限制并将使关系遭受威胁。

这也同样适用于施与受的平衡。在亲子关系中，父母是给予者，而孩子是接受者。孩子想要逆转序位或是与父母地位平等的意图终将失败，孩子注定亏欠父母。然而矛盾的是，当孩子与父母地位平等的尝试愈失败，他们就觉得愈靠近父母；对父母的亏欠将使他们保持与父母的连结，并且促使他们离家独立，因为他们想要独立完成某些任务并证明自己。

所以当伴侣中的一方以父母对待孩子的方式付出，比如女人为另一半支付学费，他们的关系就无法维持平等。即使感觉到亏欠，在完成学业后，男人仍会离开他的另一半。只有在他完全偿付另一半所为他所付出的费用后，他才能再次感到平等，关系才得以维持。

交流的计量

就性别而言，虽然男人与女人的付出并不相同，但他们的施与受也需达到平衡。如果他们在各方面的付出与接受能够平衡——一如他们所付出并接受同等的爱，那么亲密关系就能够成功。这个原则对于所有交流，无论交流本质是好是坏都适用。

当一方从对方身上受益，接受者为了要维持平等和平静的感受，会觉得自己需要回报对方所付出的。因为她仍爱着她的另一半，所以她会付出比对方多一些的分量来回报。这也使得她的另一半觉得自己也需要付出更多一些来回报，因为他也深爱着另一半，并且希望关系能够继续维持。这样在伴侣关系中好的交流将不断地成长、延续。

当施与受变成单向的行为，关系就将结束。当伴侣中的一方只接受而未付出时，他将发现对方对付出感到疲乏；同样，当一方只付出而未接受，他将发现另一半对于接受感到疲乏。如果一方的付出超过对方所愿意回报的，这样的交流将会停滞。这同样适用于接受一方的期待超过对方所愿意付出的程度时。如此一来，施与受将阻滞关系。因此，任何的交流都应有良好的个人节制及界限。

为了要使亲密关系成功，伤痛的公平交流也是必需的。当伴侣其中一方伤害了另一半，受害者必须以相似的程度伤害对方。

当伴侣关系中的受害者不愿表达生气或是恨意，关系中的交流就停滞了。比如说，当伴侣的其中一方外遇出轨，而另一方仍忠于关系，只有在忠诚的一方采取某些报复行动，出轨的一方才能够再次拥有平等的地位，关系也才得以继续。只有当受害人将他所受到的伤害回报另一半，关系才能重新开始。但是如果受伤的一方深爱出轨的另一半，宁愿独自背负伤痛也不愿采取报复行动，那么关系就停滞在受伤的状态而难以修复。即使受伤的一方意识到她在关系中的清白感，也必须小心不做出超过伤害程度的报复行动，否则只会再次复制关系中的受害状态。受害者的回报程度要比他所感受到的程度轻微一些。如此一来，公义和爱就能同时受到关照，关系的交流便能重新开始良性的循环。

在伴侣关系中，如果受害人和加害人加重伤害的程度来作为回报，就像对付出做出更多程度的回报那样，关系及个人的痛苦将只会雪上加霜。这样的交流虽将能够使两人紧紧相系，但只是使彼此陷入不幸和报复，而非关心和幸福。另外，伴侣关系的质量将随着彼此的交换是好事或坏事，以及好事或坏事的程度而改变。这暗示了我们提升、疗愈伴侣关系的方法：以爱及善意增加对另一半的回报。

连结的不同模式

无论好坏，男人和女人都在他们各自的原生家庭中经验了不同的家庭关系模式。为了成功地经营亲密关系，男人和女人在进入关系时，必须检视他们从父母身上所学习到的亲密关系模式，觉察他们各自对伴侣的定义。在这过程中，清白与罪恶的感受常交错出现。当他认同自己的父母在亲密关系中的行为、信念时，他就会感到清白。相反，当他认为自己的父母在亲密关系中的行为和信念有害时，他就会出现罪恶感；而且当他在亲密关系中采取不同于父母的行为或是信念时，他也会出现罪恶感——即使新的行为和信念将使亲密关系受益时，也会如此。这样的罪恶感可能会使其以付出亲密关系中的幸福和益处为代价。

纠葛

伴侣一方或是双方无意识地背负了来自原生家庭系统未解决的纠葛，常导致伴侣关系的破裂。

以下是一个真实案例：

一对伴侣彼此深爱，却常发生严重冲突。有一天，妻子在咨询中生气地质问丈夫，治疗师注意到，此时她的脸看起来像是一个老妇人。治疗师告诉这对伴侣他所观察到的现象，并且问妻子："这个老妇人是谁？"来访者突然想到她经营旅馆的祖母，她常被祖父在客人面前扯着头发拖过旅馆大厅。来访者突然明白，她对自己丈夫的愤怒，其实是她的祖母对祖父从未表达过的情绪。

许多令人难以理解的婚姻危机常是像上述案例中埋藏于台面下的家庭纠葛所造成。这通常是一个无意识的过程，令人害怕的是，我们通常都对它的影响毫无觉察。当觉察到纠葛的存在，我们就能在毫无由来地想要伤害对方时，避免受到它的影响。

承诺

有些伴侣错误判断了他们连结的深度，并将伴侣关系视为能够改变的一种安排，可以随时而胡乱地改变。伴侣关系将因为鲁莽和反复而受到威胁。当伴侣们了解在亲密关系下所存在的爱的序位时，通常为时已晚。比如，当伴侣一方毫不在意地突然终止亲密关系，有时候他们可能会有一位子女死于疾病或是自杀以补偿这样的不公义。事实上，伴侣关系是建立在爱的序位这种不可改变的深层基础上的，爱的序位为伴侣关系定下目标，而为了要达成目标，伴侣双方都需要作出承诺和牺牲。

放弃

当一个男人选择了某个女人作为他的妻子时，他就能够透过她而成为一个男人。但同时，在婚姻中女人会吸收并损耗丈夫的男性能量。同样，当一个女人选了某个男人作为她的丈夫时，她也透过他而成为女人。同时，他也在婚姻中吸收并损耗她的女性能量。为了维持他们各自独特的存在，男人必须在男性朋友的聚会中，补充并强化他的男性能量，而女人则必须在女性友人的聚会中，补充并强化她的女性能量。

即使能够各自补充能量，男人在亲密关系中仍会失去他的男性认同，而女人同样会失去她的女性认同。男人与女人在各方面来说都是如此的不同，"男女间只存在些微的差异"是个天大的笑话。实际上男人与女人在各方面都是大不相同的，他们以不同的方式经验世界并感受、响应对方，但这些不同都是人类存在的完整方式。男人和女人都必须了解这一点。然而，男人与女人都将夺走对方身为女性或是男性的安全感，他们在亲密关系中，必须再次放弃他们从对方身上所得到的认同。因此，关系对他们而言都会像是死亡的过程。

进入亲密关系时，我们常抱着完整、圆满的期待，但事实上，每一段关系都会像是死亡的过程。在关系中的每一次冲突都是一次分离。关系持续的愈久，男女愈亲密，就会愈靠近这样最终的终结。然后，如此男人与女人才能够到达另一个更高的境界。男人与女人的分离就是为了使他们透过这样的过程重新合而为一，但两性的结合只是短暂而非永恒的，世上阴阳两极的融合越超两性的结合，后者只是一种阴阳融合的象征。真正的融合只有透过死亡才能发生，然后，我们就会回归未知的尘土。

这当然只是关系的一种可能观点，但这样的观点却能引领我们到达关系深层而严肃的层次。只有放下我执，我们才能够真正地与万物同为一体。

如是

爱的序位伴随着我们早期经验的关系，它同时也在我们与生命、与世界的关系中运作。透过爱的序位，我也得以一窥未知的神秘领域。

我们能够像孩子与父母的连结一般，以这样的方式与这神秘的整体产生连结。带着孩子一般的相信、期盼、信任和爱，我们寻找着"天父"或是"圣母"；我们也如同孩子一样地害怕，害怕我们也许会知道真相。

我们也可能像是连结祖先和亲族一般地与神秘的整体连结。我们了解我们与一个神圣的整体血脉相连，就如同我们与家庭之间的连结般；同时也理解我们受神圣整体的法则无情地拣选或排除，而法则的运行则是超越我们的理解和影响的。

或者我们以一种平等的方式与神秘的整体互动。就像是与我们的同事或是代表的关系一般，我们试图与它交易或讨价还价，尝试在权力和责任上订立契约，调节施与受、得与失。

或者我们尝试以亲密关系的方式与这神秘的整体连结。好像我们与他是一对伴侣，像爱人与被爱者、新郎与新娘。

或者我们以一种父母亲对待孩子的方式，来对待这神秘的整体。告诉他什么该做、什么该改进；或者当不喜欢、不想要这个世界的样子，或是觉得世界亏欠了我们或身边的人时，质疑他所创造的。

或者我们在与神秘的整体连结时，将一度了解的爱的序位抛诸脑后、遗忘，就像所有的河流已到达目的地，我们已经回到大海，我们已然返家！

第二章
灵性的良知
The Spiritual Conscience

我们越来越清楚地了解到，若家庭系统排列停留在个人良知和集体良知的范畴之中，将阻碍我们进一步从灵性层面寻求解决之道的可能性。唯有当灵性家庭排列与灵性良知和谐并进，带领我们超越上述两种良知的限制，方能走上在关系中拥有全然之爱的道路。

除了针对各种良知加以说明之外，我也会在最后加上一些个人的省思，以协助各位了解我们面对灵性家庭排列时所应抱持的心态。这些思考，就如同静心的练习，能带领我们体验如何借由灵性的引导与支持与自身和谐共处。

不同类型的良知

良知意识共分为三种，各自涵盖不同的心灵层面。

首先是个人良知，在三种良知意识之中，所涵盖范围最为狭隘。借由"善"与"恶"之分，它承认某些人归属于群体的权利，却也在同时，将其他人排除于群体之外。

第二种是集体良知，所涵盖的范围相对大一些。它兼顾到被个人良知所排除的成员利益，也因此，集体良知与个人良知常是相互冲突的。然而，集体良知仍有其限制，因为它仅运作于受其约束的群体成员之上。

第三种是灵性良知，不同于另外两种良知的是，它并没有"善"与"恶"或"归属"与"排除"之区分，也因此能够超越以上两种良知的限制。

个人良知

归属感

我们借由感觉的好坏,来体验个人良知的运作。在正向的良知作用下,我们会感到开心,相反,在负向的良知之中,我们会感到难过或不舒服。

当我们拥有正向的良知时,会发生什么事?当我们拥有负向的良知时,又会发生什么事?在正向或负向的良知之前,又是什么?

透过观察发现,所谓负向的良知,跟我们的想法、感受或行为不符合某些人的要求与期待有关,而这些人通常来自于我们所希望归属甚至赖以生存的群体。

这表示,我们的良知会积极地确保我们与这些人或群体保持紧密的关系。当我们的想法、心愿或行为可能危害到我们与他们的关联,并威胁到我们的归属权利时,良知立刻便会察觉到。当良知发现我们与所依赖的人渐行渐远时,便开始害怕我们的归属权利会受到影响。这种害怕的感觉,便是出自于负向的良知。

另一方面来说,当我们的想法、心愿或行为符合我们所属群体成员的期待与要求时,我们会很确定我们归属于这个群体,而这种确定会让我们感到轻松自在,无须担心会被排除于群体之外孤军奋斗。这种找到归属的安全感,则是正向良知的体现。

由此可见,个人良知会将我们与对我们很重要的人或群体紧密地结合在一起。但这样的良知,在作用于某些特定的人或群体的同时,也将其他不属于这些群体的人排除在外了。因此,个人良知是一种狭隘的良知意识。

在我们年幼时,这种良知意识尤其重要。孩子会尽其所能地让自己被归属于群体之中,否则,他将无所适从。个人良知确保我们能在群体中生存,并维系我们与赖以生存的人之间的紧密关系。显然,我们必须承认个人良知极具重要性,它在我们的社会与文化中占有一席之地。

善与恶

我们观察到,所谓善恶好坏的观念,是出自于个人良知的作用。我们借由这些观念,衡量思想或行为是否确保或危害了我们归属于群体的权利。

当我们对自身的归属感到安稳自在时,会有愉快的感觉。这是透过正向的良知所经验到的,所以我们不会多加思索。但假设我们将自己从个人良知的范畴中跳脱出来,从另一个角度来看它,我们仍会认定这样是好的吗?还是我们会认为对某些人来说这样未必是好?而由于个人良知借由个人感觉来决定,因此这些问题仍尚待讨论。

所以,所谓的善或清白感,只是一种清白自在的感觉,不经思索地便被认定是件好事。然而,对于身在其外的旁观者而言,这种清白感,可能是很诡异甚至带点危险性的,但对身在其中的人而言,却是不容置疑。

这也适用于罪恶感,只不过我们通常对于罪恶感的感受会比清白感强烈。因为它与我们害怕失去归属甚至生存的权利息息相关。

因此,辨别善恶的能力与我们是否能在群体中生存有关。

集体良知

在我们所觉知的个人良知背后,有另一个更强更有力的良知意识同时也在作用着,但它却深藏不露。因为,就我们个人感受而言,个人良知是优先于集体良知的。

集体良知是一种群体意识。个人良知服务于个人的归属感与生存权利,而集体良知则服务于家庭或群体的单位。集体良知在作用时以群体的生存为优先,个人的权利则可能以维持群体生存之名被牺牲。因此,这个良知存在的目的是在于维护群体的完整性,并被彻底执行以确保群体存在的最高准则。

当个人的利益与群体的利益相冲突时,个人良知与集体良知通常也是相互冲突的。

完整性

集体良知遵从的是怎样的法则呢？它又怎样去贯彻这些法则呢？

第一项法则是，确保群体中的每一位成员都拥有相同归属于团体的权利。当成员因为任何原因被排除于群体之外时，后来加入的成员之中便有人必须在这个群体中代表这位被排除的成员。

集体良知是无关道德的，它不以善恶好坏或罪恶清白作区分，它对每一位成员都同等对待，并维护他们归属于这个群体的权利，而当成员的归属权利被剥夺时，则会试着修复它。

当家庭中的一位成员被剥夺了属于这个家庭一分子的权利时，会发生什么呢？借由集体良知的作用，这位被排除在外的成员将被带回家庭系统之中，家庭系统中的另一位成员会被迫代表这位被排除的人，而他并不会意识到自己与先前那位被排除的成员有关联。

我们又如何知道这位被排除在外的家庭成员被带回系统中了呢？另一位成员将会承袭他的命运，有着相似的生活方式、感受及疾病，甚至会以同样的方式步入死亡。这位家庭成员像是在为被排除的成员效劳，有如被操纵着一般，却仍拥有清楚的自我意识。唯有当被排除的人回到系统中他应有的位置后，这位代表他的家庭成员才能卸下重担，不需再提醒其他人这位成员的存在。

这些牵连纠葛，完全是出于集体良知的作用，而并非是被排除在外的成员所要求，当然有时也可能是这位被排除的人对家庭中某位成员下了诅咒。无论如何，集体良知作用的目的，就是要恢复群体的完整性。

本能

若我们将这个集体良知视为一个所作所为有其目标计划的人，那就错了。它只能算是一股集体意识汇集起来的动力，本能地维护自己所属群体或系统的完整性。因此，它会盲目地选择任何方式，以达成目的。

超越生死的归属权

借由观察一个人是否成为被排除的祖先在系统中的代表，我们就能分辨出，谁会受到这股集体良知意识的动力影响。值得注意的是，死亡并不会剥夺一个人归属于自己家庭系统的权利。也就是说，在已过世和目前还活着的家庭成员身上集体良知会起同样的作用。没有任何人会因为死亡而与自己的家庭脱离关系，家庭系统涵盖历代的祖先及后世子孙。

这个良知意识会特别着重于，将那些已过世却被排除在外的祖先带回家庭系统中，他们虽然失去了生命，却从未失去他们身为家庭一分子的权利。

谁属于这个家庭系统

接着，我会详细说明哪些人是属于同一个家庭系统，并因此受到同一个集体良知的作用。

以下所列出的家庭成员都会受到同一股动力的影响：

1. 子女

这包括了我们自己以及我们的手足。除了目前还在世上的，之前因为早夭、堕胎或流产而离开人世的兄弟姐妹也应包含在内。有些人认为，不再提起这些已不在世的人，才能走出伤痛，但即便如此，他们仍然属于我们的家庭系统。除此之外，私生子或被送养的孩子，也都与我们同属一个家庭系统。

对集体良知而言，这些人理所当然是我们家庭系统的成员，他们不应被遗忘。

2. 子女以上的层级

这个层级包括了我们的父母以及他们的手足，无论是目前在世或已过世的，留在家庭中或被送养的，都属于我们的家庭系统。

此外，父母的前任伴侣也同样属于我们的家庭系统。如果他们被排除在外，自然会有一个孩子会成为前任伴侣在系统中的代表，和前任伴侣拥有同样的命运，以提醒家庭中其他成员这位前任伴侣的存在，直到家庭成员能够带着爱来看待这位前任伴侣，并让他回归到我们的家庭系统中。毕竟，若不是他们的离开，又怎会有今天的我们呢。

爱是唯一的解决之道

我想强调，唯有透过爱，方能将被排除的成员带回系统之中。

这种爱，是让人能感受到的爱。当我们发自内心地关心一个人，为亲友的逝世而感到哀伤，或为对别人造成伤害而感到痛苦，都是这种爱的展现。

透过这样爱的展现，我们会知道对方是否感受到了，是否接受和解而放下过往，或是否再度回到系统中扮演他应有的角色。唯有如此，我们的集体良知才能安心。

集体良知是为爱服务的，对于家庭系统中的每位成员它都以同等的爱来对待。

还有谁属于这个家庭系统

3. 在父母之上的层级

我们的祖父母也属于我们家庭系统，但他们的手足就不包括在内，除非其中命运较为特殊的人。同时，祖父母的前任伴侣也归属我们的家庭系统。也就是说，祖父母的手足与祖父母属同一辈分，在我们的家庭系统之中，并没有特别的重要性，但若他们拥有较为特殊悲惨的命运，则另当别论。然而，祖父母的前任伴侣，其关系具有深刻意义，他们则永远属于我们的家庭系统。

4. 曾祖父母

曾祖父母也可能属于我们的家庭系统，但这通常比较少见。

目前为止，我们提到了我们的血亲以及父母或祖父母的前任伴侣。

除此之外，后面所列出的人也可能被纳入我们的家庭系统。

5. 利益受到侵害者

除了血亲及其前任伴侣之外，若有人因为我们家庭成员的行为而蒙受了性命或财产的损失，则他们也应被归于我们的家庭系统之中。举例而言，假如我们家庭所承接下来的财产是因为他人付出的代价而得到，这个人或这群人也会被纳入我们的家庭系统。

6. 受害者

曾遭受我们家庭系统中任一成员暴力迫害的人也属于我们的家庭系统，尤其是那些被谋杀的受害者。面对这些人，我们的家庭应带着爱为他们哀悼。

7. 加害者

当我们家庭中的任一成员曾是犯罪中的受害者，甚至因此牺牲了性命时，那些加害于我们家庭成员的人也会被纳入我们的家庭系统之中。当他们被排除或拒绝于我们的系统时，集体良知便会开始作用，以确保家庭之中有成员代表这些加害者，拥有与他们相同的命运。

加害者与受害者由于特殊的遭遇成为命运共同体，彼此之间有特殊的吸引力。唯有当他们找到彼此之后，才会感到完整。而集体良知也对他们有同等的影响。

平衡

接着，我想就平衡法则如何运用在个人良知及集体良知上多加说明。在施与受或得与失之间寻求平衡，也是良知的作用之一。

当个人良知发生作用时，我们会以好或坏或者罪恶或清白的感觉来衡量施与受之间是否平衡。值得注意的是，这种罪恶或清白感，跟我们的所作所为是否符合所属群体要求时所产生的罪恶感或清白感并不相同。

当我们从他人那里受益，却无法给予等值的回报时，我们会因有所亏欠而感到罪恶。当我们没有亏欠时，便会感到清白。所以，当施与受达到平衡时，也就是当我们也付出同等的回报时，我们便不会觉得有负担。

除了给予等值的回报来达到施与受的平衡外，还有另外一种方式也能达到平衡，那就是将我们从他人那里所获得的再传承下去。

这个原则尤其适用于我们跟父母之间。我们的生命来自于父母,这份礼物是多么的贵重,我们无以回报,然而,借由我们繁衍下一代将生命传递下去,或借由其他方式为生命的延续作出重大贡献,便也相当于是一种回报了。

补偿与赎罪

我们也可以透过吃苦受罪来平衡施与受,这同样是受到良知的作用影响。当我们造成别人的痛苦时,往往也会让自己不好过,透过让自己同样受苦的方式,我们才能从中获得救赎或些许的清白感。

这种寻求平衡的动力起因于赎罪与忏悔。然而,这种想要做些什么以示忏悔的举动,完全只是为了自己:因为我们并未真的给予对方任何东西作为补偿,但至少可以让对方觉得不是只有他一个人在受苦。

这类型的平衡,大多与爱无关,而是出于本能与盲目的反应。

报复

当别人伤害到我们时,我们也会想要做些伤害他们的事,以示报复。这时的平衡就是借由这种想要报复的动机而达到。但透过报复只能达到暂时的平衡,因为对方也会因此再报复回来,冤冤相报的结果是两败俱伤。

疗愈

集体良知意识也会有寻求平衡的时候,只是我们通常不会意识到。比方说,那些代表了家庭中被排除的祖先的人并不知道,他们这样做的目的,其实是为了修复自己家庭系统曾受到的损害。

在这个层次所寻求的平衡,是由于我们背后另一个更强大的集体意识的作用,它并不考虑个人,否则,以个人良知来看,这些被挑选为祖先代表的家庭成员其实是无辜的。事实上，寻求这样的平衡，也是有其疗愈效果的。

借由这股更强大的动力，曾被破坏的得以被修复。集体良知会企图将所遗失的部分弥补回来，以恢复整个家庭系统的秩序，达到疗愈的目的。

优先顺序的法则

第二条集体良知所遵循的法则，是用来分辨在系统之中优先顺序的法则。当这项法则被违反时，集体良知将会试着去修复它。所以，每一位成员都应该依据他在系统中的优先顺序站在所属的位置上。

依据这项法则，先进入家庭系统的成员优先于后来加入的成员。所以，父母是优先于子女的，而兄姐是优先于弟妹的。每一位成员都有他在家庭系统中专属的序位。但这样的顺位并不是固定不动的，随着新生儿的诞生，顺位也会随之移动。

原本在家庭系统中排行最小的孩子，在新生儿加入后，便升格了，他是优先于新生儿的。此外，孩子们终究会发展出各自的家庭，并在这个新建立的家庭系统中，和伴侣一起站在最优先的位置。

这样的过程也衍生出另一条判别新旧家庭系统之间优先顺序的法则。在这个法则之下，新建立的家庭系统将优先于原生家庭系统。

当伴侣中任一人跟他人发展出婚姻之外的男女关系，并拥有非婚生子女时，这个法则也同样适用。在这种情形下，新的家庭系统已经成立，并且毫无疑问地，这个新系统将优先于原先婚姻中所建立的家庭系统。

新的家庭系统出现后，并不表示我们跟旧的家庭系统便毫无关联，就如同我们永远会是自己的原生家庭的一分子，我们与旧系统的关联依然存在。

优先顺序法则的违背情形及其后果

当新加入系统的成员想站在高于自己所属的位置之上，就会违反优先顺序法则。这样的行为，注定会失败，验证了骄者必败的道理。

一般来说，这种情形最常在孩子身上看到。当他们自以为高于父母时，便违反了顺序法则，而这种违反，并非出自于爱。

另一种较常见的状况是，孩子想为父母承担他们的命运。想替代父母生病或者为父母而死，好让父母免于折磨。这同样也违反了顺序法则。虽然孩子的动机是出自于爱，但他们仍须承担违反顺序法则的后果。

这其中所隐藏的悲剧在于，孩子这样的行为，是根据正向的良知意识而来。在个人良知的作用下，逾越本分会让孩子在潜意识里更加感觉到自己的无辜与伟大，并借由这样的方式，感觉到自己归属于此家庭系统的权利。

在这种情形下，个人良知与集体良知是相互冲突的。依据集体良知意识所建立的优先顺序法则，在此受到个人良知意识的挑战及破坏。根据正向良知的作用，个人良知会驱使人违反优先顺序法则，并为此承担后果。

至于违背法则的后果是什么？第一是失败。无论动机是否出自于爱，当孩子将自己放在一个比父母高的位置时，便注定会失败。我们可以观察到，优先顺序法则以及违反法则所致的后果，不仅适用于家庭系统，也适用于其他组织系统。

许多组织系统的瓦解便是源自于下级想要逾越上级所造成的内部冲突。

而违反优先顺序法则所需付出的最大代价便是性命。当悲剧英雄站出来要为系统中优先于他的人承担一切时，不但注定要失败并将因此付出性命。

当孩子想要为父母承担命运时，也是同样的状况。他们会想："宁愿是我，而不是你。"更确切地说，这表示："我愿意代替你而死。"对父母而言，由孩子来为自己承担命运而死，是比付出自己性命更悲哀的一件事。

优先顺序法则是一套维护系统和平安定的序位法则，为了维持家庭或群体中的安稳秩序而存在。更深入地分析，我们会发现，这套法则也是为了无所不在的爱与生命而生。

集体良知的范围

究竟集体良知可以追溯到多远之前？是只涵盖了我们所知的祖先，还是也会将更早远之前的祖先带回系统中？我们的前世是不是也会被考虑在内？或许集体良知也遵循了宇宙律动的原则，而在这一原则下，宇宙中发生的一切都不曾被遗忘？

我们相信进化论，认为进化让我们优于我们的祖先，这样是否也违背了优先顺序法则呢？

如果我们谦卑地将自己适当的位置放在整体中的最后，集体良知会如何作用于我们？

当我们将那些因为某些因素被排除于家庭系统之外的人，或那些提早离开人世的人，放在我们的心中，对我们又会有何影响？我们带着所有他们或许仍怀念着的人和事物，在心中接受他们，或许，还能与他们一起弥补曾有的缺憾，完成爱的循环。

里尔克（Rilke）在他的诗中说：

> 它在那里，将一切握入手中
> 即使锈蚀的刀刃将割伤它的手
> 它不是陌生人
> 它存活于我们的血液之中
> 随着生命之流，时而奔驰，时而休止
> 我不相信它会对人不公
> 但大家都怪罪它

灵性良知

灵性良知会回应什么呢？它会回应我们心灵的移动，而这股来自心灵的力量能为所欲为并颇具创意。

无论我们愿意与否，是臣服或抵抗，一切都操纵在这股力量之中。当我们与我们深层心灵同步时，我们的想法与行为都会像是受到它的导引。

当我们与这股意识和谐共处时，会发生什么呢？当我们因为它对我们过分要求而试着摆脱它时，又会发生什么事？

我们体验灵性良知的方式，与体验个人良知相似。

当我们与这股意识同步时，会感到平静自在。下一步该做什么，会自然地浮现心中，并有足够的力量去完成它。这种"知道自己该怎么做"的感觉，可以称之为正向的灵性良知。

就如同个人良知对我们的影响一样，我们会立刻觉察到自己是否与灵性良知同步，唯一的差异是，这里的觉察发生在灵性层面。当我们甘愿臣服于心灵的移动时，便会觉知到正向的灵性良知。

而心灵移动的本质为何？它是一股来自心灵深处的带着爱的移动力量，它接受所有人和事物本来的面貌。而灵性良知则与这股力量一致，以所有人和事物本来的面貌去接受它们并给予其同等的关怀。

我们又如何感知负向的灵性良知呢？同负向的个人良知一样，当它作用时，我们会感到不安，变得茫然，不知何去何从并感觉无力。

那么，什么时候负向的灵性良知会开始作用呢？答案显而易见：当我们违背心灵深处那股爱的力量时。举例而言，当我们排挤或忽视他人时，便与这股爱的力量相违背了，于是我们便会感觉到负向的灵性良知的作用。

然而，就像"负向个人良知"一样，"负向灵性良知"是为了"正向灵性良知"而存在，借由它的作用，我们回归到中心，找回那份安详自在的感觉，并再度感受心灵深处那股爱的力量。

不同良知与家庭系统排列

当人们想要透过家庭系统排列来了解并解决自身或是与伴侣、家庭、或孩子相关的问题时，我们立即能观察到，是哪些良知意识的作用导致问题的产生与延续。接着便会了解，个人及家庭系统需要针对问题做何调整。由于所有的良知意识皆会运作于我们与他人的关系之上，因此我们必须注意它们的交互关联。这些良知意识彼此之间是相辅相成的，因此我们需要了解：问题及其解答可能并不仅与一种良知作用相关，终究，是与所有良知作用皆有关联。

就如同我们可以从来访者对问题的叙述中找出各个良知意识作用的轨迹，当助人者对于来访者工作感到困难时，也可以思考自己是受到何种良知意识的作用而受到了阻碍，并找到解决之道。

灵性良知

接着我们从更广远的角度——朝向灵性良知的角度——来看。回顾前段的讨论，我们清楚地了解到个人良知及集体良知的重要性，也看到了它们的受限之处。然而，灵性良知却可以引领我们超越这些限制。

不同良知的区别

各种良知意识的重要特质是什么？限制是什么？最大的差别与限制，在于它们的爱的广度。

个人良知意识确保我们归属于一个涵盖范围有限的群体之中，并不考虑任何不属于这个群体的人。依此看来，在带来连结的同时，它也造成了分离。因此，除了给予爱，它也给予拒绝。

集体良知作用的范围则较个人良知更为扩大，涵盖了家庭或其他群体中的所有成员，当成员中有人被排除于系统之外，集体良知便会发生作用，将这些被排除的成员再度带回系统中。因此，集体良知的爱涵盖较广。

集体良知并不以个人利益为出发点，否则，它不会迫使家庭系统中无辜的成员（并未参与排除行动的一员）来代表被排除的成员，有时甚至需为此付出个人极大的代价。很显然，个人良知与集体良知的差异在于：集体良知意识主要关注群体的完整性，以及这个群体中应有秩序的维持。

相反，灵性层面的良知意识，则对所有事物一视同仁。当我们与这股心灵深处的意识力量连结上，我们很自然地就会对所有的人都抱以同样的爱与善意，无论他们的命运如何。这样的爱并没有界限：不会以"比较好"与"比较坏"或"好"与"坏"来区分。也因此，灵性良知意识超越了个人良知及集体良知的限制，而同等对待每个人。

灵性良知确保所有的人都受到这份大爱的关注，当我们偏离了大爱，灵性良知便会提醒我们。

灵性家庭排列

灵性良知如何影响灵性家庭排列？这份爱的力量如何展现于排列之中？我们看到，这股来自心灵深处的力量，以令人印象深刻的方式呈现在家庭系统排列之中。我们可以借由观察排列中代表们及旁观者随着排列进行所做出的反应，看到灵性良知的作用。这些心灵的移动会先由排列中的代表们感知到，然后借由代表们的动作反应，旁观者也会感知到它们，甚至受其牵动而融于其中。

因此，灵性家庭排列进行的方式跟一般人所认知的家庭系统排列并不全然相同。传统的家庭系统排列是由来访者从在场的人之中挑选出代表其家庭成员的人选，并一一排出他们的相对位置。灵性家庭排列则只需要极少数代表的参与。参与的人通常只有：来访者，或来访者的代表，以及，比方说伴侣的代表。这两个人仅被要求面对面地站在场中，除此之外，无需做任何事。

过了一段时间后，代表们可能会突然开始有些动作反应，仿佛是受到某种外力的影响，让他们不自主地做出某种动作。这样的举动，看起来好像是代表们自主的，实际上是受到一股来自外在的、更伟大的力量的影响。这显示出，代表已经与驱使他们有所举动的动力接轨。唯有当代表能够专心于场中，没有任何企图或预期，才能达到这个状态。当代表有所企图时，比方说，想要帮助他人或掩盖事实时，他们就会失去与这股更伟大的力量的连结。而旁观者的专注也会受到影响，或许因而开始骚动。

经过一段时间之后，从代表的举动便可判断出，是否需要另一个代表的加入。当某位代表持续地注视着地上，这可能表示他正看着一个死去的人，如此，便需要再找一位代表躺在这位代表所注视的位置。又或者，代表可能会持续望向一个方向，这时，便需要加入一位代表站在他所注视的地方。

代表们的动作应该是很缓慢的。当代表迅速地动作时，是出于代表自身的意图，而非外来力量的影响。这种状况下，这个代表便不值得信赖了，需要其他人来替换。

最重要的是，排列的领导者必须避免用个人的角度来解读排列的进行。排列师也应该同样臣服于这股更伟大的力量之下，等待心中浮现灵感，引领他们至下一步，或下一个他们应该说出或由代表说出来的句子。

除此之外，借由代表们的动作，排列师也会持续地收到提示，了解到代表内在感知的情形，以及这些举动可能或必须的方向。比如说，当代表面对地上的死者，往后退或想转身离开时，排列师会等待片刻，再介入将代表带回场中。代表们所呈现出来的反应及动作，并非出于个人意愿，而是受到排列的动力影响。同样，排列者是不自觉地跟随排列背后动力的引导，适时地以某种方式介入或加以说明。

而这些心灵的移动，会将我们引领至何处？它们将使破镜重圆，因为它们同样也是爱的移动。

一旦我们看到了解决的方向，便无需等待这些移动的完成。因此，很多排列并不会进行到底，而是在某个部分便打住。我们相信排列的效果会持续地在来访者的心灵上作用。这些移动，对心灵有深刻的影响，它们并不仅是提供针对问题本身的解决之道，还具有关键性的疗愈效果，而我们必须给予它们一段时间让效果呈现出来。

若要让家庭系统排列与这股心灵深处更伟大的力量同步，排列师也应与之同步。排列师必须超越善恶好坏之分，对每个人给予同等的爱与关怀。当排列师排列师透过内在与这股来自心灵层面的力量相连结，在背离大爱之时，便会立刻觉察到。当排列师排列时将过错怪罪于某人，或同情某人的悲惨遭遇时，他就偏离了灵性良知意识所主张的大爱。当然，这种背离的情形可能会不断发生，直到排列师学会仔细地感受这股更强大的力量并臣服于它，了解这个力量对爱的定义，接受所有事物的本貌。

个人良知

个人良知对于爱的定义，是三种良知意识中最为狭隘的，因为我们一般所认知的所谓自己人或不是自己人的区分，便是由个人良知孕育而生。

这样的区分能力，是我们能够生存的基本要素，某种程度上来说，是无可取代的。首先，对孩子而言，其生存与否，取决于是否在思考及行为上遵循个人良知意识。在个人良知的影响之下，孩子会对不属于同一群体的人设防，以保护自己。依据正向的个人良知，一个群体会对另一个群体有所防备，甚至，会同样基于正向的个人良知，而对另一群体加以排挤或与之冲突。

虽然个人良知对我们的生存有关键性的影响，但也同时可能危害到我们的生存。因为它无可避免地会导致群体间的相互冲突，甚至死伤。

平衡的需求也是个人良知意识的作用之一。当我们对他人给予相等的回报时，我们会感觉很好。这是一种施与受的平衡。就算我们无法给予等值的回报，如果能将所获得的传送给其他人，我们也会感到愉悦满足。

同样，当我们从别人那里获得利益而未回报或当我们有不当得利时，便会感到罪恶或歉疚。

这种寻求平衡的意图，让我们得以建立与他人的人际关系。从这方面看来，个人良知对于我们的人际关系有重大影响。寻求平衡的意图对于我们的生存也相当关键，只是它所作用的范围较为狭隘。

就平衡的需求以及其维系群体的角色来看，个人良知意识是我们生存的关键要素。然而，若超出了某个限度，个人良知意识往往会将我们引导到其他方向，有时甚至会危害我们的生命。

当个人良知将我们与所属群体连结在一起的同时，它也要求我们与其他群体保持距离。这样的要求，常会导致甚至战争等的严重后果。

有时候，个人良知意识会逾越它为生命效力的角色。比如，当寻求平衡的意图被延伸或扭曲，将别人对我们的伤害也回报回去时，我们便可能采取致命的报复手段，对生命造成伤害。

想要赎罪忏悔的心态也是一样。为了要平衡对他人所造成的伤害与痛苦，我们也让自己陷于痛苦之中。

有时我们甚至会代替他人受苦。在家庭系统排列中常见的状况是，孩子想要借由生病或寻死为父母赎罪，有时甚至是父母希望由孩子来代替他们赎罪。由于集体良知意识也对此有所影响，对双方而言，这经常是无意识的一个过程。

虽然这是出于正面的良知意识以及清白感，但如此的平衡意图是与生命相抵触的，甚至会伤害到生命。

所以，当我们在进行家庭系统排列时，需要注意些什么以避免超出个人良知意识用以延续生命的范围？重点在于，我们必须放下好坏之分。假如我们基于个人良知意识，而与来访者一起拒绝他人，那么我们为生命而服务的范围便会受到局限，我们会变成跟个人良知意识的作用一样，在服务生命的同时，也为死亡而存在。

集体良知

从家庭系统排列中，我们又应对集体良知有何理解？

首先，作为家庭系统排列中的助人者，我们不应排除任何一位家庭成员，这包括我们自己以及来访者的家庭。我们必须找到家庭中被排除的成员，给予关爱，并将他们带回我们身边。要做到这样，我们必须放下善恶之分，注视着未出世的孩子，即便对于我们来说是多么的痛苦。这，需要勇气与清澈的心。

接着，我们必须遵从优先顺序法则。当我们透过家庭系统排列来助人时，我们也暂时成为这个家庭的成员之一。由于我们是最后加入的成员，我们应将自己的位置放在家庭系统中的最后一位。

当助人者将自己的位置放在系统中的第一位，也就是高于来访者以及来访者的父母时，会发生什么？这时，助人者将会失败。就如同来访者若违反了优先顺序法则，想要替父母承担他们的命运，这隐约代表着"我站在你的位置"，所以，来访者也注定会失败。

对助人者而言，违反了优先顺序的法则时，会有严重的后果。如下的连锁反应便可能发生：如同来访者将自己的位置摆在父母之上，或如同助人者曾站在孩子的角色为自己的父母承担命运一般，助人者会为来访者承担他的命运，而借此将自己的位置摆在来访者之上。

如果助人者希望自己能改变来访者的命运，或者保护来访者免受命运的伤害，这样的好意会渐渐削弱每个人的力量。唯有在优先顺序法则的范畴之中，助人者才能拥有助人的力量，而来访者也能借此找到适当的解决之道。

在家庭系统排列中，我们遵循集体良知意识及其法则。如此，我们才能维持在它所作用的范围之中，而这范围通常是极为宽广的。

维持在集体良知作用范畴之中的两个基本定律是：每个家庭成员都拥有相同的归属权，以及每个家庭成员都应遵循优先顺序法则，各自站在其所属的位置上。

结语

灵性良知能够引领我们用爱超越个人良知的限制，也让我们不会因为忽略集体良知的作用而受到伤害，因为它对每个人都一视同仁。灵性良知以一种特殊的方式遵循着优先顺序法则，透过它，我们了解到与每个人的连结，了解到每个人都有其一席之地。

在灵性家庭排列中，我们始终带着爱来面对一切事物，并以事物本来的面貌接受它们。灵性家庭排列，始终是为了生命、爱与和平而存在。

沉思录

灰飞烟灭

圣诞夜里，我坐在壁炉边，看熊熊火焰吞噬着木柴。我看着火势渐弱，直到剩下仍微微发光的余烬。当我坐在那里，被这样一个简单而原始的动作深深吸引，有几句话在我心中浮现：

> 每一件事物都被它们所服务的对象消耗着。
> 它们都独自燃烧着。
> 已燃烧的，仍会持续发光发热。
> 在消失前，它可能又会突然燃烧起来。
> 燃烧过后，变成灰烬，新的一切也由此而生。

指引

在灵性领域中，尤其是在灵性家庭排列中，一切都取决于：我们是否愿意让自己被引导，是否将自己交与指引着我们的这股灵性力量，并深深地与其融合。

我们借由几种方式，经验到这样的指引。首先，在我们必须采取行动的恰当的时刻，会有灵光一现给我们，就像有人请求我们的帮忙或支持时，我们就已经知道下一步该怎么做那样。

这样的灵感总是鲜活的，它会突然出现，要求我们依它的指示行事，当我们有所质疑时，它便会感到失望并放弃我们，让我们依自己的考虑行事。于是，我们便又被丢回旧有的经验中，被隔绝于解答之外。

在这个灵性领域之中，任何自以为是的行动及意图都不会成功。若我们与"道"各自为政，在面对自身及他人遭遇到与爱相违的失序时，就会缺乏让一切回复正常的力量。

其次，在这个导引之下，我们会感到思虑清晰并充满力量，不再需要向他人寻求建议或帮助。来自道的导引，会伴随着我们，无论我们身边是否有人支持、评断、拒绝或批评我们。

然而，道会遗弃任何想透过反对团聚而阻挡爱的人；它是一股力量，会将原本对立分离的双方拉在一起。

追寻

我们最真实、深刻的追寻，是对洞见的追寻，那是希望得到对事物最终的全然体会与认识。唯有这样的认识才是持久的，才能让人们团结一致，也唯有这样的认识才是爱。

在追寻的路途上，我们一直被引导着。一股神奇的力量环绕着我们，引领我们前往一个我们无法自行抵达的地方。它终将把我们带往何处？是引领我们向上，抑或是向下？它总是引领着我们向下，朝向与所有事物连结、朝向与爱连结的方向。

我们与众人一起根植于大地上，抬起头看着前方，一同朝向那远远超越我们的伟大力量前进，在那里我们终将知道平静而不需要追寻，就像一直以来我们对对被引导的确定。

那么，什么情形下，我们会偏离这样的追寻？当我们想从别的地方找答案，当我们期待别人牵着我们的手带领我们，或当我们试着寻找短暂导引的时候。

因此，即便身旁有许多同行的伙伴，我们终究是独自走在这追寻的路上——

单独追随着这股力量，与道相伴，而不需要再寻找其他答案或指引。

道引领我们实践，实践爱的行为，实践能让许多人连结在一起的行为。即使我们已进入这份全然之爱的领域中，我们仍然被持续引导着，在长长的路上被引导着，在深深的内在被引导着，在孤寂时被引导着，也在圆满时被引导着。

在这份爱里，寻找与发现合而为一，爱与了解合而为一，欢乐与痛苦合而为一，带走与留下合而为一，开始与结束合而为一，所有一切都合而为一。

善意

对他人怀有善意是一种爱的行为。我们透过不同的方式感受这份善意：比如透过人与人的关系，其中最强烈的，便存在于希望相守一生的男人与女人之间，他们借由对彼此的善意，快乐地连结在一起。

我们也可以对陌生人怀有善意，而没有其他意图，这份善意便足以超越陌生，让我们走向他们，认识他们。这份善意，让我们彼此靠近。

道，能够让我们在更广义的范围中，学习并实践这份善意。我们必须与道和谐一致。道对所有一切以其如是的样子移动与思考，道也要求一切如是。在思考与运作时，道对一切都怀抱着善意。

当我们与道产生共鸣，受它们感动及影响时，便会经验到，自己也能怀抱着善意，面对一切如是。

这时的善意跟一般人与人之间的善意相同吗？不，这是一种灵性的善意，与道和谐一致的善意。

首先，这种善意，是对一切如是的善意，就算面对着造成我们或他人恐惧的事物也一样。因此，这是真的同意道的移动。至于是否同意受道作用的对象则是其次的事。不论道发挥作用的对象是谁，我们会先追随道，也只有在与道同行时，我们才能看到它所作用的一切。因此，我们与它所作用的对象保持着距离，一个可以让我们放下自己所有意图的距离。

我们这样的善意并不含任何个人意图，它让所有的人与事物留在自己所属的地方，让他们独自追随并实践命运的安排。而我们，也留在我们所属的地方，在道的推动与善意下走自己应走的路，追随命运的安排并实现它的圆满。

期待

若我们一直活在当下，期待便不存在了。因为所有我们所期待的事物，在当下之后才可能发生，期待会阻止我们停留在当下。由于期待，我们便会错过了当下，更重要的是，我们会错过那些当下所要给予我们的东西。然而，当下所能给予我们的，比我们所期待的还多，因为我们立刻就能拥有它，并且，保证能拥有它。

许多期待会令人感到喜悦，但它们同时也伴随着恐惧，恐惧我们所期待的一切可能无法如我们所愿。这样的喜悦与恐惧，使我们变得动弹不得，因而阻止我们敞开自己以面对眼前将发生的一切。期待，让我们被局限于对未来的想象之中。

当我们留在当下，便能接受眼前一切的可能性。也因此我们能坦然面对惊喜或任何迫切需处理的事物。唯有留在当下，我们才能看到未来，也唯有留在当下，我们才能坦然面对未来。

那么我们在等待什么？其实，就是下一个片刻。下一刻带着我们又往前了一步，这是我们真正能够期待的。但是是以怎样心态来期待呢？是专注且轻松的、强而有力量的去准备好迎接下一刻。

眼前

创造性的力量，永远是一种将我们带往新事物的力量，它持续地前进着。同样，爱是持续前进的，善意也是如此。而知识与洞见，也一样持续前进着。

专注，也是如此。专注只有在我们面对即将发生的事物时才有可能，也就是真正在我们眼前的事，我们接着必须做的事。

那么是在什么时刻呢？它就是现在。但就算是现在，也是在我们的前面。不论从时间的角度来看，或从即将发生的事物的角度来看，它都是在我们的前面。现在就在我们的前面，并指向即将发生的事物。

那么我们对于未来的梦想与规划呢？未来是真的在我们前面，还是在后面？这些想象从何而来？它们是具有开创性的想法，还是为了弥补过去的缺憾的一个旧有的期待？后者这样的梦想很可能会阻碍真正具有创造性的事物的发生，因为它们会将我们局限在一些不太可能有未来的东西上。

只有即将发生的，才是新的。只有就在我们眼前的，才能让我们发挥创造力。

那么，那些发生在过去的事呢？那些在过去未完成、或做错的事呢？还有曾造成的罪恶以及报应呢？

当我们真正向前看并向前进时，过去也会与我们同行，但它必须完全成为"过去"。因为，下一步也是"过去"想要走的，它也想要向前进。

轻盈

灵性的最大特色便是轻盈与广阔。一旦我们与灵性的移动形成共鸣，我们也会随之感觉轻盈。这些移动将我们从牵绊的力量中，特别是那些将我们拉回过去的力量中，释放出来。

令人好奇的是，会被拉回哪一段过去呢？是我们自己的过去？还是也包括了我们父母或祖先的过去？或许是我们前世的过去，就仿佛过去尚未过去一般？或者，不知名的力量也可能将我们拉回所有人类的过去，拉回与我们相关的人们的过去，那可能是贴心亲密或疏离仇视的过去？

每一段过去都蕴含于道的运行之中，而道的运行与每段过去则并行不悖，这其中，当然也包括了我们的过去。在道的运行中，每一段过去都是正确无误的，每一段过去依然是未完成，因为它仍在运行。在这运行之中——这是我的想象——每一段过去也随之变得轻盈，因为它仍在移动。因此，过去也为了我们而变得轻盈；它被允许为我们而变得轻盈。

它如何为我们变得轻盈？只要我们留在道的运行之中，留在这股持续前进的移动之中。

前进到哪？前进到与跟我们一样受到作用的人们的步伐一致的和谐之中。移动到哪？移动到与灵性之爱的和谐之中，如其所是接受一切事物。如是接受它的过去，也如是接受它的结果，无论是什么结果。

这样的完成是具有灵性且轻盈的，就算对现在而言，也是如此。为什么？因为它是爱，单纯的爱，灵性的爱，就算现在也是如此，在任何层面都是如此。

还有什么会让我们感到轻盈自在呢？是那些我们曾有过的美好，我们的父母与祖先曾有过的美好，我们前世里曾有过的美好，以及所有人类的过去里曾有过的美好。轻盈，也来自于我们每一段关系里曾有过的美好事物，不论这段关系曾是亲密贴心或疏离敌对。

而这所有的美好，会随同灵性的移动进入我们共同的未来之中。就算是现在，这些曾有过的美好也让我们感到轻盈、完整，并存在于与道的完美和谐之中。

和谐一致

我们与一股持续向前的力量是和谐一致的。因此跟着它，我们也持续地前进着，远离那些在我们身后的事物，远离那些已经成为过去的一切。在和谐之中，我们获得平静，一种动态的平静。我们感到平静，因为在这样的移动中，我们成功地完成某些事。而成功的原因在于，我们顺着这股力量行动，更精确地说，是因为我们让这股力量带动着。

我们并不会永远感觉自己身处和谐之中，因为这样的和谐通常会带领我们到一个令我们感到恐惧的地方。要维持在和谐之中，需要我们莫大的勇气；要身处于和谐之中，需要我们完全臣服于完整的爱，爱一切如是的爱。

在和谐之中，我们会变得纯净无我；在和谐之中，我们与一切事物的本貌连结着；在和谐之中，一切事物也会以其本貌接近我们。所有的一切会对我们敞开，为我们而改变，因为我们与它是和谐一致的。当我们与作用在他人身上的道和谐一致时，我们便能与自身的道和谐一致。

同在

那里有什么？一切都在那里。它在那里多久了？现在存在的，之前也存在吗？而曾在那里的，现在还在那里吗？当我这么想的时候，我的存在是否也不一样了？如果我跟存在于过去的一切一同存在于眼前的这个时空，而这过去的一切也以它的本貌存在着，那么，我的存在是否就有了新的意义？因为过去的一切被允许以它本来的面貌存在，而我就在这里与它的本貌存在着，我的内在是否也有所改变？

就我的经验与存在而言，我是否能够体验到自己与其他所有一切同在，这点带来改变。这就是我达到圆满富足的方式，无需任何行动，只因我能够感知我与其他所有的一切同在。

或许，对于原已存在那里的事物而言，也是如此。知道我在这里以我如是的本貌与它同在，知道它也能参与我的存在，只因我就在这里，也会造成很大的差别。不需做任何改变，这些原已存在的一切，也会发现自己更丰富圆满，只因我也与它同在。

当一切事物都能被允许以其如是存在，而我们也能被允许以一切如是的面貌与其他一切同在，我们的存在就会变得更为丰富。那么，我们要以怎样的方式与它们同在呢？就是带着爱，接受一切如是。

这些与灵性家庭排列有何关联？在灵性家庭排列中，我们会看到：所有在之前不被允许存在的一切，现在能够以它的本貌及现状存在着。它被允许与我们，也就是我们如是的本貌，一同存在着。当一切事物能够如是地以它过去及现在的本貌存在，我们便会感到富足。

有时我们会很清楚，好像还缺少了什么，需要补足才能让一切完满地存在，以如是的本貌存在。

或许，那些造成我们分离的事件，仍需要我们以泪水哀悼；或许，在我们的泪水中，还看不到那些令人痛苦的过往。然而，只要保持觉醒并与道同在，带着爱，我们便能用泪水洗去过往的伤痛。

觉知

一切事物都具有觉知能力，特别是生物。如果生物没有觉知，便无从知道如何维系并传递生命。而这种觉知所能触及的范围，其实远超过了个别的生命体，它能够了解到，生命与生命之间是如何互相地连结着，并借此连结来支持并改善彼此的生命。但并非所有生物都会觉察到自己具有觉知能力。尽管如此，它仍会表现得像是有所觉察。

那么，这样的觉知存在于何处？存在于每一个生命个体之中吗？还是每一个个体的觉知，都受到同一个更大的觉知所引导？而这些觉知是否被引导至一个它们未知的目标，却仍然为之努力，仿佛它们知道目标在哪？

我们认为人类具有觉知能力，也觉察到自己具有觉知。然而，人类所具有的觉知是否与其他生物所具有的觉知有显著的不同？人类是否也未能觉察到，自己是由另一个觉知引领着走向未知的目标，却表现得仿佛自己是知其所以然而为之？

我们对自己的觉知能力有多少了解？此外，我们可以在何种程度上带着全然的觉知，将自己与这个更高的觉知连结在一起，并操纵它就如同它是我们的一般？当我们表现得好像它就是我们的觉知，受我们所操纵，好像我们的生命脉络，都掌握在我们自己手中，我们会被带往何处？很快，我们就会发现，个人的觉知是有限的，那些与生命本质相关的事情对我们的操作根本置之不理。

既然有根本的觉知存在，那么，涵容一切的觉知在哪里呢？我们其实已被它带领着，并开始渐渐地觉察到它。但我们知道它是远远超越于我们的，这样遥远的距离让我们感觉它是无止境的——可以带我们进入自身觉知所无法到达的无止境境界。

这是什么样的境界？它属于灵性的境界。正因如此，它对我们而言是无止境的。这是一个充满创造性的境界，因为在里面的一切事物，都是透过创造性的想法而产生。意思是，一切都是照着它被想象的样子存在。在这里的一切是由一种意识而生，一种无限的良知意识，不受任何限制，即便如此，它是为了我们而存在。

那么，当我们觉知到这股意识时，我们的路会怎么走？我们跟随着这股意识，跟着它所想，朝向它所带领我们的地方走。我们有意识地跟从着这股意识，让自己臣服于它，交付于它，直到我们感觉与它彻底的合而为一。

这对于我们的日常生活而言，意味着什么？对于我们的爱而言，意味着什么？对于我们现在的行为，意味着什么？

我们对一切的发生随遇自在，无忧无虑，由亲身的经验我们知道我们无时无刻不在这股意识的作用下。我们不为他人的遭遇或发生在世界各地的事感到担忧，因为一切事物都在这股意识的运行之下，如是地走着它应走的路。我们有意识地跟随着这股力量。我们带着创造力跟随着它，也在它的创造力作用影响之下。

但这样，我们还是我们自己吗？其实，只有在这样有意识地跟随这股意识时，我们才会真正意识到自己。因为，我们会意识到自己是如何受这股意识所推动的，并了解所发生的一切都受其推动。

在这股意识之外，还有别的东西存在吗？有其他东西存在并独立于这份意识之外吗？我们最后会发现，就只剩下一样东西留给我们，而它也是唯一一样我们能留着的东西：这份意识。

那么，"灵性家庭排列"代表的是什么意思？它指的是，在我们以及其他人的内心里，保持与这份意识的和谐一致，保持与这股意识的移动和谐一致。

连结

连结会将两样事物连接在一起。比方说，男人与女人之间生命的连结会把他们连接在一起。许多时候，我们也会感觉与其他人有所连结，比如说，与我们的父母以及我们的家庭。在某些情况下，我们会与其他人形成一个团体，拥有共同的目标与任务。

有时，我们也会组成联盟与他人敌对。但当我们能够与敌人和平相处、结成盟友时，因敌对而生的联盟便会瓦解。于是，人们便能从势不两立变成彼此帮助。

问题是：我们是否跟自己也连结在一起？我们是否也与自己的身体连结在一起？我们跟我们的父母连结在一起吗？我们跟我们的命运连结在一起吗？最重要的是，我们是否跟我们家庭想要否认、遗忘甚至已经遗忘的那些人连结在一起？我们是否与那些被家庭或我们隐藏的人连结在一起？我们是否还与那些我们有所亏欠的人们连结在一起，比方说，我们的前任伴侣或老师，或是那些在我们生病或需要时伸出援手的人？

当我们面对这些问题，会感觉到我们有多失落、多么想念他们，或许他们也非常想念我们，因为我们现在并没有与他们连结着，并没有透过爱、感激、悲伤及后悔与他们连结着。突然之间，我们感觉到，没有他们，我们有多寂寞。

那么，在我们的脑海里或心目中，我们能做些什么来恢复这个连结呢？

我们可以带着爱，将我们的心向他们敞开。

有时候，这么做对我们而言是困难的，特别是当我们感到罪恶，或对他们有所亏欠之时。如果是这样，我们如何能够成功地恢复与他们之间的连结呢？

我们必须承认，所有我们所遗弃或排除的人们仍然属于我们，而我们也属于他们。很重要的是，就是透过这样的承认，才能恢复我们与他们之间的连结。借由这样的承认，我们会感到自己变得更富足、圆满，也更完整。

当我们能够与被排除者及被遗忘者站在一起，将他们带回我们所属的群体中，也让他们将我们带回他们所属的群体中，家庭系统排列就能成功。

有时候，在排列中发生问题，是由于排列师拒绝站在与被排除者相同的立场。比方说，可能排列师与来访者都忽视那些渴望被带回所属群体的人们，或排列师拒绝看到被来访者所伤害的人们。

在灵性家庭排列中，要恢复并维持住已中断的连结便较为容易。这是由于灵性家庭排列与道的移动是一致的，而道对所有的人都带着同等的爱。因此，我们最终会发现，最根本的连结、最持久的盟约，便是我们与道之间的约定。借此，我们能够与所有归属于我们的人们重新连结上，而这样的连结将无人可破坏，因为没有任何人具有这样的权利与能力。在道之爱中，即便是破碎、断裂的连结，仍是完整且神圣的。

所以，什么能将我们与那些在过去或现在跟我们生命有所关联的人们紧紧地连结在一起？答案便是，一个涵容一切且谦逊的爱。它来自我们与道之间的约定，当我们的爱被赋予了道的精神，也能爱一切如是，便与道之爱相结合而形成融合唯一的爱。

第三章
家庭疾病的成因及疗愈之道
What causes Illness in Families and What Heals

这个章节将就家庭中导致我们生病并妨碍我们复原的背景因素加以讨论。

首先，就如同在家庭系统排列中所体验到的，我们看到个人良知的运作方式以及我们心灵深处对家庭的爱，同时也会看到这些因素影响身体健康而招致疾病。因此，第一段的讨论将以致病的爱与疗愈的爱为主题。

至此，我们的认知，仍局限于个人及集体良知意识的作用范围之中，也因此有其限制。唯有当我们透过灵性的角度来看时，才能发现另一层面的影响与作用。我们背后这一股伟大的力量对任何人都一视同仁，无论他们的命运如何，都同样受到这股动力的眷顾，而借由道的移动所引导出的解决之道，则不属于个人或集体良知意识所能理解的范畴。

第二段的讨论便是关于解决之道：从灵性层面看疾病的成因及疗愈的方法。我们看到牵连纠葛所影响的范围以及将我们卷入其中的因素，而最主要的两个因素是：

因为排除家庭中的某一成员，而侵犯了所有成员同等归属于家庭系统的权利；侵犯了优先顺序法则，也就是较早加入家庭系统的成员应优先于较晚加入的成员，当有人在家庭系统中把自己的位置摆在高于其他较早加入系统的成员时，便成了侵犯者。

我将提供几个重症案例，讨论其成因背景，借由家庭系统排列将之呈现出来，并描述达到疗愈的途径。

本章节的"家庭疾病的成因及疗愈之道"，取材自另一本海灵格的著作《爱的序位》（中文简体版已由世界图书出版公司北京公司出版）。

造成疾病的爱及疗愈的爱

许多人相信,透过承担家庭其他成员的痛苦或罪恶,便能驱走病魔或让家人起死回生。当他们(或其他家庭成员)对逝去的亲人过于思念,便可能透过生病、发生意外甚至是自杀的方式,希望借由死亡而与逝去的亲人相聚。以下透过家庭系统排列,协助我们了解引起疾病的原因并找出对策。

对家庭的忠诚及其后果

所有的家庭成员无可避免地属于同一命运共同体。命运的连结建立在父母与孩子之间,兄弟姐妹或夫妻间也有很强的连结。此外,在系统中让出自己的位置与获得位置的人之间,或者我们跟家庭中遭遇不幸命运的成员之间,也会有较强的连结。比方说,第二次婚姻中的孩子便可能跟父亲的因难产而死的前任妻子有较强的连结。

共同体及平衡

这种连结,会导致家庭中的晚辈或弱势的成员想要留住家庭中的长辈或较强势的成员,不让他们离开或死去,若亲人已经过世,则会想要跟随他们步入死亡。

另一种强烈却常被隐藏住的连结,则可能导致家庭中较为幸运的成员想要分担较不幸的亲人的命运。比方说,健康的孩子会想要跟他们的父母一样生病,而无辜的家庭成员想要像他们的父母或祖先一样有罪。在这个连结的影响下,健康的人会觉得对生病的人有责任,无辜的人会觉得对有罪的人有责任,快乐的人会觉得对不快乐的人有责任,而活着的人会觉得对死去的人有责任。

因此,在系统中较他人幸运的成员会自愿为了其他亲人牺牲自己的健康、无辜、幸福甚至性命,希望借由放弃自身的幸福或性命,挽回亲人的幸福与性命。即便是亲人早已逝去,他们仍想透过牺牲自己,来换回亲人的性命与幸福。

家庭成员对彼此之间的忠诚,会透过系统中寻求平衡的动力显现出来。系统会寻求幸运与倒霉的人之间的平衡，无辜幸运与罪恶不幸的人之间的平衡，健康与生病的人之间的平衡，以及活着与死去的人之间的平衡。

在系统中寻求平衡的这股动力的影响下，家庭成员在其他成员受苦时，也会向不幸招手；当亲人生病或犯罪时，会促使自己也开始生病或变得不幸；当亲近的亲人过世时，则会有寻死的念头。

在这个命运共同体之中，基于对家庭的忠诚以及来自系统中寻求平衡的动力，使得家庭成员也参与了彼此的罪恶、病痛、命运及死亡，导致家庭中的成员用自己的不幸换取另一个人的幸福，用自己的病痛换取他人的健康，用自己的罪过换取他人的无辜，或用自己的死亡换取他人的生命。

疾病追随心灵

由于系统中寻求平衡补偿的动力确实造成了疾病或死亡，我们可以说疾病是追随着心灵的。因此，在一般的医疗措施外，提供心灵层面的协助与照顾也有助于疗愈。可由医疗人员提供身心灵的全面照顾，或由他人支持医疗人员提供针对心灵部分的照顾。对于心理治疗师而言，当觉知到家庭系统层面对疾病的影响时，就必须小心翼翼地面对这些家庭系统动力。若认为自己可以与之抗衡，便是过于狂妄自大。所以，治疗师是要透过与这些力量和谐共处而非敌对来缓和来访者惨痛的命运。以下便是一例。

宁愿是我而不是你

在一个团体催眠的治疗中，一位患有多重硬化症的女性看见自己跪在瘫痪的母亲床边，内心暗自决定："亲爱的妈妈，宁愿是我而不是你，我愿意代替你受苦。"对于这份孩子的爱以及这位年轻女性对于自己命运的坦然接受，团体中的每个人都深为感动。然而，其中一位成员，对于这样一份孩子愿意牺牲自己的健康来代替母亲受苦和死亡的爱，无法忍受。她向治疗师恳求："我真心地拜托你协助她脱离苦难。"

怎会有人胆敢用这样的介入来侮辱一个孩子对父母的爱呢？的确，强迫孩子放弃自己天真的想法并不会减少孩子的痛苦，反而可能更增加她的痛苦，迫使她隐藏对妈妈的爱，却在私底下更下定决心，要借由自己的受苦，来拯救亲爱的妈妈。让我们再看另一个例子。

一位同样受多重硬化症所苦的年轻女性，进行了家庭系统排列。在排列中，母亲站在父亲的右边；他们最年长的孩子（来访者本身）则站在他们的对面；来访者的左边站着十四岁时便因心脏衰竭而过世的大弟弟；大弟弟的左边则站着小弟弟（家里最小的孩子）。

治疗师依据代表们的反应，让那位大弟弟的代表离开房间，代表他已死亡的事实。当代表离开房间后，来访者的脸上立即散发出光彩；同时，来访者的母亲很明显地也感到较为自在。因为观察到父亲及小弟弟的代表也有想要离开的动作，治疗师也让他们离开了房间。当所有的男人都离开后（表示他们已经死亡），母亲站直了身体，并有放松的表情。这显示出，她才是那位受到系统动力影响而需要死去的人——不管是因为什么原因。看到家庭里的男人们甘愿代替她死去，她深受感动并松了一口气。

接着，治疗师叫所有的男人回到房间内，并让母亲离开房间。代表们立刻感受到从那股为母亲承担命运的系统动力中释放了出来，感觉好多了。

为了要测试女儿所患的多重硬化症是否与母亲潜意识中认为自己应该死去的念头有所关联，治疗师将母亲的代表叫回房间内，让她站在丈夫的左边，并让女儿面对着她。

他请女儿注视着母亲的眼睛，带着爱对母亲说："我愿意为你这么做。"她说出这些话后，脸上显露出光彩。这里，每个人都了解到她患病的目的及其对系统所代表的意义。在这种状况下，医生或心理治疗师应该如何处理？又应该小心避免哪些行为？

不盲目的爱

对此，治疗师能做的便是协助孩子将爱表现出来，然后相信爱的动力自然会找到答案。不论孩子承担了什么，他都是出于善意，自认为做了正确且光荣的事。若治疗师协助将这份爱外显出来，孩子便会了解到，盲目的爱终究无法达到其目的。

孩子的爱，会让他们天真地希望自己可以治愈挚爱的亲人，保护他们，为他们赎罪或将他们从死神的手中夺回。这份爱，甚至会让他们希望能让已故的亲人起死回生。

当这份盲目的爱与天真的想法被揭露之后，孩子便会了解到，所有的爱与牺牲终究无法征服命运，无法改变亲人的受苦与死亡。他们更会体认到，自己虽有无力感但仍应勇敢地面对命运，并接受命运如是的样子。

当孩子这种盲目的爱，以及他们孩子气的愿望被看穿后，他们会感到受挫。因为这些天真的想法，在大人的世界里是行不通的。然而"爱"是永垂不朽的。当爱被显现出来后，便能去寻找真正有所帮助的途径。因此，原本造成病痛的爱，便能找到另一个出口，在命运许可的范围内，用体谅与尊敬的心情，向过去造成病痛的原因说再见。接着，医生及治疗师便可以替病人指出可行的方向作为参考，而建议的重点则在于，孩子天真的爱应该被看到并被认可，然后他们便能带着一颗更为自在宽广的心，将这份爱投注于其他更伟大的事物上。

我代替你离开

我们发现，造成急症的原因往往在于孩子暗自作了决定："我将代替你离开。"

在厌食症的案例中，这个决定是："亲爱的爸爸，我将代替你离开。"

在前述的多重硬化症案例中，这个决定则是："亲爱的妈妈，我将代替你离开。"

同样的动力可以在肺结核的案例中看到，同时，这也是自杀或其他致命意外背后的动力。

即使你离开，我仍会留下

当来访者中这些动力影响浮现，究竟何种方法能够疗愈？当问题被正确地叙述，解答就相应而生了；当造成病痛的关键句被显现出来，答案也就随之出现了。来访者必须站在所爱的亲人面前，带着力量及爱，用肯定的口吻说出："宁愿是我离开，而不是你。"

重要的是这句话必须被重复多遍，因为来访者需要一些时间，才能真正地认知到，亲人是另一个独立的个体。无论爱多么深切，都必须将至爱的亲人视为另一个独立的个体。否则，共生与认同的情形仍会持续，则无法借由将两者视为不同的个体、拥有不同的命运，而得到疗愈的效果。

若这样充满爱的对话方式成功了，亲人与来访者之间便能画下界限。借此，便能将来访者的命运与亲人的命运分开。

这句话迫使来访者不仅看到自己的爱，也看到亲人对自己的爱。进而认知到，自己希望为所爱的人作出的牺牲，不但不能帮到他们，反而会造成他们的负担。

接着，便可以对所爱的亲人说出："亲爱的爸爸，亲爱的妈妈，亲爱的哥哥，亲爱的姐姐，或无论是谁，即使你离开了，我仍会留下来。"

有时候，尤其当这句话是对父母所说时，来访者还可加上："亲爱的爸爸，亲爱的妈妈，当我留下来，请保佑我，即使你们离开了，也请祝福我。"

让我借由另一个例子针对这部分作说明。一名女性的父亲有两位残障的兄弟，一位是听障，而另一位则是有精神疾病。由于系统的动力影响，他持续地被他的兄弟以及他们的命运所吸引。出于忠诚，他无法眼睁睁地看着他的兄弟们受苦，而自己却健康地活着。他的女儿，在潜意识中认知到这个危险性，而将自己也卷入其中，想要代替父亲承担一切。在进行家庭系统排列时，女儿的代表冲向父亲的两位兄弟身边，拥抱他们，仿佛借此在对父亲说："亲爱的爸爸，我会替你分担他们的不幸，让你健康地活着。"这个来访者本身患有厌食症。

此时，解决之道是什么呢？女儿必须看着父亲的兄弟，向他们祈求："当我的父亲活着时，请保佑他，当我和父亲一起留下来时，也请你们保佑我。"

我将跟随你

之前我们提到，孩子心中想"宁愿是我而不是你"，以阻止父母离去。另一句"我将跟随你"，则可能是替父母对自己早逝或久病的父母或手足所说的。或者，更确切地说是"我将追随你生病"，或"我将追随你死去"。

因此，在家庭之中，第一句产生效用的话是："我将跟随你。"这是孩子的一句话，当这些孩子长大为人父母后，他们的子女则会阻止他们实现这句话而说出："宁愿是我而不是你。"

我会继续活下来

当"我将跟随你"这句话，借由重症、意外或自杀而显现出来时，最有效的解决方法便是，先让孩子大声地重复这几个字，由孩子看着自己挚爱的亲人，带着力量及深切的爱，说出："亲爱的爸爸，亲爱的妈妈，亲爱的哥哥，亲爱的姐姐，或无论是谁，我将跟随你，即使是死去。"在此，同样重要的是，这些话需要被重复多次，直到孩子能够真正认知到，不论自己对亲人的爱有多深，他们仍是分开且独立的个体。然后，孩子也会体会认识到，自己的这份爱，无法改变自己与已故亲人之间天人永隔的事实。同样，孩子也借由这句话感受到自己与亲人间相互的爱；并了解到，当没有家庭成员受此影响而跟随，尤其是在不受自己孩子干预的状况下，亲人才更能够自在地面对并接受命运的安排。

接着，孩子可以对已故亲人说出另一句话，以消除孩子致命的追随念头："亲爱的爸爸，亲爱的妈妈，亲爱的哥哥，亲爱的姐姐，或无论是谁，你已经过世了，但我还会多活一会儿，然后我也会死去。"或者是"我将在有生之年，好好地活着，然后我也会死去。"

当孩子看到父母想要追随他们原生家庭中的亲人，走向疾病或死亡，孩子可以说出以下的句子，将自己从这股想要追随的动力中释放出来："亲爱的爸爸，亲爱的妈妈，即使你离开了，我仍会留下来。"或"即使你离开了，我以你是我的父亲为荣，我以你是我的母亲为荣。你永远会是我的父亲，你永远会是我的母亲。"或者，当父母之中有人自杀身亡时，则是："我尊重你的选择并向你的命运鞠躬。我以你是我的父亲为荣，我以你是我的母亲为荣。你永远会是我的父亲，你永远会是我的母亲。而我也永远是你们的孩子。"

遭到误导的希望

"宁愿是我而不是你"及"我将跟随你"这两句话，是身处牵连纠葛中的孩子们纯真无邪的心声。这两句话也呼应了基督教信息与基督教典范所传递出的讯息，比如说，在《圣经》约翰福音中，耶稣提到："人为朋友舍命，没有比这个更大的爱心了"，并鼓励门徒们追随他上十字架受难至死。

基督教教义中所教导的，透过受苦或死亡寻求救赎，以及圣徒英雄们的事迹，更会令孩子们怀抱着奇幻的信念，相信自己可以代替他人承受病痛、苦难及死亡，透过自己的受苦受难向天神或命运换取亲人的救赎，或透过死亡换取亲人的性命。若在这一生无法拯救亲人的生命，他们希望借由死亡，在另一个世界与挚爱的亲人团聚。

带来疗愈的爱

在这样的信念之下，一般的医疗方式是无法达到疗愈效果的。必须透过心灵的蜕变，将来访者的心念想法提升至一个更广阔而伟大的层次，让他们有如魔法般的信念失去魔力。有时，医师或治疗师可以协助来访者做如此的心念转换，但成功与否，则非医师或治疗师所能预期，因为心灵的蜕变，无法单纯地借由某种方法达到。然而，一旦心念开始转换，就需要对之保持最大程度的尊重，就像是在接受恩典一般。

以疾病补偿

想要赎罪的心态是另一个造成病痛、自杀、意外及早逝的动力。

有时，在命运操纵之下所发生的事件，会被视为是个人的罪过，而需要为之忏悔，例如，流产、残障或早夭等。面对这些状况，最有帮助的态度是，用爱来看待死去的孩子，面对死亡所带来的伤痛，让他们得以安息。

当某人由于命运的安排伤害了别人，而获得了利益或生命，他会有罪恶感。比方说，当一位母亲因为分娩而死，存活下来的孩子将没有办法成为一个成功的人，潜意识里，他会用自己的失败来为母亲的牺牲赎罪。

另外，有时候人也需要对自己造成的伤害负责。比方说，有些人在没有迫切的需要之下选择堕胎或将孩子送养，或者无情地要求他人作出牺牲或对他人施以恶行。

人们有个根深蒂固的观念，认为不论是命运还是个人造成的罪恶，都需要借由自我惩罚的方式来消除，也就是，透过伤害自己或让自己也不好过的方式来偿还，以为这样便能洗刷自己的罪恶，达到平衡。

这样的观念与做法，对所有相关的人来说都是灾难，但却受到宗教教条或典范的支持与鼓励。比如，我们很熟悉的宗教信仰，包括透过受苦及死亡便能得到救赎，或是借由自虐的方式便能洗刷个人的罪恶。

透过赎罪补偿注定更加不幸

赎罪，满足了我们想补偿与对平衡的盲目需求。然而，借由生病、意外或死亡来补偿，又有何意义？这样反而会造成更多人因此而受伤或死去。更糟的是，受害者身上所背负的痛苦也会因此而加倍，而因为他们的受苦又造成更多的痛苦，他们的死亡也导致更多人付出生命的代价。

另外需要牢记，赎罪是简单且廉价的。所谓赎罪，是透过自身的受苦受难，以换取他人的救赎，就如同那些孩子们所拥有的奇特信念一般，以为自己受苦或死去，便足以救赎他人、偿还所欠。但这么做没有考虑到与受害者的关系，受害者所承受的痛苦并没有被感受到，没有人问他们怎样做才是最好的补偿方式，他们也没有机会认可对他们有益的行为，或是对任何人或事给予祝福。换句话说，他们的受苦都白费了，没有任何好处。他们看不到加害者眼中有痛苦的感觉，而这往往是他们唯一所求的。当受害者从伤害他们的人眼中看到一点人性时，反而能够因此释怀。否则，赎罪的行为，仍是将受害者排除于外。

在赎罪时，我们也会以相似的行为作为自我惩罚。就像要追随某人而死的时候一样，会让自己受苦或死去，好像这样便足以赎罪，而无需在乎所采取的方式及其贡献为何。就如同说出了"宁愿是我而不是你"及"我将跟随你"这两句话，会造成更多的伤害、痛苦或死亡，用以赎罪的自我惩罚也是如此。

当母亲死于分娩时，被生下的孩子会感到罪恶，因为他的母亲牺牲了性命来换取他的生命。当孩子试着借由让自己受苦来为母亲的死赎罪，某种程度而言，便是不愿意接受自己因为母亲付出代价而换来的生命。若是孩子采取自杀的激烈手段来为母亲的死亡赎罪，对母亲而言，更是加倍的不幸。因为这表示，孩子不愿意接受母亲所给予的生命，她对孩子的爱以及不惜付出一切的意愿，没有受到尊重，她的死也就白费了。更悲惨的是，自己的牺牲所换来的，不是另一段生命的延续，而是两段生命的消逝。

在这种情况下若要帮助孩子，我们必须清楚地觉察到，除了想要忏悔赎罪的想法外，孩子可能也会有如下的希望："宁愿是我而不是你"及"我将跟随你"。当我们深切地了解到这两句话背后的含意，以及它们所能带来的治疗效果，我们便能采取一种具有疗愈效果的方式来处理孩子这种具有毁灭性的赎罪欲望。

接受与和解的补偿

对孩子及母亲而言，什么是最适当的解决之道呢？孩子需要说出："亲爱的妈妈，你为我的生命付出了这么高的代价，不应该白费。我将善用我的生命，来纪念你，荣耀你。"

然后，孩子必须积极正面地生活，而不是让自己受苦，往好的方向努力而非寻求失败，活出生命的价值而非走向死亡。这样，比跟随母亲走入痛苦与死亡，更能让孩子与母亲深深地连结在一起。透过由衷地接受并活出生命的价值，孩子将母亲放在心中，并能感受到来自母亲的力量与祝福。

如果跟随母亲死去，孩子只是透过一种麻痹且盲目的方式跟母亲连结在一起。然而，如果孩子能够怀着对母亲的爱与思念，珍惜自己的生命并为他人做些好事，孩子与母亲之间就会产生非常不一样的连结。当孩子善用自己的生命，并活出生命的价值时，母亲便活在他的心中；当孩子基于对母亲的爱做出好事时，也会感受到来自母亲的爱与祝福。

孩子这样的补偿方式，将会带来幸福与健康；而为赎罪所做出的补偿，只会带来更深的痛苦或不必要的死亡。透过赎罪来补偿，是简单、廉价且具伤害性的，并不能够达到和解的目的；透过正面的行为来补偿，需要付出更多努力，却能带来祝福与保佑。这样的补偿方式,与我们对生命的体认相符。每一个生命都有其独特意义,当生命消逝,就如同树叶飘落,将空间让与新芽发展,虽然已化为尘土,却仍滋养着现存的生命。

受苦取代连结

当我们认为让自己受苦便能洗刷罪名时,便是在逃避面对自己所作所为与受害者之间的关系。透过赎罪忏悔,我们处理罪过的方式如同东西损坏时,我们花钱或自己动手修复它,如此简单。但当我们损伤的是人,造成的是对别人身心无以回复的伤害时,这样的赎罪又能达到什么目的?借由自我伤害来赎罪,让自己好过,是一种自私的想法,因为我们只考虑到如何降低自己的罪恶感,而忽略了他人的感受。当我们真正看着受到我们伤害的人时,便会了解到,我们只是借由赎罪在逃避真正应该采取的行动。

当我们必须为个人所造成的罪恶负责时,也是相同的。通常,一位母亲会借由生重病来为堕胎或孩子的早逝忏悔赎罪,或借由跟孩子的父亲结束关系并放弃日后所有的伴侣关系来赎罪。相对于有意识地否认或合理化,为个人所致的罪过赎罪,通常是出于潜意识的行为。

有时候,当一位母亲想要借由生病或死亡来为孩子的死亡赎罪时,可能是意图追随死去的孩子,就如孩子会想要追随死去的母亲一样。然而,就算是因母亲的罪过而死去,孩子仍可能在心中想着:"宁愿是我而不是你。"当母亲想要为此而赎罪,孩子的爱以及愿意为母亲而死的付出,便白费了。

对于个人所造成的罪过,最好的解决之道便是以和解的行为来取代赎罪。当我们能够真实地面对我们所伤害的人或受我们胁迫而伤害他人的人,便能与他们达成和解。比方说,如果一位母亲能够看着被堕胎的孩子,或一位父亲能够看着被否认或被遗弃的孩子,并说出:"我很抱歉,我会在心里给你一个位置,我会尽我所能地补偿你,我会做一些好事来纪念你,并与你分享。"这样,所造成的罪过便不会枉费了，因为父母或任何人为孩子所做出的好事，是因为孩子而做的，孩子参与其中，他与父母的连结便会得到维持。

终止罪恶

关于罪恶，我们应该记得，它会消逝，也应该被允许消逝。罪恶是无常的，就如世上其他事物一般，经过一段时间后，便会消逝。

以疾病作为受苦的方法

家庭的成员常会将其他成员的罪过当做是自己的罪过来赎罪。针对罪恶与赎罪，孩子或伴侣也可能会说出："宁愿是我而不是你"。当有人拒绝承担自己的罪过时，他们便会代为承担这份罪恶及其后果。

举例来说，团体咨询时，有一位母亲表示，自己拒绝了母亲想与家人住在一起的请求，而将她送至老人之家。就在同一个礼拜，她的一个女儿罹患了厌食症，开始穿上全黑的衣服，并且每周两次去探访某间老人之家并照顾里面的老人。没有任何人发现，甚至女儿自己也不知道，这两件事其实有关联。

拒绝接受父母导致疾病

另一个造成严重病痛的态度是，孩子不愿以爱去接受并尊敬自己的父母。比方说，癌症病人，有时宁愿死，也不愿向他们的母亲或父亲鞠躬。

尊敬父母

我们借由敬爱与接受父母如是的面貌，来尊敬他们；也借由敬爱与接受一切如是的安排，来荣耀生命，接受它有起始与终止，有生存与死亡，有健康与病痛，也有无辜与罪恶。这便是宗教行为的核心。在旧时，称之为臣服与敬拜。我们会愿意付出一切而无怨无悔。这是一种带着爱的臣服，付出所有并接受所有，接受所有并付出所有——带着爱。

让我用以下这个富有哲理的故事作为本章的终结：

空

一位僧侣，出外寻求"绝对"的道。

在市集中，他向一位商人乞讨食物。

商人注视着他，迟疑了一会儿。

在递出食物时，他问了一个问题：

"为什么，在你必须借由向我乞讨食物来维生的同时，

你却认为，我和我的生意比不上你和你所追求的？"

僧侣回答说：

"跟我所追求的道相较，

其他的一切，的确是微不足道。"

商人对僧侣的回答并不满意，

又问了第二个问题：

"如果你所追求的道确实存在，

那它绝非我们伸手可及。

那么，人们又怎能笃定自己会找到它，

就像它已经躺在路的尽头等待一般？

人们又如何能占有它，

或认为自己应该分的比别人多呢？"

相反，如果这个道确实存在，
人们又怎么可能偏离它，
被排除于它的影响之外呢？"

僧侣回答说：
"只有那些能够放弃眼前一切，
并愿意放下过去的人，才能得道。"

商人没被说服，
又提出了另一个想法：
"假使这所谓的'绝对'确实存在，
它应该就在我们身边，
被隐藏在那些显而易见且恒常的事物之中，
就如同'不在'被隐藏于'在'之中，
而'过去'与'未来'被隐藏于'当下'一般。
与对我们而言是有限且转瞬即逝的'在'相比，
'不在'便显得不受任何时空限制。
就如同'过去'、'未来'与'当下'相比，也是如此。
然而，'不在'是透过'在'而显现，
就如同'过去'与'未来'是透过'当下'而显现一样。

就像夜晚与死亡，
'不在'所掌握的，是对我们而言未知且尚待发生的，
而'绝对'，则像夜里的一道闪电，短暂地照亮了'在'。
因此，'绝对'是透过眼前的一切来到我们身边，
并照亮了'当下'。"

僧侣开始感到好奇：

"如果你所说的是真的，

那么，还有什么是留给你和我的呢？"

商人说：

"须臾的时间，

和大地。"

第四章
健康及疗愈的灵性观点
Health and Healing from a Spiritual Perspectiv

灵性之爱

当我们偏离了灵性之爱时，便会产生疾病。而当我们与灵性之爱和谐共处，或寻回失去的和谐时，便能维持或恢复健康。

至今我所提到的，导致家庭发生疾病的原因，皆源自于背离了灵性之爱。这股来自心灵深处的爱，对于一切都以其本来面貌来给予爱与支持，因为它接受一切如是。

而至今提到的任何关于减轻或治疗家庭中疾病的方式，其实都是回归灵性之爱并与之和谐共处的方法。

那么，我们究竟是如何背离了灵性之爱？

首先，疾病是拒绝接纳父母的结果。（这里所指的是，对父母各种的指责与排斥，包括拒绝任何源自他们的负担、困难与疾病。）拒绝的方式可能是控诉，尤其是公开地控诉，或控告父母，或者是当父母需要帮助或照顾时拒绝给予照顾，拒绝支持与保护他们的名誉。

我们有时会从癌症病患或其他重症患者身上，看到这样的背后因素。很多人宁愿死去，也不愿意敬爱他们的父母。

肥胖，尤其是在女性身上所看到的，则多与拒绝母亲有关；而无法在工作上有优异的表现，或无法拥有成功的亲密关系，也与此有关。

无论我们拒绝父母的原因为何，灵性之爱不会允许我们如此，它不会容忍任何自大狂妄的行为。

任何指责、控诉或拒绝父母所造成的后果，无论合理与否，都会被呈现出来。

这是因为，在灵性层面所维护的秩序与我们一般所认知的好坏或正当与否并不相同。任何阻挠孩子、父母拥有健康或成功的行为，都会在灵性层面被回归正常。

问题是，我们要如何回归对父母的爱呢？当我们能够站在一个超越善恶好坏之分的层次看他们，便能成功。而这样的层次便是由灵性之爱所主宰的灵性层面。

我将透过以下这个被送养的孩子的例子来说明解决之道，它也会让我们经验到，如何从灵性的角度接受我们的父母，如何学会敬爱我们的父母，找到回到父母身边的方式。无论在何种状况之下，就算我们已与他们分离，或曾与他们分离，甚至或仍等待着从他们那里得到他们无法或不被允许给予我们的，我们都能办到。

从灵性层次爱我们的父母

孩子

被收养的孩子与其他孩子一样，拥有自己的父母，他们也从自己的原生父母那里获得了生命。因此他们也像原生家庭中的其他成员一样，是家庭的一分子。他们跟原生家庭连结在一起，无论命运的安排为何，家庭中其他成员也一样会受到影响。这些成员参与了孩子的命运，就如同这是他们的命运一般。收养并不会改变他们同属一个家庭系统的事实。

对于将孩子送养的父母而言，也是如此。他们成为孩子命运的一部分，就像是由上天所注定的。任何对他们的指责，认为他们的行为有罪，或其他对他们过分的要求，都会违背孩子与父母亲背后那股灵性力量的作用，而这股力量要求一切事物保持其如是的面貌。

那么，一个被收养的孩子如何能够从灵性层面来面对自己的命运呢？孩子又如何能够看到，原来命运这样的安排自有其道理，而因此能以正面的态度面对自己的命运，接受一切如是？

另一种爱

孩子能够在心中描绘出父母的样貌，即便他们没有见过自己的父母。当孩子在内心之中感到与父母之间的连结，便能了解与父母有关的一切，因为父母就是自己的一部分。就心理与生理各个层面来看，孩子都是父母生命的延续。孩子会跟父母拥有相同的感觉、同样的喜好，以及相似的样貌。孩子也与父母以及整个家庭的命运纠结在一起。因此，孩子也会随同其他家人一样受苦，一样怀抱希望，一样寻求被疗愈。同样，孩子也会像其他家人一样感到罪恶而想赎罪忏悔，这个罪恶感甚至包括了将孩子送养而感到的罪恶感。

跟父母一样，孩子面临一项特殊的任务：借由与心灵深处那股伟大力量的连结，来超越命运残酷的表象，而让自己从牵连纠葛及其所造成的后果中解放出来。

冥想：告别

我建议用以下的内心练习，来协助被领养的孩子用爱放下父母。

这个道别，有两个关键：

首先，孩子必须全然地接受父母所给予的一切。

其次，必须彻底放弃想要索求更多的希望。

有关这个练习的细节如下：让孩子闭上眼睛，想象父亲与母亲就在眼前。他们以男人与女人的身分彼此相爱，情不自已。一股更伟大的力量利用了他们，出于这股力量的影响，孩子借由父母之间的这份爱而获得了生命。所以，请孩子看着父母，并想象他们被笼罩在这股力量之下。

同时，孩子看着父母的周围，面对着这股力量，对它深深地鞠一躬。孩子会感觉到，这股力量透过父母给予了孩子爱以及生命，并用爱将孩子拉近它。在完全的臣服之下，孩子同意了这股力量以及它的作用。然后孩子对它说："是的，我从你那里得到了所有，我的生命是你透过我的父母给了我。我会对这份礼物敞开心灵，我会好好地把握并荣耀它，我会追随着它到任何它想带领我去的地方。谢谢你。"

然后，孩子看着母亲，看到她受这股力量的影响而曾付出的极大的代价，甚至仍在付出代价。孩子对母亲说："亲爱的妈妈，我从你那里得到了生命，我和你都付出了最高的代价。对我而言，这份生命是无价的。谢谢你。"

"即使你将我永远地送给了别人，在我心中，你仍伴随着我，你永远是我的母亲，是伟大的力量赐予我的爱。你仍然拥有我，我也仍属于你。假如有一天你需要我，请你记得：你永远是我的母亲，我也永远会是你的孩子。"

然后，孩子看着父亲，看到他受这股力量的影响而曾付出极大的代价，甚至仍在付出代价。孩子对父亲说："亲爱的爸爸，我从你那里得到了生命，我和你都付出了最高的代价。对我而言，这份生命是无价的。谢谢你。"

"即使你将我永远地送给了别人，在我心中，你仍伴随着我，永远是我的父亲，是伟大的力量赐予我的爱。你仍然拥有我，我也仍属于你。假如有一天你需要我，请你记得：你永远是我的父亲，我也永远会是你的孩子。"

接着，孩子再度看着母亲，对她说："亲爱的妈妈，我看到你是我的母亲，而我是你的孩子。我也看到你是你父母的孩子，与他们有着爱的连结，也同时与他们的命运以及为家庭所承担的一切连结着。透过你，我也与他们以及他们的宿命有所连结。我将你留在那个位置，不论是什么力量将你拉到那里。我也知道，自己与他们是连结在一起的。"

"但我同时也看到你们身后那一股牵动影响着你们的力量。我与你们一样，将自己交给它，对它说：'是的。'也对它说：'谢谢你。'我将你们留在那里，是它将你们引领至那里，我带着爱接纳你们。"

接着，孩子再度看着父亲，对他说："亲爱的爸爸，我看到你是我的父亲，而我是你的孩子。我也看到你是你父母的孩子，与他们有着爱的连结，也同时与他们的命运以及为家庭所承担的一切连结着。透过你，我也与他们以及他们的宿命有所连结。我将你留在那个位置，不论是什么力量将你拉到那里。我也知道，自己与他们是连结在一起的。"

"但我同时也看到你们身后那一股牵动影响着你们的力量。我与你们一样，将自己交给它，对它说：'是的。'也对它说：'谢谢你。'我将你们留在那里，是它将你们引领至那里，我带着爱接纳你们。"

道路

下一个步骤是，让孩子看着收养自己并提供自己生命所需的人，对他们说："你们是上天赐予我的。在我的父母无法照顾我的时候，你们收留了我。现在你们是我的爸爸妈妈。你们是上天赐予我的第二个父母。我接受你们，接受所有你我应付出的代价，也接受命运安排你们成为我的新父母。"

接着，孩子看向他们背后那股掌握命运的力量，这股力量希望每个人维持现在的状态。孩子向这股拥抱一切的力量鞠躬。带着爱臣服于它，并对它说："是的，就像这样，我从你那里获得了我的生命与命运。就像这样，我让你引领着我。就像这样，我成就你所给予我的一切并遵循你所带领的方向。谢谢你。"

当下

这时，孩子是在什么状态呢？仍是被送走？仍是被抛弃？或者孩子会有一种奇妙的感觉，感到自己是被需要、被接受的？孩子经验到自己跟自己生命的起始连结在一起，无论这个起始追溯至多远之前。孩子身上的每一个细胞中，都有这样与祖先或生命初始力量合一的感觉，也就是与那股心灵深处掌控着我们的强大力量合一的感觉。在这股力量之下，人并没有好坏贫富之分，每个人都会得到同等的爱，也同等地为生命付出。

所以孩子会感觉到，自己与其他人一样被爱、被关怀着，和其他人一样，在每个当下，真真切切地被富足与爱围绕。

受损的平等

就生命而言，每个人生而平等。因为每一个人的生命都受同样一股强大力量所创造与掌握。当我们自以为可以评断怎样的生命较有价值，或谁应该拥有较多的权利时，我们就违反了这个平等法则。这会对我们以及其他家人的健康造成深远的影响，尤其是对我们的孩子以及子孙，甚至有时也会影响到我们的伴侣。

自以为是所造成的后果，应由持此态度的人来承担，但也可能由并未参与其中的人所承担。这个后果会影响到整个家庭，无论成员是否知道或参与了此事件。

违反平等原则，是造成疾病的重要原因之一，也是造成许多孩子出现令父母担心的行为的原因。因为那些被排除、拒绝甚至是堕胎、被杀害的人，会由后来的成员在家庭中代表他们，而这些成员可能并不知道，自己与这些被排除的人有如此的渊源。

牵连纠葛

排除先前的家庭成员，会造成与他们命运的牵连纠葛。于是，在家庭成员身上，我们会看到被排除者的特征以及他们所承担的，也同时会看到排除他人者的侵略行为。借由这样的方式，他们的侵略行为被后代子孙承接并表现出来，而那些被排除者的行为，也同样会在后代子孙之中显现出来。

解决之道

那么，解决之道为何？家庭成员要用爱将被排除者带回家庭系统中，当然家庭成员还要带着难过与悔意。

他们会被记得并拿回他们在系统中应有的位置。然后，我们立刻就能感觉到，一切皆会恢复正常。孩子们会恢复健康而不再有那些可能伤害自己或他人的行为，他们也立刻会感到一切恢复了秩序，并对家庭有归属感。

罪恶与赎罪

但若仅仅是将被排除者带回家庭系统之中，通常并不足够。因为那些排除、遗弃或杀害他们的人，仍会感到罪恶。这表示，他们应为自己的行为负责、赎罪忏悔，比方说，透过同样离开自己的家庭、生病甚至死亡等等方式。

然而，孩子往往会将自己也卷入父母因违反平等法则所致的后果之中。他们会代替父母生病或死亡，或做出一些将会受到惩罚的行为，而借此为自己、也为父母赎罪忏悔。

灵性层次

这里所提到的解决之道，存在于另一个层次，也就是灵性的层次。在这个层次，我们会认知到，眼前所发生的一切，都掌握在另一个更伟大的力量之下，包括被排除者的命运、感到罪恶者的命运，以及那些想为自己或他人赎罪忏悔者的命运。

于是人们便能从眼前的一切跳脱出来，看到这个掌握一切的灵性力量，并臣服于它。他们会知道被排除者将永远被涵盖在这股力量之下。任何人，就算是那些排除他人者，都无法将被排除者与这股力量分开。然后，他们便能谦卑地将自己以及那些因自己而受苦的人交到这股力量的手中，并融入其中。

唯有在这个灵性的层次之中，伤痛才能真正被抚平，家庭中的秩序也才能真正回归于爱的序位。

精神疾病，绝望的爱

实例

海灵格（对来访者）：你想处理的问题是什么？

来访者：我的家庭中，有精神疾病的遗传，我也受到了影响。我已经在精神科医院待过三次。

海灵格（对团体）：我常处理到跟精神疾病有关的来访者。现在我将与她一起工作，这可以作为一个很好的例子，让各位学习如何从不同的角度来看待精神疾病。

海灵格挑选了一位女性作为代表。

海灵格（对团体）：现在，我将尝试一件我从未做过的事。

海灵格（对代表）：你代表精神疾病。

精神疾病的代表开始显得不安。她左右转动着，将拳头靠着臀部，并望着地上。然后，她放开了手，向前跨了一步。

她再次将拳头靠着臀部。接着，她激烈地摆动着她的头，向上看，然后突然地弯向地面，像是试着要用手碰触一个躺在地上的人。但突然她又站了起来。

她重复着同样的动作：向上看，将拳头靠着臀部，然后又放开手，开始不安地左右转动着。接着，她将一只手放在眼前，然后转向右边，就像是在谴责某人一般。

海灵格又挑选了一位女性作为代表，要求她站在"精神疾病"的对面。他告诉她，他并不知道她代表的是谁。

精神疾病的代表恐惧地转身，并开始发抖。然后她侧着身开始慢慢地一步一步向另一位女性靠近，再慢慢地，仍侧着身退回，同时发出有如孩子一般害怕恐惧的喃喃声。

海灵格（对精神疾病的代表）：对她说："求求你。"

精神疾病的代表：求求你。

她用一种像孩子一般高声呜咽的声音说出，并持续地抽抽噎噎着。她发抖着，并向另一位代表伸出手，同时往后退了一步。另一位代表则仍站在原地，没有移动。

然后，精神疾病的代表开始缓缓地朝另一位代表前进，并转到她身后蜷缩着，接着便站在她的身边。过了一会儿，她开始绕着这位代表转圈，而这位代表带着冷冷的表情，也跟她面对面一起转着。"精神疾病"向后退开，站在这位代表的对面，目光仍停留在她的身上。接着，这位代表开始慢慢地一步一步向后退开。

海灵格（对这名女性）：对精神疾病说："求求你。"

代表：求求你。

"精神疾病"又向后退得更远。另一位女性也向后退得更远。

过了一会儿，这名女性开始慢慢地朝"精神疾病"靠近，但"精神疾病"则跟着退后以保持距离。又过了一会儿，他们开始慢慢地向彼此靠近，并在相距两公尺的地方停住。

海灵格请一位女性躺在这两人之间，她代表一位已过世的人。

"精神疾病"开始激烈地发抖。她向这位已过世的人靠近，发抖着，对着站在她另一边的人伸出了手。这位已过世的人则从"精神疾病"身旁扭动移开，并望向另一位女性。

"精神疾病"接着慢慢地绕过这位已过世的人，来到另一位女性的身后站着，而这位女性则盯着这位已过世的人。

过了一会儿，"精神疾病"后退转身，仿佛已完成任务一般。很显然地，她的目的就是要将另一位女性跟这位死去的人连结在一起。现在，"精神疾病"便冷静下来了。

另一位女性开始向这位过世的人靠近，并向她伸出手。她跪在她的身边，握住她的手。在这个动作的同时，"精神疾病"又往后退得更远了。她跪坐着，并向这两人深深地鞠一躬。

同时，另一名女性在这位已过世的人身边躺下。两个人看着彼此并温暖地拥抱着。她开始哭泣，而这位过世的人，则将她又拉近了些。两人更深地拥抱在一起。

"精神疾病"，依然跪坐着，但不再朝向他们。

精神疾病的成因

海灵格（对团体）：现在，我想就我处理精神疾病的经验，再多做一些说明。

精神疾病，尤其是精神分裂症，常见于曾发生谋杀事件的家庭中。这样的事件往往发生于几代之前，并已被遗忘，但在家庭的灵性领域之中，则保有对这个事件的完整记忆，并透过家庭排列而呈现出来。

在之前的排列中，我们看到精神疾病的代表在一开始时，有一连串复杂的情绪表现。当我加入另一名代表时，我们观察到这位代表与精神疾病之间有所连结。

（对来访者）我们不知道这个人是谁，可能是某一位几代以前的祖先。

（对团体）精神疾病与另一个人是有所关联的，同样的关键词由"精神疾病"对另一人所说，以及另一人对精神疾病所说的"求求你。"对他们来说是具有意义的。"精神疾病"对另一人说："求求你做些事。"。而另一人则对"精神疾病"说："求求你帮助我。"精神疾病是为这个人而存在。

然后他们试着靠近彼此，但并未成功，像是中间有东西阻挡了他们。我们立刻了解到：在他们中间，有一位已过世的人隔着他们。我请一位代表来代表这已过世的人，在他们中间躺下。一旦这位已过世的人躺下后，而另一个人开始注视着这位已过世的人时，精神疾病便可退开。她已完成了她的任务。

（对来访者）我们可以很清楚地看到，"精神疾病"已经完成了她的任务。

（对团体）为什么一个人会变得精神异常？因为他同时纠结于两个彼此有很深的连结却未能和解的人之间。依据我的经验，这两个人，一位是凶手，另一位则是受害者。他们尚未得到和解，也就是，尚未在爱中和解。在这个排列的最后，他们终于能够带着爱相聚在一起。于是，所有仍未和解的，便终于能得到和解，而未解决的问题，也终于能被解决。

（对来访者）当家庭中发生过这样的事件，在之后的每一代子孙之中，都会有一位成员必须代表这未完成的和解，直到凶手与受害者之间能够真正地和解。

而你大概也知道了，那些作为代表的家庭成员会有精神异常的症状。

来访者点了点头。

但这些成员并不是生病了，他们是带着爱在找寻解决之道。他们每一个人都是在找寻爱的解答。精神疾病也在寻求爱的解决之道。它希望能让被分离的人们再团聚一起，或将被排除的人们被再带回家庭系统之中。因为这样的一个事件实在过于震撼，很多人并不愿意再看着它。

（**对团体**）我们在此所看到的，是我们背后那股伟大力量的美好呈现。看到它如何借由精神疾病的协助，引领凶手与受害者再重聚一起，即便经过一段长时间的分离。

（**对来访者**）在此看来，精神疾病同时代表了几个人。但我们仍然能够清楚地观察到它的作用。你现在感觉如何？

来访者：我感觉好多了。

海灵格：现在，过去精神疾病的代表那里，将她抱入怀中。

来访者在仍跪坐着的"精神疾病"面前跪下，然后将双手伸到她的面前。"精神疾病"也对她伸出双手，但过了一会儿，便放了下来。

来访者转向一边，看着地上。接着，她深深地弯腰鞠躬，直到她的头碰到"精神疾病"的膝盖。她突然开始大哭。过了一会儿，她挺起身，将手从脸上拿开，并注视着"精神疾病"的眼睛。然后，她又转向一边，看着地上。过了一会儿，"精神疾病"开始缓缓地移向来访者，与她跪在一起，并一同注视着地上。

来访者想要碰触"精神疾病"的后背，却感到害羞。过了一会儿，她终于轻轻地碰触"精神疾病"的后背，将头靠着她的肩膀，并勾住她的手臂。

一会儿之后，"精神疾病"将头转向来访者，两个人的脸颊几乎靠在一起。就在那时，"精神疾病"将头转开并再度望向地上。

然后来访者坐在"精神疾病"的对面，握住她的双手。过了一会儿，她将视线从"精神疾病"身上移开，然后又再度看着她。她们放开彼此的手。"精神疾病"再度望着地上。

过了一会儿，"精神疾病"转过身。来访者在她身旁，一起坐着。"精神疾病"想要伸出手放在来访者的背上，却立即收了回来。她们彼此注视了好长一段时间。来访者将手放在"精神疾病"的背上，两人激动地看着彼此。然后，"精神疾病"又再度望向地上。来访者往后移动了一些，并深深地叹息。

过了一会儿，"精神疾病"站起来，向前走了几步。来访者也跟着站了起来。她们望向地上的同一块地方。然后，转向彼此，看着彼此的眼睛，接着向后退了几步。

海灵格挑选了两位代表，请他们躺在那块来访者与"精神疾病"所注视的地方。

来访者转过头，望向地上躺着的两个人。躺着的两个人，背靠着地上，但脸却面向彼此。他们望着彼此并握着彼此的手。来访者转向他们并向后退了几步。"精神疾病"也做出同样的动作。

海灵格（对来访者）：现在看着这两位过世的人的后方，很远的后方。

来访者短暂地看着这两位过世的人的后方，然后转头望向"精神疾病"。

海灵格：现在看着"精神疾病"的后方，很远的后方。

"精神疾病"的脸亮了起来。在来访者转过身，走向团体时，她也退到了旁边。

海灵格：现在看着团体中的每个人。

她转向团体并开始哭泣。

海灵格（对来访者及其他代表）：留在你们现在的的位置上。我想要解释一些事情。

精神疾病是加害者，而精神分裂者是受害者

海灵格（对团体）：这些移动非常的美而有深度。它非常的精确，没有人能创造出，它是来自我们背后那股强大力量的作用。

现在，我们看到了什么呢？在来访者与精神疾病之间，与先前的案例中躺在

地上的两位女性之间，我们观察到了相似的状况。精神疾病代表了加害者，而来访者代表了受害者。来访者表现得像是受害者，她面对精神疾病的感觉就仿佛它是杀害自己的人。这就是家庭成员面对精神疾病的反应，这是他们的内在态度与恐惧，就像是他们面对着加害者一样；而家庭成员对精神异常的家人的态度，则像是加害者对受害者。他们并不了解精神疾病对家庭所代表的意义以及它会将家庭带往何处。

最后，精神疾病会想要独处。一旦它受到尊重并被看到它所扮演的重要角色，就算并未被完整地看到，它便能退下。

（对所有代表）谢谢你们。

（对来访者）跟我在这里坐一会儿。你现在感觉如何？

来访者：有好些。

海灵格：听起来蛮可怜的。

来访者：你为什么这么说？

她大声笑了出来。

海灵格：这样听起来好多了。

来访者继续笑着并看着海灵格。

海灵格：当然，在此我们必须注意到，很多人用异样的眼光看精神异常的人。你只要跟别人说"我精神异常"，别人就会立刻被吓到。是不是很有趣？

来访者笑着点头，表示同意。

海灵格：你也曾经很享受这个过程。当然，是在过去。

（对团体）这是当精神异常的人也认同了加害者时，所显现出来的态度。

来访者点头。

（对团体）我想我们已经看得够多了。需要让这些在我们心中沉淀一下。

当精神疾病成为家庭问题

在这个导致精神疾病的事件之后,也就是在家中发生谋杀事件之后,在每一代的后代子孙中,都会有一人患有精神疾病。这位家庭成员为家中其他人承担了这个命运。一旦他背负起这个任务,其他人便会感到松了一口气。他们担心这位家人可能被治愈,于是便在暗地里联合阻挡成功治愈家人的方法。这样的恐惧来自于,可能另一名家庭成员必须因此变得精神异常的担心。我们可以从父亲或母亲的身上清楚地看到这样的恐惧。家庭中承担了这个命运的成员展现了最伟大的爱,但只在暗地里显现出来。

我第一次为精神病病患者举行研讨会时,当时受到许多来自心理治疗师与心理医师的阻力,但那些精神病病患者的爱让我深受感动。所以,我将关于这个部分的书取名为"深渊的爱"。因为,这就是我们从精神疾病中所观察到的,它是存在于深渊的爱,盲目且深沉。

(对来访者)当这样的爱被显现出来后,你便可以了解到,你对你的家庭有多么重要,以及你所承担的重责大任。

她微笑着点头。

(对团体)因此,我们不应该单独对精神疾病患者加以治疗,我们应该治疗的是整个家庭,应该帮助的是整个家庭。

(对来访者)刚刚我做的,也是为你的整个家庭所做的。没有人需要因为你已脱离精神疾病而担心自己会变成精神异常。

(对团体)这也是为了疗愈之后的世世代代。

助人者

我们也可以从精神医疗机构的许多医生及其他助人者身上,看到相同的情形。如果没有精神病患可以治疗,他们可能担心自己会变得精神异常。

（对来访者）这话听来熟悉吗？

她点头。

此外，通常在他们的家庭里，隐藏着某个家人的罪行。因此，在精神医疗机构中的助人者，常会有与病患的家人一样的行为表现。此时，解决之道为何？我们不能期望这些洞见能够轻易地被这些机构所接受。可以理解，他们对于这样的结果以及后果必然是相当担心。

练习：灵性之爱

海灵格（对团体）：我现在将与她做一个练习。她代表了我们所有的人。

（对来访者）请你站到那里，看着这个方向。你正看着许许多多的精神医疗机构与诊所。然后你望向它们的背后，远远的后方，看着那股一样支配着它们的更伟大的力量，这股力量也给予它们同等的关爱。之后你可以慢慢退后，但仍持续望向同一个方向。

她持续这样站着。

海灵格：继续像这样待着，持续看着这个方向。不要让你的视线转移。看着远远的后方，对这股心灵深处的力量拥有完全的信心。相信它将以同样的方式运作在每个人身上。因此，这里没有好坏之分，也没有加害者与受害者之分，所有的人都只是人类罢了。

过了一会儿。

现在你转向团体里的这些人。

她慢慢地转向团体。

海灵格：你现在可以看着他们，对他们说："我在这里。"

来访者：我在这里。

整个团体发出欢呼声。

海灵格：我是你们之中的一分子。

来访者：我是你们之中的一分子。

她面对团体，开始鼓掌。所有的人也加入她，一同鼓掌。

深渊之爱

我想就深渊之爱的部分，再多加以说明。我将以静心练习的方式进行。请大家将眼睛闭上，感觉在自己心灵深处，爱有时会落入的那些无底深渊。

无意识的爱

什么是深渊之爱？它是一种灵性之爱吗？或者，是一种过于纠结，而不再是单纯地来自身处牵连纠葛者的爱？事实上，它是一种受家庭系统需求所驱动的爱，而这里所指的家庭是较为广义的。所以，这种爱是盲目的，也因此，它并非出于灵性层面的爱，它来自另一个层面。

这种爱来自于无意识良知的领域。透过家庭系统排列的工作，我们可以观察到：一股良知意识的力量在监看着成员们的行为，因此家庭系统会遵从某些固定的法则规律。

对所有人的善意

这些法则分为两种。第一种是：在家庭中的每一位成员都拥有相等的归属权利。因此，这股良知意识对每一位成员都充满善意。我们可以借由静心练习来再度体会这个过程。

想象我们的家庭，包括所有的成员，感觉我们如何对他们抱持着善意。我们对每一个人的善意都一样吗？每一个人都同样在我们心中有一个位置吗？我们是否排除了某些人以至于他们渐渐地从我们记忆中消失？

比方说，我们可以先想象我们的父亲及母亲。在我们心中，谁排在前面，谁又被排在后面？现在我们将他们肩并肩地一起排在前面，并对他们两人都抱以同等的善意。

接着我们看着父亲的家庭以及母亲的家庭。哪一个被排在前面，哪一个被排在后面？在心里，我们慢慢移动他们，直到两个家庭都一样被排在前面，并靠在一起。接着，我们对两个家庭都抱以同等的爱。

现在，我们看着其他也同属于我们家庭的成员，比方说，父母或祖父母的前任伴侣。我们也同时看着那些损失了自己利益而让我们或我们的家庭获益的人们，我们将他们与其他人一起排在前面，一样抱以同等的爱。

同时，在家庭中有一些人不会被他人提起，可能是他们的行为令我们蒙羞，或者他们是罪犯或加害者。我们也将这些人一样地摆在其他人身边，并带着一样的善意注视他们。

这样的善意，并不带有任何评断之意图，它仅仅是存在着，是一种圣洁的善意，就如同上帝对我们每一个人一样，都是带着同等的善意。这样的善意与我们潜意识中的家庭良知是一致的。

牵连纠葛

然而，如果家庭中有某些成员被排除、拒绝或遗忘，家庭良知便会借由挑选某一成员来代表被排除者，以寻求恢复同等归属权利法则之秩序。这位被挑选的成员是无辜的，来自于之后的世代，可能是儿子、孙子，或更后面的子孙。家庭良知迫使某位后代子孙表现出善意。然而，源自于家庭良知的作用，对这位子孙而言，这是一种无意识的善意。这些作为代表的后代子孙，乃是由于受到家庭良知的驱使，而表现出与被排除者相同的行为举止，他们与被排除者的命运牵连纠葛在一起。

这样的爱，便是深渊之爱，因为它是无意识地、盲目地为出自其他力量的慈悲而运作。基本上，这种类型的爱是出于家庭系统中无意识的集体良知，它并非出于个人。但就整体来看，它仍是爱。那些被这力量驱使的人，也身处于爱的移动之中，只是对其并无意识。

觉知的爱

现在的问题是：我们如何能够将这一种盲目的爱转化成具有觉知的爱？转化成更有力量的灵性之爱？转化成不再是处于深渊之爱？

我们往自己的内心看，感觉：我们是否在某种程度上，也被这样的深渊之爱所绑架？这样的爱可能透过疾病呈现，或是某些将造成失败的行为，或是有一些我们无法控制的感觉，有时是愤怒，有时是绝望，有时是悲伤或失望。我们想要拯救这样盲目的爱，超越深渊进入灵性的层次，而爱会继续存在并填满深渊，让它消失，成为扎实的大地。

优先法则

家庭良知也遵循另一个法则：先进入家庭系统的成员优先于后进者。因此，此一良知意识将要求，家庭系统中后进者不应尝试为先进者承担责任，而序位较低的成员也不应为序位较高的成员承担责任。在此，我们看到的是，后进者付出自己的爱以帮助先进者。

这也是爱的一种，但是另一种盲目的爱，其结果也同样是失败。它最终会以疾病呈现出来，可能是精神疾病，也可能以死亡收场。

盲目的爱

我们往自己的内心看，感觉：我们曾经或现在仍然被这股盲目的爱所挟持？比方说，可能是为某位早我们进入家庭系统的成员感到担心，由于这位成员较早进入家庭系统，因此拥有较高的序位，并且是无论如何都高于我们的序位。在进行工作时，我们会在何种情况下被这股盲目的深渊之爱所挟持？可能在我们是后生晚辈而其他人是长辈的状况下，我们想要协助他们的意愿，其实是出于自大的心态。

我们如何能够避免这样的盲目？如何能够看清楚？我们必须将他人的伟大留给他人，承认并接受自己的渺小无能。

净化之路

接着，我再回到精神疾病中所呈现出的深渊之爱这个主题。在此，我们可以看到究竟何谓灵性疗愈。

透过先前的来访者，我们对这个主题已有所体验，因此也已经进入这个领域。在这领域中，我们或许可以化解现在或曾经陷入的困境。

显然，这条路径是一条净化之路，朝向灵性的路径便是一条净化之路。在这条路上，我们舍弃许多的观念和想法，特别是关于力量的部分。

当我们跟随着心灵移动，在一段时间后，便会逐渐地感到某种程度的安全感。那么在这条路径上，安全感何来？那是全然的信任，而且就只是全然的信任。

冥想：将我们带离深渊的爱

我想带领各位前往那条带领我们远离深渊的路，我们将透过内在心灵旅程的方式进行。你可以将眼睛闭上。

圆

想象在我们的前方，是我们的家庭成员，有许许多多的世代。我们想象他们全都存在，可能有些人我们并不认识，也从未听过。但，他们归属于我们，而我们也归属于他们。

我们想象这些家人站在我们的面前，也包括那些我们从不认识的家人。或许我们只能感觉到如同微暗而无法辨识的影子，但他们确实存在。他们手牵着手，围成了一个圆。我们也与我们的亲人，父母、手足、伴侣或孩子等，一同加入他们的这个圆。他们都看着彼此，看向左边、右边以及前方，他们带着爱看着彼此。我们也看着他们，并对于被他们看到而感到开心。

有些我们无法辨识的脸孔会突然出现，我们也会感觉到他们的存在。当我们与他们彼此对望时，我们告诉他们每一位："我看到你了。我尊敬你。我敬爱你。请你也一样带着爱看着我。"

当我们手牵着手站在圆中时，可以感觉到所有人的能量、动作与爱，它们和谐一致地存在着。我们允许自己深入地感受这份爱，我们会突然感觉到自己可以放开手，感觉所有的担心与烦恼都消逝了，而我们，就只是跟所有的人一起在那里。

让死者安息

这个圆中，有许多成员在很久以前便已过世，但他们仍然存在，仍然在等待些什么，或许只是希望我们能够看他们一眼。现在他们终于能够闭上眼睛并放开手，沉入那个属于往生者的世界，并永远留在那里。

我们让他们离开，不需带有任何祝福或担心；我们不带任何期望地让他们离开，不再有为他们或自己弥补些什么的想法；我们感觉到自由，而他们也同时从我们这里得到了自由。

自由

现在，圆中只剩下目前仍在世的成员。他们仍然手牵着手并用爱看着彼此。

然后，他们放开彼此的手，踏上各自的旅程，但仍彼此连结着，并在这份爱中，感到自由。

言语障碍：失语症与不被看见的成员

直到现在，许多言语障碍患者所背负的命运与煎熬仍未在家庭系统排列中受到重视。因此，当我受邀参加一场为期两天与言语障碍患者及相关助人者一同工作的研习会时，我感到十分开心。我一直希望能有机会探索隐藏于此种症状背后的牵连纠葛，以及受苦于此症状的患者们可能的解决之道。

这次的课程，远超乎我的预期。我们清楚地观察到，几乎所有的言语障碍皆源自于家庭的某段历史，或至少与之相关。

口吃与精神分裂症

透过来访者，我们观察到，许多言语障碍的案例与家庭中有尚未和解的冲突相关：可能是家庭中有成员因为被送养、或不为其他成员所知，而不被允许参与或拥有自己的声音；或者是家庭中有相互冲突的两位家庭成员，例如未和解的加害者与受害者。因此，当一位后代子孙需要同时代表两人时，两人皆无法获得完整的发言权，而两人声音相互抵消的同时，也掩盖了代表他们的成员原有的声音。因此，这位后代子孙开始变得结巴。

我们也由此发现，口吃与精神疾病的背景因素十分相似。在精神分裂症中，未和解的冲突是以困惑的症状呈现，在言语障碍中，则是以口吃的症状呈现。

因此，对于口吃患者及精神分裂症患者的解决之道，往往是相同的。必须让家庭中尚未和解的成员们彼此面对面，直到认出对方并得以和解。当隐藏于这些症状的冲突被显现出来，言语障碍或精神分裂者便能将这些冲突留在它们所属之处，让自己获得自由。

口吃，因为心中害怕某人

还有其他原因也会造成口吃的症状。我们常常会观察到，当一位口吃患者开始口吃前，会先看看旁边。他其实是望着一幅内心的画面，或者更精确地说，他望向一位内心里令他感到恐惧的人。当这位患者能够在家庭系统排列中，与这位他心中所害怕的人公开地接触，并尊敬这个人，甚至对他表现出接受与爱的态度，那么患者便能注视着这个人的眼睛，并清楚说出自己的感觉或要求。

口吃，因为家庭秘密不允许被显现

有时，口吃以及其他的言语障碍，是为了替一个家庭中隐藏的秘密发声，而这秘密是家庭所恐惧的。可能的状况是，家庭中并不知道有个孩子的存在。当这样的秘密在家庭系统排列中被显现，并被整个家庭清楚地看到，所有的障碍便被排除，而清楚流利的言语能力开始恢复。

孩子的言语障碍，通常与父母想要或必须要隐藏某些事情有关。只有当父母能够公开地将秘密说出，孩子才能自由并摆脱言语障碍。

解决

我透过系统的角度处理这些问题，看到这些问题是一个更大整体中的一小部分，那么不同的解决之道也会从中而生。

心理治疗以及其他助人的专业，如言语治疗，所采取的方法是由治疗师坐在患者的对面，直接与患者工作。这样的方式，容易让人忽略了患者也是家庭中的一名成员的事实。当这个较为宽广的层次被忽略时，我们很快就会感到极限。若我们能与患者一起探索这个领域，全新的可能性便会出现。如此，言语治疗师的治疗方能在患者身上达到最佳效果。他们带领患者所做的练习是治疗中极为重要的一步，但这些练习仍只是另一个更大整体中的一小部分。

透过系统角度来处理问题，对所有相关的人而言，尤其是对患者而言，是一种释放。

让对立的双方和解

陷于疯狂状态的人，并非站在他们正确的位置上。有此种症状的人，事实上，是尝试让混乱的根源恢复秩序的人，也就是说，他们希望能让双方因为彼此持续对立而疯狂的人和好。而这个所谓"疯狂"的人，是想试着与双方和谐共处却无法成功，因为这双方仍处于对立状态，两人之间仍有尚未和解之事，就有如加害者与受害者之间的状况。这位"疯狂"的人必须同时代表对立的两人，因而导致精神分裂。

言语障碍的患者也是相同的情形。当一个人患有言语障碍，特别是口吃时，这是由于站在两个对立的人之间，而两人同时都想透过他让对方听到自己想说的话。因为彼此对立的缘故，两人都无法说出自己想说的话，当其中一人想做某件事，另一人便会阻挡。于是，便造成作为代表的后代子孙有口吃或其他言语障碍的问题。

当我与这个团体一起工作时，心中浮现了一个画面：言语障碍的干扰通常本身与疯狂混乱有关，当言语障碍患者心中那互相对立的两人能够相聚并和解，这个干扰便能被化解。然后，患者方能以沉稳的语气说出经过双方整合与和解的字句。

要达到这样的结果有一个必要因素，那就是在助人者的心中，也必须有类似的过程发生。助人者也必须让自己心中尚未和解的两人团聚并完成和解。

给口吃患者的练习："你、我，和我们"

海灵格：（对团体）请暂时闭上你们的眼睛，到你们家庭成员面前。到他们每一个人的面前：好人、坏人；加害者、受害者；早逝者、被排除者、被遗忘者。看着每一个人并对他说："你、我，和我们"……"你、我，和我们"……"你、我，和我们"。

长时间的静默……

最重要的是，对着你的母亲与父亲说："你、我，和我们"，也对每个孩子说："你、我，和我们"。

另一段长时间的静默……

这是一个对口吃患者而言相当重要的一个练习。他们练习说出："你、我，和我们"。

又是一段长时间的静默……

够了。很好。

成长之路

让我感到印象深刻的是，透过语言障碍，我们可以如此清楚地显现出，家庭之中有相互对立的倾向，更精确地说，是相异的人不会重聚一起，所以"没办法让他们复合"。透过言语模式表现出来时，我们看到的也是"没办法让他们复合"，只不过，这里的"他们"变成了"言语"。接着，我想要提一些具有普遍重要性的想法。

我们是如何成长的？我们如何从狭窄变得较为宽广，从限制变成更完整，最后进入圆满完整？成长过程中，我们一开始可能会拒绝或不愿整合某些东西，然后慢慢地变得能够整合并给它适当的位置。爱会成就这一切。

练习：心灵的和解

我们做个简单的开始。闭上眼睛，我们要做一个小练习。

在心里，我们看到我们的父母，父亲与母亲。哪一个人跟我们比较亲近？哪一个比较疏远？哪一个是我们比较能接受的，哪一个比较不能接受？然后我们将那一位我们尚未完全接受的人，深深地放入我们的心灵与身体之中，感觉自己有些变化。我们维持这样的状态，直到我们能够同等地接受我们的父母，没有任何差别地爱他们，承认他们。

接着更进一步，我们看着母亲的家庭以及父亲的家庭。我们跟哪一个比较亲近？哪一个比较疏远？我们将比较疏远的那方拉近我们身边，直到它被我们完全地接受、爱与承认，不带任何价值评断，也超越善恶好坏之分。

然后我们进入自己的内心深处，感觉哪一部分是我们不想知道的自己、希望排除的自己，以及我们所厌恶的自己。我们看着它，并带着爱，将它以及随同它而来的一切，收进我们的心灵之中，比方说，个人的罪恶、抱怨、病痛。现在我们给了每样事物一个位置。

这就是我们从空虚中找回踏实感的方法。我们谦卑地站在全体中那个我们所属的位置上，不期望改变或更换它。这样，我们的心灵便能与所有事物达成和解。

我们也看着我们的来访者，尤其是那些言语障碍患者。我们对他们做同样的练习。我们将他们所拒绝或忽略的事物都放入我们的心中，并同意它。在他们身上需要发生的和解先在我们身上发生。然后，当我们与他们工作时会感觉更有力量。我们将他们的父母、家庭放入我们的心中，包括加害者与受害者，而不加以评论。甚至，我们可能需要接受来访者个人的罪恶以及他们命运的原貌，我们向它鞠躬并同意它。

借由这样的接受，我们获得力量以提供协助，并能小心地提供来访者适当的支持与协助以帮助他们面对自己的处境、家庭与命运。

案例：口吃与精神分裂症

来访者是一位年长的女性，她想要说些话却立刻开始结巴。

海灵格（对团体）：她说话结巴，是因为有一件对她而言相当重要的事。

（对来访者）要不要先坐到我身边，让自己放松一点？

她笑了。

（对团体）我的天，她真是兴奋。

两人笑着看着彼此。

海灵格：你几岁？

来访者：（结巴得很严重，以至于很难听得懂）六十。

海灵格：六十又多少？

来访者：（严重地结巴）只有一个零在后面。

海灵格：我还是没听懂。请你友善一点看着我，好吗？所以，你几岁？

来访者：（没有结巴）六十。

团体中有人笑及鼓掌。

海灵格：带着友善的态度时，便容易多了。但这里面有害怕，看着我，当你看着我的时候，你不用害怕，你知道吗？现在你的视线又飘走了。

她望向他。

海灵格：这就对了。这就叫做锁定。

她温暖地看着他。

海灵格：闭上眼睛。

海灵格一手揽着她，另一手盖着她的眼睛。

海灵格（过了一会儿，对团体）：她不习惯这样。

他继续揽着她，一会儿之后，海灵格将她的手拉过来抱着他。然后，他挑选了一位代表来访者的母亲，并让来访者站到代表的对面。过了一会儿，他带着来访者朝着母亲的方向，前进了几步。

海灵格：（又过了一会儿）对你的母亲说："求求你。"

来访者：求求你。

过了一会儿。

海灵格："我还太小。"

来访者：（严重地结巴）我还太小。

海灵格将她带近母亲。

海灵格（对母亲的代表）：保持完全的镇定。保持跟一切的原貌连结着。

过了一会，他挑选了一位代表外祖母，并将她排在母亲的背后。

海灵格（过了一会，对母亲的代表）：告诉你的女儿："我还太小。"

母亲：我还太小。

海灵格将母亲转向她自己的母亲，两人动也不动地，对望了许久。现在，海灵格在外祖母的后面又排了外曾祖母。

海灵格（对外祖母的代表）：告诉你的女儿："我还太小。"

外祖母：我还太小。

海灵格将外祖母转向她自己的母亲，也就是来访者母亲的外祖母，来访者的外曾祖母。过了一会儿，海灵格又挑选了一位代表作为母亲的外曾祖母，他将她排在母亲的外祖母后面并将母亲的外祖母转向她。

然后，海灵格又挑选了一位代表作为母亲的外高祖母，并让母亲的外曾祖母转向她自己的母亲。

母亲的外高祖母表情严峻并望向一旁。过了一会儿，母亲的外曾祖母走向她自己的母亲，也就是母亲的外高祖母，两人拥抱在一起。

海灵格将她们分开了些，让一位女性躺在她们中间的地上。

母亲的外曾祖母向下靠近那位已过世的女性，并躺在她的身旁。两人拥抱在一起。

海灵格（对来访者）：跟着你内心的感觉移动。

来访者走到已过世的女性以及母亲的外曾祖母身边，三个人温暖地拥抱在一起。过了一会儿，海灵格请她们站起来。他要所有的女性在这位已过世女性的身旁围成一个圆。只有母亲的外高祖母以及来访者站在圆的外面。

已过世的女性看着每一个站在圆里的女性。

海灵格（对母亲的外高祖母的代表）：你怎么了？

母亲的外高祖母的代表：我刚在想："我根本不在乎。"

海灵格将圆打开，让已过世的女性站在母亲的外高祖母面前。这位已过世的女性显然是她的一个孩子，母亲的外高祖母拉着她的手。但已过世的女性显得局促不安，并望向地面。

海灵格（对母亲的外高祖母的代表）：告诉那个已过世的人："我根本不在乎你。"

母亲的外高祖母的代表：我根本不在乎你。

已过世的女性垂下头。

海灵格（对母亲的外高祖母的代表）：告诉她："我不要你。"

母亲的外高祖母：我不要你。

已过世的女性开始啜泣。

海灵格（对母亲的外高祖母的代表）：现在，每个人都看到什么是你不要的。

海灵格将已过世的女性带向来访者。来访者将她抱住，而她仍持续地啜泣着。他让所有的母亲们排成了一列。

过了一会，海灵格让她们停止拥抱。他将来访者带到母亲的外高祖母面前。

她们对望着彼此许久。来访者握起拳头。而母亲的外高祖母则闭上眼睛，手扶着胃，慢慢地跪下，上身深深地前倾。来访者关爱地扶着她。

海灵格让已过世的女性跪在母亲的外高祖母身边。她也用手揽着她。来访者则将双手搭在两人身上。

当母亲的外高祖母与已过世的女性带着爱拥抱彼此时，海灵格将来访者带到母亲的面前。

来访者（对母亲）：（结巴地）我原谅你对我所做的事。我想要跟你和平相处。

海灵格将她慢慢带向母亲，然后两人拥抱在一起。其他的女性在她们身边围成了一个圆，也拥抱着她们。只有母亲的外高祖母与已过世的女性留在外面。

海灵格（对所有的代表）：谢谢你们。

解释

海灵格（对团体）：我将说明我刚刚所做的每一个步骤。

第一个印象是，来访者无法接近她的母亲。当我抱着她时，我感知到她的处境、她的父亲与她的母亲。我感觉她的母亲并不在。

海灵格（对来访者）：那是我内心所感觉到的。

来访者：（没有结巴）她不在我的心里面。虽然，现实中她是存在的，但心里面她并不在。

海灵格：你说话说得蛮好的，不是吗？

团体中有人笑及鼓掌。

海灵格（对团体）：所以那是我的感觉，然后我想："我要让母亲与孩子面对面。"首先，母亲的代表看起来像是一位治疗师，想要帮助她。但这样会扭曲一切。所以我提醒她要保持镇定。

（对母亲的代表）之后你做得很好。

（对团体）任何一种想要帮忙的意愿都会帮倒忙。它阻碍了心灵的移动，让它们无法被呈现出来。因此，如果治疗师还不够成熟，或还没训练好自己要自制，让他们来担任代表反而对排列的进行带来困难。

（对母亲的外高祖母的代表）你做得很好。我们可以看到这一位排在所有祖先最后的母亲，看到她所具有的侵略性。你现在看起来很不一样。

这位代表笑着点点头。

（对团体）接着我看到母亲对孩子没有爱的感觉，可能是她与自己的母亲之间也缺乏爱。所以，我将外曾祖母排在她后面，但她们之间仍然有些中断。

所以我继续加入代表，直到母亲的外高祖母出现：她表现出隐藏在其他母亲身上的个性——严峻。她也将目光望向一旁。在祖先中看到这样的行为，表示曾经有谋杀的事件。每个人都可以很清楚地看到。

然后我找了一位代表来代表这个受害者。这时，很特别的是，来访者感觉被这个受害者所吸引。而来访者对这位受害者所表现出来的态度，便是母亲的外高祖母所不愿做的。

之后，我将来访者摆在母亲的外高祖母面前。而她开始握紧拳头。这表示她有双重认同：同时认同了受害者及加害者。我们在精神分裂症中看到这些动力，显然在说话结巴的症状中也是如此。

当母亲的外高祖母向下靠近受害者时，来访者也同时碰触他们两人。

（对来访者）突然之间，她们两个都在你心中有了一个位置。在你心中，受害者与加害者之间的矛盾与未和解的冲突得到化解。突然之间，你对她们两人的爱也能同时在你心中流动。这花了你六十年的时间。

来访者：（结巴地）我下定决心要这么做。

海灵格：请友善地看着我。对，就像这样，你是一个很友善的人。看着我的眼睛。

来访者：（结巴地）是我决定要解决这个问题。（没有结巴）就算已经活到我生命的最后一段，我也希望看到一切恢复正常。

团体中有人笑及鼓掌。

海灵格：没错。

（对团体）从这个排列中很清楚地显现出来，精神分裂症与说话结巴是相关的。

（对来访者）在这之后，所有的母亲们，便能够关爱地将你留在她们所围成的圆里。

来访者：我不知道家里曾经发生过谋杀的事件。

海灵格：当然不知道。这是发生在五代之前。

来访者：很显然，我不知道那么早以前的事。

海灵格：你当然不知道。但是透过排列，它就被显现出来了。

（对团体）发生在一个系统里面的谋杀，表示系统内的某一位成员被谋杀了，比如说，孩子被母亲谋杀，或妻子被丈夫谋杀，这样的影响可以延续好几代。我所看过最远的是，向后影响了十三代。

（对来访者）你当然不知道这些事。但从你的感觉中，你可以感觉到他们的痛苦。这不是很美妙吗？

来访者：我一直，或至少是我长大了以后，希望能够跟母亲更亲近一点，让她知道我能理解。但是，我一直没有办法跟她沟通。

海灵格：你承担了一些孩子不应该承担的事情。所有的人都牵连纠葛在一起，所有的祖先。

两人都笑了。

很好，让这些在你的内心继续工作。带着爱，带着同等的爱，将母亲的外高祖母以及那位受害者一起放在你的心中。

来访者：我希望结巴的症状会慢慢地消失，那是我的目标。

海灵格：慢慢地，给它一点时间，你太习惯结巴。另一种说话的方式对你来说，还很陌生。

来访者：（没有结巴）没错，相当陌生。

团体中有人热烈地鼓掌及大笑。

来访者也在笑。

海灵格：很好。就这样了。

说出字词

当我们说出某些话时，会发生什么事？说出那个正确的字，又会达到什么效果？

当一个孩子第一次说出"妈妈"这个字，你注意到它代表了什么吗？你看到它改变了什么吗？

这个字对孩子的母亲起了什么作用？她改变了。因为孩子对她叫"妈妈"，让她内心里有些东西不一样了。对孩子而言也是如此。当他第一次说出这个字的时候，他也有了改变。母亲与孩子以及孩子与母亲之间的关系改变了。

这是一个具有创造性的字。借由这个字，一种新的关系形态随之产生。当人们用非正式的称谓取代正式的称谓来称呼对方时，这个变化也同样会显现。像法文是从vous 变成tu，德文是从Sie 变成Du，在英文中，用字是一样的，但语气则不同。

命名

当我们为事物冠上正确的名称时，会发生什么事？

我们常花费许多时间研究事物之间的关连，却不得而知。一旦能够理解了，一切便会沉淀为用一个字便能表达的事实。唯有透过这种方式而理解的事物，才能借由言语被表达出来。当它被说出时，便有具体的影响，会改变某些事物。当我们了解某些事，便能表达它，而字也因此有了力量。

除此之外，需注意的是，若事物被冠上不适当名称，便无法彻底展现它存在的意义。让我们以一个简单的词"玫瑰"来作说明。若我们在了解"玫瑰"这个词所代表的意义之后，再说出它，玫瑰便有了不同的意义。在这个词之中所代表的，不论是未完成的事、未完成的关系，或是未完成的情形，都跟我们背后那个更伟大的整体又更接近些，它们因为被说出的这个词而被赋予了灵魂。

创造性真实的字句

通常在家庭系统排列中，我们会需要像这样的一个关键词或句子出现。有时，可能只是一个字或一句话，便能使改变发生。首先，助人者必须要了解怎样的关键词或句，能将面前的不幸转向疗愈的力量。然后，助人者用某种方式，将这些字句放入来访者口中，让他们能够说出。如此，事情便会有所改变。这里所说出的字或句，是具有创造性的。

在家庭系统排列的过程中，在对的时间说出对的字句是引领我们的关键，这些话是来自上天的保佑与祝福。

有时，其他的字句，比如说，反对的意见，会阻碍正确字句的出现。因此，我们必须小心注意一个字句对于我们以及其他人的心灵所可能造成的影响。

最重要的字句常在宁静后出现，它们需要时间成熟方能从智慧之树落下，它们是出于洞见的字句。

自闭症

在我开始与自闭症孩童工作后，我很惊讶地发现，在自闭症背后所隐藏的动力与精神分裂症背后的动力是相似的。在有自闭症孩童的家庭中，我们也会看到，孩子明显地同时认同了家庭中的加害者与受害者。当这样的背景状况透过排列被显现出来，而加害者与受害者成功地和解后，自闭症的孩童会有惊人的进步与改善。疗愈的作用，主要来自于加害者。

然而，由于自闭症孩童可能是代替父母承担了惨痛事件的后果，我们也常遇到妨碍问题解决的强大阻力。在内心深处，父母担心最后自己必须担负起这些责任。

我与自闭症孩童工作的经验并不多。其他家庭因素或事件也可能有其影响。但至今我与自闭症孩童工作的经验，是相当令人鼓励的。

灵性家庭排列在一句话中的运用

进行方式

在灵性家庭排列中，会发生些什么？来访者会提出一个问题并提到某些人，通常是父母、伴侣及孩子。这些是他们比较亲近的人，当然，也可能是跟其他人相关。在这里，我会以系统的角度来进行。这表示我在内心里将自己与所有相关的人连结在一起，对每个人都给以同等的善意与关注。我向他们敞开，离开一点距离，不向他们要求任何事物或害怕任何事物的发生。然后，我等待暗示的出现。

这个暗示会同时帮助所有的人，并不只是从帮助来访者的角度出发，它针对的是所有的人。这表示，它是来自于心灵深处那股力量的一句话。

当这句话被找到并说出后，它便完成了任务。任何多余的字句将会破坏这句话所具有的力量。

这是一种最美丽的助人方式，甚至超越了灵性家庭排列的方式。但这只在某种程度上是如此，在内在画面中，这句话与排列是同时呈现的。

我想与你们一同做这个练习，最好是由我在旁协助督导。所以，你们不需提出个人的问题，可以提出来访者的案例。然后，我会示范这种助人方式。我不单只是示范它，我们会一起学习如何融入这种助人的力量之中。

无论结果如何，它在各个方面都会对我们有所帮助。我们会拥有完全不一样的态度。显而易见，我们不能有任何意图。我们不能编造这些句子，它们是我们走在洞见的现象学途径上所获得的。

好了，大家都清楚我所说的吗？有谁愿意提供来访者？

案例：一位患有神经性痉挛的十二岁男孩

海灵格（对提供来访者的参与者）：这是一个怎样的来访者？

参与者：一位十二岁的孩子来找我和我太太，他患有精神性痉挛，他会不断眨眼，同时不自主地挥舞他的双手。

海灵格：有谁去了你们那里？

参与者：第一次是母亲带着这位十二岁的男孩跟他的弟弟一起过来的。

海灵格（思考片刻后，对团体）：他只提到这个男孩跟他的母亲。

（对参与者）：你遗漏了谁？

参与者：第二次的时候，父亲也一起过来了。

海灵格：很好。

参与者：第二次的时候，我们只跟父亲与母亲工作。

海灵格：好。

（对团体）现在让我们想象：当这个孩子做出这些脸部与手部的动作，如果我们忽略他是个孩子的部分，他在看哪里？他在看着谁？哪一个人是他的父母避免去看的人？他们看着自己的孩子，而不去看那个人。

参与者点头。

海灵格（对团体）：现在我们想象整个系统，包括每一个归属于系统的人，或许其中有人希望被看到，希望有人同情他爱他。

好，现在让我们闭上眼睛，并抱着这样一个态度，对系统内的每一个人都抱以同样的爱。然后我们等待，或许那一个决定性的字句就会出现。

海灵格进入沉思之中。

（过了一会儿）我有那个句子了，一个出乎意料、你无法编造的句子。

（对参与者）下次他们来看你时，他们三个人都在的时候，你让这个男孩对他的父母说："你们也把我忘了吧。"

参与者受到感动并点了头。

海灵格：然后你立刻让他们回家。你已经感觉到那股力量了。

（对团体）我们可以从他的脸上看出来。我们也感觉到那股力量。

（对参与者）而那个男孩现在已经好多了。

那位参与者点了点头。

海灵格：很好。

（过了一会儿，对团体）你们看，我们无法编造出这些句子。它们完全跟我们想象的不同。

案例：一位腹泻的四十岁男性

海灵格（对团体）：我们是不是继续进行这种超短的治疗？

一位女性举起了手。

海灵格（对这位女性）：我们给自己一点时间，这些是静心的过程。我们在这些过程中让自己冷静下来，我们都冷静下来。

（过了一会儿）现在我已经准备好处理下一个来访者了。

参与者：这是关于一位四十岁男性患有下痢的症状。就生理上，他们查不出任何原因。

海灵格：你知道他的家庭状况吗？

参与者：他的母亲在他十六岁时便过世。母亲在孩子的父亲离家后，便换上严重的忧郁症。父亲离开是因为他与女儿有发生激烈的冲突，而他打了她。

海灵格：这个"他"指的是这位男性，还是他的父亲？

参与者：是父亲。

海灵格：这个女儿是这位男性的姐妹吗？

参与者：是的。

海灵格：母亲是因为忧郁症而过世的吗？

参与者：她躺在床上想要死去，最后她死于血栓。

海灵格：这些人包括：这位男性、他的母亲、他的父亲，以及他的姐妹，共四人。这其中，谁最需要被注意？

参与者：父亲。

海灵格（对团体）：这对我们而言，很重要。他是被排除的那一个人。我们将自己向这个家庭敞开，对每一个人都给予同样的关注。然后，我们等待，不带任何恐惧，也没有任何意图。

（过了一会儿）我有一个句子了。

（对这名女性）让这位男性说出这个句子，至于对象，则尚未决定。当他来找你的时候，你跟他进行一段简短的治疗，也就是一个静心练习。然后你给他这个句子，之后他必须立刻站起来并离开。

你让他坐在你的身边，告诉他："闭上眼睛。现在看到你所有的家人站在你的面前：你的父亲、你的母亲、你的姐妹，还有你自己。他们站在一个距离之外。然后你去感觉，你跟谁的连结最深。你对这个人说一句话。这一句话我会告诉你。这之后，你站起来，不要说任何话，离开。

这个句子是："请留下来。"

这位女性点点头。

海灵格：可以吗？

参与者：好的。

案例：一位患有恐慌症并自残的十五岁男孩

海灵格（对参与者）：这是什么样的来访者？

参与者：这是关于一个家庭，父母分居，而十五岁的男孩伤害自己并有恐慌症。

海灵格：谁来找你？

参与者：他们三个人。

海灵格（对团体）：好，在这里只有三个人是重要的：父亲、母亲，及儿子。

（对参与者）儿子跟谁住？

参与者：轮流跟父母住。但多半是跟父亲。

海灵格（对团体）：现在我们想象这个情形。将我们的注意力放到他们三个人身上，然后我们感觉这个孩子以及他的爱。

（过了一会儿，对参与者）我有那个句子了，它非常隐秘。你在父母的面前说这句话。你告诉他们男孩的秘密句子是什么。然后你告诉他们："在我告诉你们这句话之后，你们必须不说任何话，立刻离开。"

你告诉那对父母，这男孩在心里说："宁愿是我。"

你觉得如何？

参与者在笑。

我们看得出来。很好，就这样。

参与者：谢谢你。

案例：一位只能吃流质食物的三十五岁女性

海灵格（对团体）：（经过一段短时间的沉思）有时，可能不会有任何句子出现。那可能有几个原因。

有可能是我们太急，于是我们失去了跟这股心灵力量之间的连结。当我们这样一个来访者接着一个来访者，可能就有这样的危险。它就变成是一种练习，于是变得危险。危险在于，它会没有效。

（对参与者）说说你的来访者吧。

参与者：她今年三十五岁。她从小就有这种病，无法吞咽固体食物。它会卡在她的喉咙中间。因此，她只能吃流质食物。

海灵格：所以，那是问题。是谁来找你的？

参与者：她自己来的。

海灵格（对团体）：现在我们要加入其他跟这个情形有关的人，不讲细节，我们想象这个家庭，包括她的兄弟姐妹们。

（对参与者）有任何一个兄弟姐妹早逝吗？

参与者：这位女性从未见过她的父亲。

海灵格：这是很重要的信息。

（过了一会儿）有一个非常奇怪的句子出现。

（对参与者）你可以让她想象对她的母亲说一句话。但她不用说出来，要在心里说。这句话是："我只留一半下来。"

参与者笑了并点点头。

海灵格：可以吗？

参与者：谢谢你。

海灵格（对团体）：你们可以看到灵性家庭排列最后会将我们带往何处。

案例：一位右半身瘫痪的三十七岁男人

参与者：来访者三十七岁，曾经有一年的时间全身毫无知觉，现在则是右半身瘫痪。他的故事是，在他一岁的时候，母亲上吊自杀了。

海灵格：我不想再知道更多了。

（对团体）我们来感知他的状况及家庭。

海灵格又进入了沉思之中。

（过了一会儿，对团体）这是另一个奇怪的句子。

（对参与者）当他来看你时，你让他闭上眼睛并想象：他是个小孩子，在他的面前是上吊的母亲。他看着母亲吊在他的面前，告诉她，"我也要。"

参与者面带凄凉地点点头。

海灵格：可以吗？

参与者：谢谢你。

内在移动

海灵格（对团体）：这些句子不仅仅是为了助人，它能够协助这个人与心灵深处的移动连结上。一旦这个人与内在的移动连结上，这股移动的力量便会引导着他。我们不知道它会将他引领至何处，我们也不想知道，一切完全交由这股移动的力量来决定。

当这样的句子出现后，我们就跟来访者没有任何关系了，我们立刻就自由了，这就是灵性家庭排列引领我们所做的。

也可能发生的状况是：当一位来访者坐在你身旁，你将自己对他敞开，没有说任何一句话，一个句子或一个字就浮现了。那是一种美妙的经验，你会感觉到被引领着。

此外，当我们在排列中不知如何继续时，洞见以及下一步、或是一句有人需要说出的句子，也会透过这种方式出现。

冥想：我们的句子

请闭上眼睛。我们将与我们的家庭在一起，包括所有属于我们家庭系统的人。我们站在真正属于我们的位置上，我们感觉跟其他人之间的连结，也感觉这个家庭的命运正等着我们，期待我们能够让现在与过去曾发生的一切，一起归于宁静安详。

我们仍站在自己的位置上，并对所有的人以及他们的命运敞开。我们等待片刻，直到我们能对每个人说出一句话，我们自己的一句话。我们不只是对他们说出这句话，这句话也对我们有所作用。因为这句话在我们身上出现，也与我们有关。因为与我们相关，而我们也能够同意它，于是我们便能感到轻松。这句话让我们所有的人在最深处连结着。

（过了一会儿。）

或许你们已经找到这样的一个句子。我给你们一个例子。看着家庭中的每一个人，某人说："我留在这里。"

简短督导案例

我将给你们更多这种与灵性相通的例子，这些是简短的督导过程，也是只有一个句子或提示出现的案例。

未来

海灵格（对助人者）：我们要处理的来访者是什么情况？

助人者：这是关于一位曾受外祖父虐待的年轻女性。

海灵格：问题是什么？

助人者：在事情发生后，这名女性告诉她的父亲。父亲不允许她告诉母亲，因为母亲在小的时候，也同样遭到她的父亲，也就是这个外祖父的虐待。

海灵格（对团体）：在此，我们需要对所有人保持善意。

（对助人者）：这名女性几岁？

助人者：二十多岁。

海灵格（对团体）：在这种状况下，我经常做的是，将他们所有的人都考虑在内。所以我们提到了：这名女性、外祖父、父亲、母亲。还有谁？谁没被提到？外祖母，外祖母没被提到。所以，我将自己对这一切敞开，对他们所有的人都给予一样的关注，并且不带任何评断。有时候便会出现一个句子或一个字，是对所有人都适当的，并且能够同样帮助到每一个人。

（对助人者）这个句子出现了，让我告诉你，这个句子是："这样的爱仍是伟大的。"

很长时间的静默。

海灵格（对团体）：让我们将我们的道德观暂且放在一旁，让我们看看这句话对这个家庭会造成什么影响，它对他们所有的人会有什么影响？他们能够获得自由并且拥有未来。

好。这就是一个简短治疗工作的例子。我刚刚这样的做法，是排列工作的超级浓缩版。

（对助人者）在你告诉这名女性这句话之后，治疗工作也就结束了，不需要再多说什么。当这句话能够独自发挥它的影响力时，它才会有力量。

但你必须接受这句话是如此："这样的爱仍是伟大、神圣的。"

彼此互相点头。

海灵格：这句话进到你的心灵里了。

他们相视而笑。

海灵格：可以吗？

助人者点头。

海灵格：就进行到这里。

失语的男孩

海灵格（对助人者）：具体情况是什么呢？

助人者：一位五岁的孩子正逐渐丧失他的说话能力。

海灵格：怎么看出来的？

助人者：他想说话时便开始结巴，然后变成一种很高昂的声音，然后慢慢消逝不见。

海灵格：好。我看着这个男孩，看着他的母亲与父亲，也看着一个秘密。这里有一个秘密，是关于一位已过世的人。你感觉得到吗？

助人者：我最近见过他的父亲。他十分惶恐，因为他也在小时候便丧失说话的能力了。他当时在寄宿学校念一年级，而从此都没有恢复说话能力。

海灵格：所以，这跟很久以前的某事有关。在这个家庭中有一位加害者，他害怕这个秘密会曝光。现在，我将自己对这个状况敞开。

过了一会儿。

海灵格：我有一个简单的句子。

（对助人者）你只跟他一个人工作吗？

助人者：是的。

海灵格：他几岁？

助人者：五岁半。

海灵格：想象他坐在你的身旁。你将手搭在他的肩膀上。我猜想，你本来就会这样做。然后，你跟他一起看着前方，你让他说："爸爸，我们两个。"

（对助人者）你已经懂了。我可以看得到那个好的影响。

这是为男孩所做的。接着你跟他的父亲工作，看看是否能够引导他到那个秘密。这一定是个谋杀，但可能是发生在很久以前，或者是跟战争有关系。我可以在这里停下来了吗？

助人者点头。

练习：跟随灵性

接下来，我与各位一同做一个练习，想象你遇到一个有问题的状况，你想要或必须要帮忙解决它。这样的问题，永远是跟"关系"有关，没有其他种类的问题。那么，关系何时会出现问题？当有人被排除、拒绝或遗忘的时候。

在来访者叙述问题时，这个叙述，总是与谁是坏人有关，他邀请助人者一同对这个坏人感到生气。百分之八十的助人者都会落入这样的圈套中。当然，也就无法再对来访者提供协助。

现在闭上眼睛，想象你遇到这样的情形，眼前有个问题需要解决，甚至可能是你自己的问题要解决。你看着所有相关的人。然后你特别要注意：谁被排除了或谁没有被提到。你将他们也放进你的心里，而他们通常是所谓的坏人。

你看着每一个人，对每一个人都给予同样的关注、同样的尊重，没有任何区别。你将自己交给心灵深处的那股对所有人都一视同仁的力量，那股具有创造性的灵性力量。

你将自己融入这股力量之中，而非关系之中。你身处家庭系统之外，带着同样的善意，面对系统中的每一个人。然后你等待，就只是等待。或许，过了一会儿，一个句子或一个字便会突然出现，为所有的人带来公平正义，并帮助了全体。我们无需做任何思考，它便会突然从心灵深处浮现。

这个字总是新鲜的，并非重复。它对你而言，也会有立即的解放效果。

你们也看到，一旦我找到这个句子并说出它，人们脸上的表情立刻便起了变化。你们有注意到吗？这个句子的适当性，透过当下所获得的效果，明显地被呈现了出来。

第五章

迈向和谐
Helping in Resonance with the Whole

本章阐述如何以我的洞见为原则来实践助人。这些洞见包括：良知、命运的束缚、心灵深处"道"的移动。在本章，我将描述自己的助人经验，也将针对不同情况下的助人方法给予建议。本章是"海灵格科学"在助人工作中的运用。

阅读本章的目的，不是要牢记细节依样画葫芦，想要这样做反而很难。因为透过细节你无法完整理解经验的强度。我建议大家将本章当做引人入胜的故事集来读，不必担心细节。以此方式，你就能走入这些经验里，逐渐地变成它的一部分。日后置身于相似的情况时，就会突然从心底深处了解关键何在，然后跟随自己的领悟融入眼前的状况。

这些故事是从我各种研讨会中汲取的助人省思，它们相当贴近真实生活，浮现于真实生活，是我从真实事件里直接学习来的。其中虽有某些重复的成分，不过每个心灵场域总是新颖、相异，每个故事皆与存在融合而开展，我们身在其中都能感受到此特殊心灵场域的共鸣。

以助人为业

施与受的助人

助人是一种人类特质。我们喜爱帮助他人，也喜爱接受他人的帮助。当我们帮助他人时，就更容易接受他人的施予。若我们单单接受，却不予以回报，就难以留住他人的施予；若我们接受施予后加以回报，就能更愉快、更无负担地持有他人的施予。

这是人类的普遍特性。

专业助人

专业助人则是完全不同的领域。如果我们尝试将一般人类互动中的助人方式运用在助人职业生涯里，事情就会变得很危险。为什么会这样呢？

所谓的专业助人，如家庭系统排列、心理治疗或是医疗领域的治疗，处理的是生死攸关的问题。其目的在于：来访者经由和自身的命运相会，进而在自身的召唤下进化、成长。

我们何时能助人

生死掌握在谁的手中？在助人者手中吗？若有人表现出一副能掌控他人命运的样子，那么他们就是在宣称自己拥有神的地位，或主张自己拥有神的大能。因此，在生死攸关的问题上，最好还是承认我们的极限。

我们到底能不能助人？能，但唯有我们与决定人类生死的伟大力量调和一致，才能助人。那个伟大的力量是什么呢？

其中一个力量是命运。我们大家都承担着来自家庭和背景的命运，每个人都是父母和许多祖先的子女。庞大家庭里曾经发生过的许多往事，皆影响着我们的生命，它成为我们的命运。举例来说，家庭中若有人犯下罪行，它就会成为后代子孙的命运；或者，家庭中某人被排除或遗忘，这些事件至今仍具影响力，仍是我们命运的一部分。因此，当我们帮助他人时，必须尊重他们的命运，必须与他们的命运和导致命运的事件有所连结。

带着尊重助人

带着尊重助人，实际上要怎么做呢？首先，助人时，我们必须在心中尊重、爱来访者的父母。不论其父母是怎样的人，也不管来访者如何谈论自己的父母。若来访者抱怨他的父亲或母亲，也就表示他在抱怨自己的命运。他们控诉上帝，或控诉这个字眼所隐含的意义。

来访者若从这种角度谈论自己的双亲,而我的心灵又接受了这种说法,我就变得和他们一样,认为自己凌驾于命运和神之上,我将自己当做是命运和神的创造者,这样如何能提供协助?

此种行事作风会对我的心灵带来什么影响,还有我的身体和健康?采用这种自傲态度的人,难道不会身陷于重大的危险之中,同时也让来访者遭受同等危险?

安全地助人

当我们观察许多助人工作者的态度、做法和他们的盲目,当我们真正仔细观看,并允许它碰触我们的心灵,就会发觉:为了让助人方式安全无虞,我们必须进行自我的深层转化。先是自己,之后才能扩及他人。

再次回到我们的主题:我们如何安全地助人?不管人们怎么谈论自己的父母,身为一个助人工作者,我总是带着深深的尊敬和爱看着他们的父母。接着,我看向他们的祖先,和发生于家庭中的命运事件。我向这一切鞠躬,与命运、背景、伟大整体融合一致。当我同意于这一切,这个心灵场域里可能会出现一个暗示,告诉我是否该有所动作、该做些什么;或者是告诉我必须非常小心,什么都不要做;或者是告诉我,我可以,甚至是有义务要告知他们我所感知到的。

有时我从整理融合里接收到的讯息非常残酷,却与命运和谐一致;有时我被告知不要插手,并让此人了解这个状况,这样做有时看起来相当残酷,却与另一个人的命运和谐一致,并获得其心灵的同意。

帮助他人成长

助人与更深层的成长有关,也就是与"内在成长"有关。如何支持成长呢?

首先,有些成长需要滋养;第二,成长需要去对抗阻碍成长的力量。人们常喜欢避开冲突而以滋养的方式助人，因此成长的第二种要素应被正视。在这里，所谓的"支持"意思是我们帮助他人了解、接受以下事实：命运期待他们面对冲突，期待他们运用技巧、甚至熟练地处理这些令人抗拒、厌恶的事情。

助人的秩序

现在我们要谈论的助人秩序是与助人工作相关的，而非人际间日常的情况，这两者是不同的。助人工作是一种艺术，而艺术就意味着要有能力去做此事，你必须真的有能力去做它。这其中最重要的能力就是：了解如何不被扯进导致纠葛的关系中。

助人，到底是什么意思？

助人是一种艺术，跟其他的艺术一样，需要学习、练习某些技巧，其中一个技巧便是同理那位前来求助之人。此处的"同理"指的是，洞悉对此人而言什么是恰当的，同时也让他对自己和自身的命运有更开阔的理解。

依循"平衡"和"流动"的方式

身为人类，我们各方面都需要依赖他人的帮助，唯有如此才能发展自身的潜能。同样，我们也有帮助他人的需求。若没人需要我们，若我们无法帮助他人，生命会就变得寂寥并枯萎。因此助人不只是服务他人，也是服务自己。

助人通常是双向的，如同合伙关系，它透过维持平衡加以调节。当我们的需要被满足，我们也会想要回报，以回归施与受之间的平衡。

有时，回报只能达成部分平衡，例如回报父母。父母所给予的远远超过我们所能回报的。因此，对于这种巨大程度的给予，我们所能回报的就是看到他们所给予的一切，并衷心献上感谢。此处若想要真正给予回报以回归平衡，并享受其美好感受，就只能透过将所接收到的传递下去而达成，例如，将接收到的传递给子女或他人。

施与受发生于两个层次。第一种层次发生在平等关系之中，双方高度相同，双向付出。另一种层次发生在父母与子女之间，或说是发生在一人拥有较优渥的资源，而另一人则有较多需求的情况下。这种层次相当不同，在这种层次里，施与受就像河水向下流，曾经接收到的如今被传递出去。这种施与受更伟大，因为它同时着眼于未来。这种给予的方式使得"给予之河"增长壮大，给予者也被带入一条持续扩增的流动之中。

如果希望这种助人形式成功且延续久远，我们就需要先接收他人的帮助。唯有如此，我们才能产生帮助他人的需求和力量，尤其当接收到的帮助是如此迫切地满足我们的需求时。另一个成功助人的条件就是：我们能够且愿意给出他人真正所需要的。否则助人将是徒劳无功，因为我们无法进入流动之中，它将带来分离，而非汇合。

给予我们所拥有的，取得我们所需要的

助人的第一个秩序为：助人者给出他已经获得的，接受者只期待及接受他所需要的。

在这里会出现的助人失序始于：想要给出你仍未获得的，以及想要取得你不需要的；或是你冀希他人给出他从未获得过而无法给出的东西。除此之外，想要给某人某些东西，也可能会剥夺他们自我负责的机会。然而这些责任是他们负担得起的，或是一定得要独自负担的，他们有能力、可以担负起这些责任。因此，我们要注意施与受的界限。察觉这些界限并尊敬它们，是给予的艺术之一。

这样的助人是谦卑的，它通常在来访者期盼的眼神之下，甚至是受苦的样貌面前，放弃干预。家庭系统排列中，我们可以看到，助人者必须对自己有所要求，同时也对前来求助之人有所要求。这样谦虚、自制的品质和当今主流的助人之道有矛盾，因此尊重这些助人秩序的助人者，通常会遭受尖锐的斥责和攻击。

在可行范围中进行

一方面，助人是为了存活者而服务；另一方面，助人是为了进化与成长而服务。而存活、进化与成长则视特殊的境遇而定，这些境遇不仅是外在的，也同时是内在的。许多外在的境遇固定且无法改变，比如遗传疾病、某些事件的后果、内疚或为他人感到内疚。助人者若忽略甚至否认这些外在境遇的存在，则注定失败。而这些对内在天性的境遇而言，更是重要。这些内在天性的境遇包含：特殊的个人使命、与其他家人之间的命运纠葛、因思维被良知控制而导致的盲目的爱。这里所要表达的意思，可以参照我另一本书《爱的序位》（世界图书出版公司北京公司出版），其中"信念促成疾病，醒悟便得康复"的章节里有详尽的阐述。

许多助人者可能会认为来访者的命运难以承受，因此想要改变它。而来访者不一定想要或需要改变自身的命运，难以承受此种命运的是助人者。如果来访者愿意接受助人者的协助，这不是因为来访者需要帮助，而是因为来访者想要帮助那位助人者。于是，助人者变成接受者，而来访者变成给予者。

因此，助人的第二个秩序为：助人者尊敬来访者的境遇，只在可行范围内进行工作。这种治疗受到限制且严谨，拥有强大的力量。

在这里会出现的助人失序为：忽略、掩盖境遇的存在，不与来访者一起看向这些境遇。想要违逆境遇而助人，不仅会削弱助人者，也会削弱来访者，甚至也会削弱那些被强迫接受协助之人。

助人原型：父母与子女

第一种助人发生在父母和子女之间，此种助人形态最早发生于母亲和孩子之间。父母给予，子女接受。父母是大的、优越的、丰盛的；孩子是小的、缺乏的、贫穷的。但因为父母和子女之间有深刻的爱紧紧相连，施与受对他们来说几乎是没有上限。孩子期望从父母身上取得所有的东西，父母也准备好要给予孩子他们的一切。因此，父母和子女之间的关系里，子女的期望和父母的供给必须要有次序。

不过，其中的次序只存于子女年幼之时。孩子长大一点之后，父母要为孩子设下界限，让孩子在一定的范围内经验挫折，促使他们成熟。父母这样做是因为对子女的爱减少了吗？不为孩子设下界限的父母，更称职吗？还是说这样的父母对小孩有期望，希望他们能顺利步入成年生活，所以说比较称职呢？许多孩子对于父母设下界限感到相当不悦，因为他们更想要留在原本完全依赖的状态中。但如果父母让子女的期望落空，就能帮助子女从依赖中成长，然后一步一步迈向自立。唯有如此，小孩才能成长走入成人的世界，最终在成人世界中找到属于自己的位置，从一个接受者，转变为一个给予者。

平等的帮助

许多助人者，如心理治疗师、社会工作者，认为自己应该像父母帮助幼子一般来协助来访者。许多来访者，也期望助人者能如父母般照料自己。来访者对自己的父母仍有期望和要求，他们希望助人者能满足这些期望和要求。

若助人者满足这些期望，会发生什么事？他们会被卷入一个长期关系中，这将导致什么后果呢？最终，助人者将和父母一样，因为采取此种助人方式而将自己置身于相同处境。一段时间之后，助人者就必须设下界限，让来访者受挫。否则，来访者很可能就对助人者发展出类似面对父母时的情感。如此一来，那些和父母置身于相同处境，甚至想要做得比父母更好的助人者，就变得像是来访者的父母一般。

许多助人者身陷父母和子女之间的移情与反向移情作用中，这个陷阱使来访者更加难以摆脱父母和助人者。

另外，父母和子女之间的移情作用，同时也阻碍了助人者的个人成长和智慧成熟。

若有个老妻嫁给少夫，多数人的印象就是：少夫在寻找妈妈的替代品。那老妻又在寻找什么呢？她在找人顶替爸爸的位置。状况相反时也是如此。若有个少妻嫁给老夫时，多数人的印象就是：少妻在找爸爸。那老夫呢？他在找妈妈的替代品。所以，虽然听起来很怪异，不过已经处于优势地位却不停往外寻找、想要留住此优势地位的人，就是在拒绝成人间的平等相处关系。

不过某些情况之下，助人者于短时间内代表父母是恰当的。比如说，来访者早年时期和父母的连结中断：朝向父母的连结若被中断，就需要再次完成它。或许是年幼的小孩必须长时间待在医院里，虽然小孩迫切地需要父母，非常思念他们，却无法和父母在一起。一段时间之后，那份渴望转为悲伤、绝望与愤怒。之后小孩便会疏离父母，稍久以后也会与人们疏离，虽然他心中仍保有那份对连结的渴望。朝向父母的连结若于早年时期被中断，将带来深远的影响，如果能重回原始移动中完成联系，就能帮助个体克服这些影响。此种治疗过程里，助人者代表来访者早年时期的母亲或父亲，借此来访者就能回到连结中断的孩童时期，完成当初被中断的移动。和亲子移情作用的情况相比，此处助人者会代表的是来访者真正的父母，而非顶替父母的位置试着做得比母亲或父亲更好。这种情况下，来访者无须离开助人者，助人者会带领来访者重回真正的父母身旁，来访者和助人者之间保持毫无瓜葛的关系。

若助人者能和真正的父母保持融合一致，就能从一开始就避免亲子移情作用的发生。他们在心中尊重来访者的父母，和这些父母、命运保持和谐一致，来访者就能从助人者身上遇见父母，再也无法避开父母。

为孩童工作时道理相同。若助人者仅是代表父母，来访者与助人者共处时就能自在轻松。助人者没有取代父母的位置。

因此，助人的第三个秩序为：助人者以成年人的身分，与同为成年人的来访者相会。如此一来，他们就能拒绝任何扮演父母的引诱。不难想象许多人会批评这样的做法相当冷酷无情。但奇怪的是，这种"严厉"的做法虽被批为妄自尊大，但进一步观察却发现，那些在亲子移情中的助人者却更加的僭越自己的身分。此处会发生的助人失序是：助人者允许来访者以子女期望父母般地期望他们；以及来访者允许助人者把自己当做小孩一般来对待。这样一来有许多责任和后果，来访者不仅有能力，更必须要一肩扛起，可是助人者却试着帮来访者解决这些问题。

家庭系统排列和心灵移动对第三个秩序抱有深刻的尊重。因为对此秩序带着尊重，所以和时下主流的心理治疗大相径庭。

将来访者的家庭纳入考虑

许多古典心理治疗的传统里，助人者常把来访者当做一个独立个体对待。这种方式也有陷入亲子移情作用的危险。

个体是家庭的一部分，唯有我们将个体视为家庭的一部分时，才能察觉来访者的需要，了解他们亏欠了谁。当助人者同时看向来访者的父母、祖先，甚至是伴侣、小孩，他就能深深地理解来访者的状况。接下来，助人者就能了解家庭中谁最需要尊重和帮助。助人者对家庭内的重要主题带着深刻的领会，知道来访者必须转向谁。因此，助人的第四个秩序要求助人者看向整个系统，而非单看来访者本身。助人者不和来访者发展私人关系。

此处会发生的助人失序是：助人者对手握解答的家庭成员忽视或不敬，这其中包括那些因为羞愧、罪恶感或难以忍受的悲痛而被排除在外的人。

在这里，同样，对整个系统同理的方式可能会被误以为是无情，尤其是那些对助人者抱持着幼稚期望的人更是会这样觉得。但是那些以成人身分前来寻求解答之人，或是带着开放心态前来之人，都会觉得家庭系统排列释放了他们心中力量的源泉。

一旦我们将来访者的父母纳入并看向他们的命运，就能以非常不同的方式助人。我们从只关注来访者的狭窄视野转移，看向更伟大的存在。首先对来访者的父母表示尊重，将他们放在心上，然后朝他们深深鞠一躬。

当来访者抱怨自己的命运和父母时，我们能为他做些什么呢？什么也不能做。来访者抱怨自己的父母时就已经失去父母了。在这种情况之下，我们虽然无法也不可以帮助他们，但还是可以做些什么。

试想，当某人开始抱怨自己的父亲或母亲，我们可以打断他，然后这样说："当我看着你时，我就看到你父母有多伟大。"如此一来，他除了停止抱怨还能做什么呢？

不带批判的协助

家庭系统排列将曾经分裂的再次结合。所以说，家庭系统排列是为和解而服务，大多数是和父母和解，而明辨善恶的想法阻碍了和解。许多助人者认为他们应该要分辨是非善恶，因为他们自己深受此种良知的影响，也深受局限于良知之内的大众舆论所影响。当来访者抱怨自己的父母，或抱怨生活和命运的处境，而助人者直接采纳来访者的观点时，这位助人者就是为冲突与分裂而服务，而非为和解而服务。助人时若要为和解服务，我们就必须在心中为来访者所抱怨的人留个位置。如此一来助人者就可以在心灵之中做好准备，为来访者仍需经历的改变留下空间。

因此，助人的第五个秩序是：不管他人和我之间是多么的不同，我对每个人皆怀有同等的爱。如此一来，助人者对他人敞开心房，将他人纳入变成自己的一部分。我们和来访者在彼此心中发现爱，就能让来访者的系统也发现爱。

这个层面的助人失序为：评估、批判他人，甚至为了不符合自身道德标准之事而感到愤慨。而真正的助人是不带批判的。

超越善恶的协助

另外还有一些重要的事情需要谨记在心：一旦我们有立场就不能助人。比如说，某人反对自己的父母、老板，或是抱怨社会腐败，我们一旦同意他的立场，就等于丧失了帮助此人的能力。

有些状况里，我们凭直觉就会选边站，例如面对乱伦、性暴力、强奸、虐待小孩、虐待伴侣，我们直觉地和受害者站在同一阵线，反对加害人。然而这样做，我们就失去了自己的立场。唯有我们对事件中每个人的特殊命运和纠葛给予平等的尊重，唯有在面对他们时不带同情怜悯，而是带着更伟大的爱，按照事情原本的样子接受它，才能给予帮助。然后，心灵深处就能展开移动，化干戈为玉帛。

所以，这是另一个重要的观点：我们视区分善恶为真实助人的主要障碍。当我们放弃这种区分，就是为和解、和平、内在深处的自性而服务。这才是真正的助人。

不带遗憾的协助

当来访者抱怨幼年经验时，她真正在做的是什么？她希望能改变过去既已发生的事实。如果助人者也为她的过去感到惋惜遗憾的话，那么他也在希望过去能有所不同。这种情况下，两人都脱离了现实。事实上，当我们承认过去发生的一切，并以原本的样子同意它，那么发生过的事情就会变成我们力量的源泉；而当我们抱怨过去发生的一切，就等于丧失了力量，白白浪费往事所要带给我们的成长。

所以，身为一个助人者，我如实接受来访者过去和现在的处境，不带任何遗憾。这就是助人的第六个秩序。透过接受，我获得力量；透过我的接受，来访者也同样获得力量能够接受事情如是的样子。

这个层面的助人失序为：希望事情与其如是的样子不同。我们如何分辨助人者是否已身陷失序了呢？当助人者想要安慰来访者时，失序就发生了。因为安慰就表示助人者和来访者一起对事情如是的样子感到遗憾。

与重大考验和谐一致的协助

我们对曾经历过悲惨事件的人深感同情，这些事件同样撼动着我们。但是，当我们在心中接受事情如是的样子，同意这个发生，就能感受到力量从内在油然而生，对方也能透过同意这个发生而获得力量。

许多助人者无法接受他人的真相，他们拒绝接受挑战，拒绝面对真相，反而试着安慰对方，他们无法处理对方的真相，所以就选择掩盖。比如说真相是即将步入死亡或者是无可奈何的命运，一旦我们同意对方的真相，心情就会保持沉着平静。我们平静地接受命运如是的样子，对方就会获得力量得以面对真相。

以这种方式助人，就是和生命的宏伟圆满保持和谐一致，将生命的挑战、严峻全部都纳入心中。当我们以事情如是的样子接受我们自己的、对方的、所有人的真相，那么对方就能因我们而成长。

一种特别的感知

我们需要一种特别的感知才能根据上述的秩序助人。以上所提到的助人秩序不该以恪守教条的方式运用，若以恪守教条的方式进行就表示我们是在思考而非感知，所依靠的是过去的经验。在这里，我们必须在现实状况前敞开自己、融入整体，让现实状况也对我们敞开。因此这个感知是聚焦的，同时也是受到限制的。

我运用这种感知聚焦于某人身上,心中没有特别想要什么事情发生,唯一可能会发生的事情就是我会从本质上了解他的内在,知道适合他的下一步在哪儿。

这种感知从"归于内在中心"而来。我放下思虑、企图、区分和恐惧,对存在敞开,让它带领我走向内在,直接进入状况。那些在排列里懂得将自己交托给心灵移动的人,就了解我说的意思。心灵的移动以充满惊奇的方式带领、指引着我们:我们感知到的东西脱离了惯常想法的窠臼,看见崭新的精确移动、内在画面、内在听觉,以及全新的感受。这些移动同时从外在和内在指引着我们,也就是说感知与行动是合一的。所谓的感知并非只是具有感受性、描写性,更是具有生产能力,当我们与之融合一致就会产生行动,并得到更深刻的成长。

带着这份感知所给予的协助通常相当地简短,它紧抓住核心关键,显示出下一步要做什么,然后它会迅速撤退,以释放每个人重回自由的状态。这就是在相会中助人:人们相会,分享感知到的暗示,然后分开继续各自的旅程。运用感知能辨别出哪种助人适当而明智,哪种助人却不利而有害。当它削弱而非增强人的力量,当它只减轻自身的苦恼而不能排解他人的烦忧,就是不利而有害的;明智的助人是谦虚而谨慎的。

观察、感知、洞见、直觉、共振共鸣

我在这里将针对各种认知模式给予简短的描述说明,这样做不仅方便我们有效吸收,进行助人时还可从中选取适当的模式。

"观察"是敏锐、精确、指向细节的,它的准确性同时也是它的限制性。透过观察,我们无法看见整体与更大的景象,因为它是如此的精确,同时也是狭窄、抓取、具侵略性的;某种程度上它算是无情而具有攻击性,它是精密科学和现代科技不可或缺的要素。

"感知"必须是保持距离地看,它允许多种事物同时进行,然后获得一个笼统的印象;它看见事情的来龙去脉和所属位置,对细节则不那么精确。

以上谈的只是感知的某个面向，它的另一个面向则是对观察和感知到的事物有融会贯通的理解，它能看出某事或看出某个观察程序或感知程序的重要性。可以说它超越了观察和感知到的结果，了解了其中的深意。所以，外在的观察和内在的感知，透过洞见便能结合。

"洞见"立基于观察和感知，没有观察和感知就没有洞见。反之亦然，没有洞见，观察和感知就无法结合。观察、感知、洞见三者形成一个整体。唯有当它们同时运作时，我们才可能感知到如何采取有意义的行动；最重要的是，我们才能以有意义的方式助人。

"直觉"。采取行动的过程中，通常会出现第四种认知模式：直觉。直觉和洞见有关，两者有些相似，却不完全相同。直觉是突然的洞见，了解怎么做才好，或是了解下一步要怎么做才恰当。

洞见通常是笼统的，可以融会贯通了解整体中各项要素彼此的连结关系和来龙去脉；直觉则是精确的，它突然明白下一步要怎么走。直觉、洞见之间的关系和观察、感知之间的关系非常类似。

"共振共鸣"就是完整地和内在感知融合一致。融合和直觉相同，同样能导致行动。融合就是与对方的感受合一，进而产生共振，了解对方。为了确切地理解对方，我也必须和他的背景、他的父母、他的命运、他的可能性、限制性、他的行为所产生的后果、他的罪恶感，最后还有他的死亡，皆要产生共鸣。

于是，采用共鸣的方式我就能和我自己的意图、评断、我的超我以及超我的想望，一一道别。这表示我和自己也产生了共鸣，而这个共鸣和我与他人所产生的完全相同。于是他人就不会身陷于失去自我或对我感到害怕的危险，进而能够与我产生共鸣。同样，我也能在他们保持位于中心的状况下，与他们产生共鸣。采用共鸣的方式并非将自己交付出去，而是保持距离，如此一来我便能以助人者的身分，确实地感知到能为他们做些什么。所以说，共鸣是暂时的，只在助人时才如此。在此之后，双方再次回到原本的状态里。所以，共鸣式的助人方式不会有移情作用、反移情作用，或是所谓的"治疗性关系"，或是帮别人负担责任的情况发生，每个人彼此之间都保持独立自主。

与心灵共鸣的协助

许多助人者认为他们必须将事情导回正轨，就像修理某个坏掉的东西一样，比如修理坏掉的时钟，或是车子坏掉送进修车厂，经过整修后东西又能恢复正常运作。父母也用同样的心态带小孩去找治疗师，希望能把小孩"修理"好，让他恢复正常运作。或者是他们自己去找治疗师，然后说："我来了，把我修理好！我不知道我哪里出错了，但是你要负责找出来。为我做仔细的检查，然后你就会知道我的问题出在哪儿。接着，问题就交给你处理，然后我就会康复了！"这种态度在来访者和治疗师之间相当常见，就好像这种干涉是行得通似的。

当我们遇到某个有问题的人时，可以采取另一种完全不同的做法：揭露之前曾被隐藏的真相。突然间，他会对自己的状况有不同于以往的看法。在此，助人者并不助人，只是揭露某些真相。

运用这个方法时，真正进行工作的并非是助人者，而是那不同于以往的画面。这个画面会持续在心灵层面发酵，促使对方成长。发酵的过程可能会持续很长一段时间，可能是一年、两年，甚至更久，突然间某些事情就改变了。同样，这也不是因为助人者做了什么，而是某个画面被揭露，之前被隐藏的真相透过那个画面持续发生作用。因此终究而言，我们每个人的生命都是听从心灵的引导前行。

在这里助人者所用的助人方式，只是启动某个程序，让对方的心灵接受到全新的信息。而这全新的信息并非从外在而来，而是发自于内在。家庭系统排列早期的形式就是让来访者自行排列出内在的画面，而不是让助人者代劳。来访者亲自看见自己的心象，所以能与自己的内在保持连结。

现在的助人者超越传统家庭系统排列，跟随着心灵移动与道的带领而工作，或许只排列出来访者本身和一位代表者，内在的移动就会自行发生。在此不需要得知关于来访者的任何信息，内在的移动自然就会揭露某些曾被隐藏的真相。

在这里所进行的工作是"给予一个空间"，内在的画面具有空间性，不受限于时间，当它被允许依其呈现的画面自由展现时，它就能发生作用。

在许多治疗方法里，治疗师会去找出来访者过去所发生的事情，一段时间之后，找出了这些往事然后就给予治疗，疗程大约持续一个月或一年或是更久。这样一来我们就在某个时间框架内工作，不管时间是长是短，都要有起始、过程和结束，然而这样做呆板而停滞。

通常我不会通过发问来找寻问题原因。我和自行显露的真相在一起，它们就像空间里的一幅画面，自行开展，也用不着改变，顶多我会多加一些人进入排列的画面。

当我们试着解释这幅画面时，就会丧失力量。因此非常重要的一点就是：不要去谈论它。

当工作完成后，我从心灵深处送走这些来访者。在我的内心里，我将来访者交给他们的父母或祖先，或是过去曾被排斥的某个重要家庭成员。而来访者同样会转身离我而去，我们彼此之间自由独立，他们不用担心我会怎么看待他们。如此一来，他们就能将力量保留在自己的心灵中。我对每个人的心灵以及掌管一切的伟大整体，怀有最崇高的尊敬，我个人保持不涉入。

在排列里出现某种超越语言所能形容的奇迹，某些核心本质浮现，带着自身的力量和温暖散发出光芒。对此，我们不该插手干预。任何对家庭系统排列的效果所抱持的问题、诠释或是猜测，都会把这伟大的礼物给摧毁。

当我为某人工作时，我试图和对方的心灵融合一致。我并不仔细聆听来访者说的话，有时我甚至连问都不问，不过我等待来访者浮现某些东西，在我心中造成共鸣，然后我让它在我心里运作，突然间就发现核心就在那里，然后我就从核心开始下手。这样一来，就能运用最少的治疗介入手法来进行。

治疗态度

心灵并不是一个可供个人支配的东西,反而是每个人皆参与了某个伟大的心灵,任其引领着我们。这个伟大的心灵是全知的,只在当我们愿意放弃自己所知道的,才能碰触到这伟大的心灵。每当我们不再抱持好奇心,而是对眼前发生的一切保持敞开,突然间就会进入这个全知。

进行家庭系统排列时,代表者和指导排列的助人者突然间就会进入这个全知。助人者必须将过往习得的知识全部放下,不去依赖先前的经验或理论,他该做的是全然投入心灵的移动当中。因此,这种工作方法无法透过理论学习。如果把它当做理论来学习,就与心灵断了连结,某些步骤可学,但本质则不行。

只要对真相敞开,我们就能感知到本质,就好像对着感人的音乐或是美丽的景色敞开自己一样:敞开让它深深地进入,一段时间之后,虽然不晓得实际上发生了什么事情,但我们确实改变了。跟随着心灵和道的带领与之融合一致,我们就改变了。

每当我探讨这种事情到底是怎么发生时,我就失去了与道的连结,好奇心切断了连结。

每当我接触他人的心灵时,提出的问题就必须保持精简。我经由共鸣和他们的心灵取得联系,然后立即感知出重要的核心为何。如果助人者花上半小时的时间询问来访者家庭的往事,那么他们与心灵的移动几乎是断了连结。

询问来访者的问题

助人者只需要知道"事实",而不需要知道相关的行为反应。通常会询问来访者的关键问题如下:

(1)困境为何?例如,是否有人生病或自杀?

(2)家庭中发生了什么特殊事件?这种特殊事件是发生于外在的事件,例如父母或兄弟姐妹于来访者早年时过世，或是父母其中一人之前有过另一段深刻的情感关系，或是家庭中有人犯罪，有人被排斥，小孩被送走，或某位成员残障。通常，助人者只需要知道这些事情，剩下的则会呈现在排列当中，某些曾被隐藏的事件，将经由排列重见天日。

通常家庭中有某些事情被禁止知道，它是家庭的禁忌，因此来访者也无法深入探究，唯有家庭允许时才能探究。可是如果来访者认为探究此禁忌能帮助家庭，对涉入的每个家庭成员带着全然的尊重，说不定就能得知秘密为何。

爱的源头

几乎所有的重大问题皆因于和母亲分离，尤其当孩子不曾或无法接受母亲的付出时。协助此人的方式就是帮助他重新与母亲连结，不过连结的过程中会有许多阻碍，例如，牵连纠葛。

我们如何分辨出某人和母亲有深刻的连结了呢？如果这个人深受他人所爱，那就是了。而和母亲断了连结的人看起来又是如何？他给的爱很少，也被爱的很少。所以我们问，爱从哪里开始呢？答案是，从我们母亲开始。

爱与力量

伟大的爱蕴含力量，坚定而严酷；廉价的爱则相当软弱，它无法承受伤痛。我们从排列工作中便可以看出端倪：当排列里有人深受感动，触动参与者们，有人开始哭泣，然后某些无法承受这个伤痛之人，会走到哭泣的人身旁给予安慰。而事实上并非是哭泣的人需要安慰，而是给予安慰的人自己需要安慰。这种爱相当软弱，干涉他人的心灵，不在乎对别人的心灵而言什么才是最恰当的作法。我们必须要学习如何以不干涉他人的方式，承受他人的伤痛。

圣经中有个美丽的故事可以说明这点。上帝给乔布的考验相当严酷，他的孩子们通通去世了，深受创伤的他坐在粪堆上，然后他的朋友们前来安慰他。他们怎么做呢？他们坐在离乔布一段距离之处，整整七日，一言不发。这是强而有力的爱。

进行开刀手术的外科医生如果突然落泪了，可以说他是心地柔软，但泪水盈眶遮住了他的视线，令他无法继续进行手术。如果我们想要给予巨大的苦难一些协助的话，就必须将之向上提升到较高的层次。在较高的层次里，我们没有情绪却有满满的爱。外科医生无法透过情绪化帮人，只能借由全然的爱达成使命，带着爱才能进入工作。一个真心想要帮助他人的助人者，必须能承受他人的苦痛，保持不陷于其中。助人者不带干预地承受他人的苦痛，就会变成力量的源泉。

遭逢巨变之人通常也有办法自行承受这些苦痛，只不过必须经由单独而达成。一旦别人想要替他承担，他就变得软弱。从我们自己身上可以理解这个道理，而我本身也有过同样的经验。当我从他人身上看到某些事情，虽然很想告诉他，但我却决定禁声不说。要将想说的隐忍下来，需要花点力气才能办到，然而这个隐忍的力量却会转变成为对方的力量。突然间，我想说的话对方也能从心底感受到了。因为这些话是从他心底浮现，自然地就成为他内在的智慧，因而可以全然地接受它。

若我忍不住把话说了出来，说的当时感到十分宽慰，可是这样一来我就带走了对方的力量。就算我说的都是对的，对方也无法接收到，因为这些话从外在而来。所以说，这种的自我克制是尊重的基础，同时也是爱的基础。

助人者之爱

从某方面来说，爱是容易的，因为它是深刻连结所产生的品质，就像孩子连结了父母、父母连结了孩子、伴侣关系中男人和女人相互连结。爱在这些连结关系里来回流动。与他人产生连结所发生的爱，能满足我们最深层的需要。因此就各种层面来说，它都相当重要。

但是常有助人者和来访者之间发展出某种连结关系，这种关系类似于父母对小孩的连结或小孩对父母的连结，有时甚至像恋爱中情侣之间的连结。

这种助人无法真正有效，它只是一个替代品。助人者和来访者之间发展出的爱，代替了双方于他处应该确实发展的爱。于是，这种关系阻碍了真实关系的发展，尤其是阻碍了亲子关系，有时候也妨碍了伴侣间的连结，因为助人者替代了伴侣的位置。结果，治疗性关系变成一种三角关系，危害到真实关系。

远离这种动力并拒绝进入这种关系不仅是艺术，更是特别的成就。助人者若能这样做，就能避免发展出以亲密连结为基调的爱，而能够以全然不同的方式去爱。助人者是为来访者与他人之间的连结而服务，自己却不陷入这种连结里。他保持独立，因此能保存力量，这样的助人便是真实而有效的。

包容万有的心灵

当我看着某人时，我真正看到他，也认出他来；然后这个人看着我，真正看到我，也认出我来。因此就能体验到什么是跟随场域内的力量移动，而获得感知。而彼此看见、彼此认出有可能发生吗？有种一说法是，当我看着某人时，我只是看到自己脑中的景象；别人看着我时，也只是看到他自己脑中的景象。如果真的是这样，那如何能真正地看见彼此呢？我们真的有办法看见彼此吗？

我看到他在那，他看到我在这；我不在头脑里看着他，他也不在头脑里看着我。

连结我们双方、允许我们认出彼此的，是那同时包含你我的心灵。在这个更大的心灵里，我以心灵拥抱她，她以心灵包围我。这更伟大的心灵里有你也有我，所以我们能认出彼此。这个伟大心灵所涵盖的场域不仅在空间里，更在时间里不断扩张。因此，死去的人也包含在其中。这个心灵场域中所涵括的一切往事，至今仍影响着我，我和过去的一切共振共鸣。

如果过去曾经发生的纷乱出现在这个场域里，比如说我们的家庭中有犯罪（加害者和被害者）事件发生，我们现在仍与这些事件共鸣，曾经发生的事至今仍影响着我们，我们在共有的心灵场域中可以碰触到他们。因此，许多仍被囚禁在过往事件的来访者们，例如：加害者和被害者，现今却仍能在这个心灵场域中呈现。

这个心灵场域的存在，让我们可以将过往的失序回归其序位。举例来说，加害者和被害者可以在心灵场域里再次相会，如此一来他们就能看见彼此，感受到彼此之间的爱，因此而能和解。然后心灵场域里的某些东西就改变了，并对当前的状况产生正面的影响，这就是治疗性的移动。

了解这些相互影响的助人者，为了支持和解的发生，带着爱进入心灵场域，然后治疗就会以完全不同的面貌呈现。现在这一切看起来都不同了，我们能做些什么？应该做些什么？什么事情是我们应该调适自己、准备自己去适应的呢？什么样的专业训练可以给我们这样的教导？如果我们不把这个层面纳入考虑，如果我们不碰触天生与人共振共鸣的本能，不去感受它，不去学着好好地善用它，我们真正能发挥的功效将非常少。

简易心理治疗

好的心理治疗相当直接明确。我发现当人们找到走向父母的路，对父母敞开心房时，核心的问题就解决了。

以这种方式助人有一个必要条件，就是治疗师必须在心中给来访者的父母一个崇高的位置，接下来事情就会自行发生。

当心理治疗师把来访者的父母放在心上，就不会有移情作用的状况发生。所谓的移情作用表示来访者从治疗师身上突然看到自己的父亲或母亲。相反，反移情作用表示治疗师将来访者当做自己的小孩，甚至觉得自己做得比来访者的父母更好，这样一来来访者就会带着敬畏的心景仰治疗师，就像小孩景仰父母一般。如果治疗师能在心中给来访者的父母一个位置，就不会有这种状况发生。

爱与命运

我还要多谈一些有关心理治疗师的问题。当一个来访者前去寻求心理治疗师的帮助，或许来访者已经病得相当严重，而治疗师也想帮助他。问题是治疗师有被允许帮吗？有时候心理治疗师看出，来访者已经濒临崩溃，根本不许别人碰触，这种情况之下，治疗师若是尊重来访者就必须约束自己。然后，治疗师在心中这样跟来访者说："我爱你，我也爱着引导你我的那股伟大力量。"此时治疗师就与更伟大的存在融合，在不干涉来访者的心灵、来访者也无需和自己的心灵断了连结的情况下，双方都被引领走上一条有所帮助的道路。

和家庭融合一致的帮助

我要谈谈有关融合一致的助人方式。如何能将此原则发挥得淋漓尽致？谁能提供协助？又是谁能接受协助？

和父母融合一致

心理治疗中，来访者的困难主要都与"分离"有关。"分离"就是某个连结被切断，尤其指的是和父亲、母亲的连结中断。这就是心理治疗中最核心的难题，其他的问题大都与之相关。

有一个基本的方法可以解决这样的难题，这个方法既简单又明了，那就是将来访者带回到他的父母身旁，这就是全部的秘密了。一个好的心理治疗，最主要的秘密就在于此。然而，有某些东西阻碍着来访者回到父母身旁的路。那么有谁能在这条路上，协助来访者往这个方向前进呢？只有那些带着爱将自己的父母放在心上的人，只有那些同时能将来访者的父母放在心中的人，才能办到。所以，一个好的助人者不会允许来访者诉说父母的坏话，若有人在我面前这样做，我会马上打断他，因为我爱着他的父母，也尊重他的父母。对我来说，没有什么比父母更伟大。

有什么比父母更伟大呢？哪个个体比父母更有尊严？什么样的成就比父母更伟大？什么样的连结能让我们参与更伟大的移动？答案是，没有。

关于传承生命，父母每件事都做对了，其中没有发生任何错误，在这根本的问题里，所有的父母都是完美的。

我看着这个完美的画面，把它当做一件最伟大的事情敬重它。就算父母曾经搞砸某些事情也没有关系，因为总有其他人可以代替他们把事情做好。但就父母之所以为父母的这件事上，他们做得比谁都好。

许多人抱怨自己的父母，因为他们专挑不重要的小事在意，而不去关注那些真正重要的事情。来访者抱怨自己的父母，就是在削弱自己身上最重要的力量，他们变得幼稚、气度狭小、目光狭隘。他们越是抱怨父母，就越是限制了自己。

相反，如果我们看向真正重要的事情，就会了解父母付出全部的代价生下我们，如今我们带着父母给予的一切接受生命的圆满完整，那么不管生命中发生什么事，我们都能面对和处理。

如果我在心中给来访者的父母一个崇高的位置，事情会怎么样呢？如此一来来访者就无法把我看做他们的父母，我也不会把他们当做自己的小孩，移情作用就无从发生。

来访者看着我时，他会发现我与他的父母站在一起。透过我，他找到自己的父母，而不是找到父母的替代品，因为我并没有取代他父母的位置。当他站在我面前时，我将他的父母放在心里，如此一来看着他的人就不是我而是他的父母。经由我的心灵，父母的目光和爱投向了来访者。一段时间后我便撤退，让小孩和父母直接相会，核心的治疗程序就此启动了。

和自己的家庭融合一致

拿我自己来说，当我和自己的心灵融合一致时，就能获取助人的力量。而我是如何和自己的心灵融合一致呢？做法是我看向自己的父母。我的祖父母赐予父母生命，父母再将生命赐予我，他们从祖父母身上得到什么，就全然完整、没有任何减损地传承给我。我看向父母然后说："我全然如是的接受你们送给我的生命这个礼物。"当我带着如此的眼光看向父母，就能接受我生命如是的全貌。这就是和自己心灵融合一致的首要条件。

当我如此的接受自己的生命，就能把万事万物通通当做是父母的赐予而接受。我全然地接受我生命的所有，不排斥任何一个面向。过去令我感到艰难的事情，或是目前仍旧令我吃苦的所有事情，我通通接受并和它们连结。唯有接受全部的一切，我才能和生命的丰富和深度相连。

试想，如果父母变成我们理想中的完美父母，那么我们能从他们身上接收到什么？是更多还是更少？对我来说，接收到的东西将会更少。当我以父母本来的样子接受他们，与他们进入深深的连结里，我的心灵就会扩张。就算接收到的某些东西让我感到困扰烦忧，只要我跟它融合一致，它就变成了一个珍宝，带给我力量。

接着我朝向更久远以前，看着我的祖先。我时常做以下的练习：我看着所有的祖先，包括那些去世已久，已经渐渐被人淡忘的长辈，我对他们说："我是伯特。"我看着他们，让他们也看着我，借此我就能和他们建起连结，心灵不断扩张。不管他们的命运为何，我都与之融合一致。当我这样做，我就变得强而有力；当我这样做，那些往昔的命运，现在在我手上就变得丰盛甜美。所以例如每当有人前来寻求我的帮助，祖先的命运就给我相当大的帮助。和祖先们会合的我，在更大的世界里也与自身的命运融合一致。

没有所谓的好命或歹命，命运本身既是伟大也是平等的，尤其当我们不只把命运当做某人的专属物，而是试着去了解命运如何影响一个人，这样更能看出命运的本质。人死后命运并不会跟着终结，当我们和某位祖先的命运融合一致，同时纳入他的死亡，他伟大且强大的命运就持续透过我运作，在我和他人的交会中持续流动，祖先以这种方式给予我协助。

和他人的家庭融合一致

每当有人前来寻求协助，我就会为他做相同的事，我与他的心灵融合一致。如果我事先就先盘算好如何为他工作，就会和他的心灵断了连结。我只需待在祖先和命运教会我的圆满里，就能和来访者的心灵取得连结。我按照事物原本的样子会见他的父母、祖先及他们的命运。突然间，我就看到来访者变得伟大庄重。

不管来访者的命运为何，我给予尊重。当我会见他的祖先时，来访者在我身旁就会变为一个平等的存在。治疗工作开始后，我会非常小心随时保持与他的祖先融合一致。不然的话，一个不小心我就会以个人的意见思量什么对他来说才是对的，然后干预他的心灵和命运。他会被我搞糊涂且力量也会减弱。所以说，这里所谈的助人，必须维持在融合一致中才能得以进行。

和其他助人者融合一致

你们许多人皆投身于帮助苦难大众的机构中，在这些机构中奉献自己的人都曾经带着善心和爱心贡献己力，不过这些人当然都拥有各种不同的经历和意见。当我们想要按照自己的经历以及过去的成功案例进行助人时，可能就会遭遇一些阻碍，因为其他人的经历和我们的不尽相同。

所以说，同样的步骤可以从头再做一遍，我进入融合一致的状态里，不仅是和他们本身，还包括他们的心灵、父母、祖先、命运、经历、梦想和善心，越是融合一致，我对他们的成见就会消融，说不定他们对我的成见也会消融。利用这个方法，助人的实力就会成长，且不断扩张。和其他助人者保持和谐一致，就能成就得更多、扶持更多的人。

和团队关系——欣然祝福人

根据我的经验，一个团队内部的成员若能互相肯定，团队就能兴旺繁荣。如果有某人较好、某人较差的想法，那么团队就分裂了。不管团队成员怎么做，都是好的。他的做法可能和我们的想法不同，但可以肯定的是，就算采取的方法跟我的不同，团队中每个人都能把某些事情做好。如果是我，我会这样对其他的团队成员说："你进行的方式相当有趣，我会把它记在心里。"这样做对我毫无损失，况且这也是事实。让阳光在这样的团队散发光芒是一幅多美的景象啊！

如何成功助人

我想要谈谈我所谓的助人。很明显的是，我所谓的助人工作需要某种特别的态度，并且和一般所认知的心理治疗不太相同。不难想象，使用其他方法的人自然会产生抗拒。

在这边我要跟你分享一些我所观察到的相关主题。你自己可以感受看看，我所谈的和你的心灵产生多大的共鸣。如果你想要使用这种方法助人，请感受，看看它会要求你怎么做。

家庭系统排列已随着时间不断发展，在排列当中我们都经验到代表者会有被代表的人的感受，并且这也让这种治疗工作的可能性更加开展。现在我很少排列整个家庭，我一开始只先排列一两个人，比如说，我只排列出来访者本人，或是他的代表者。我给他空间和时间，允许他的内在自行移动，随内在自然发生的移动通常都能揭露过去曾被隐藏的真相。

接着，是否应该排列出第二个人以及是哪个人，就会变得相当清楚明白，例如说，排列另一个人和第一个人面对面站着。接下来，我们马上就能看到他们之间所发生的状况，是什么造成了他们分离？如何能让他们合一？又或许排列中发生其他事情，告诉我们应该排入更多代表者。

通常来说是没有解答的，尝试去找到解答，这个行为本身就已经干预了心灵的移动。企图想要快速找到解答，更是干扰了他人的心灵移动。重点是促使移动发生即可，一旦移动发生了助人者就可以退开。这种成长移动跟其他的成长一样需要时间。

当我们和这些情感融合共鸣时，就能感知到下一步及问题的核心。问题的核心通常只有一个，找到它，走出下一步，治疗工作的主要部分就已经完成。

最低的序位

通常前来求助之人看起来都非常无助，他会说："我和父母之间有冲突。"然后表现出一副无可奈何的样子，接着助人者可能会以说话或行动的方式告诉他："我会帮你。"

当助人者这样做时，真正的意义是什么？这表示他凌驾于来访者的父母之上，陷入了反移情作用里。来访者进入小孩对父母的移情作用，而助人者带着父母对小孩的反移情作用回应，就是一般所谓的治疗性关系。

一旦进入治疗性关系，就无法助人了，因为助人者失去了力量和控制权。此时在这种关系里是谁握有决定权呢？来访者还是助人者？拥有决定权的人是来访者。

身陷治疗性关系的助人者，可能于幼年时期曾经试着拯救自己的父母，他们长大了继续试着拯救自己的来访者。他们认为自己的地位优于来访者和来访者的父母，事实上助人者在来访者所属的系统中的序位是最低的。

序位的优先次序

系统中是这样排列序位的，最先到的人序位最高，最后到的人序位最低。

治疗性关系中谁的序位最高？依常理而言，治疗性关系不局限于来访者和助人者之间。来访者一旦谈及自己的父母，就已经把父母囊括进入系统了；助人者一旦陷入治疗性关系，他就成为系统中的一员，并且是最后一个进入的人。所以说，助人者当然序位最低。这个系统中，来访者的父母序位最高，然后是来访者，最后才是助人者。若助人者能了解到这点，就不会有状况发生，他观察一切，保持不涉入。以旁观者的身分待在一旁，突然间系统就会告诉他时候到了。他保持不进入来访者的系统里，从外围介入，然后就会有一些事情发生，会对每个人都有平等的帮助。

人的伟大

人类何以变得伟大？平等之心让人变得伟大。当我们承认"我跟你一样，你跟我一样"，我们就变得伟大；当我们和相遇的人说"我是你的兄弟，我是你的姐妹"，我们就拥抱了我们的伟大。当我们对着这个伟大敞开自己，就能感觉到它如何让我们的内在更敞开并给予我们力量。于是我们就能抬头挺胸，和别人肩并肩站在一起，不需要变小或变大，就只是跟别人一样大。带着这份了解，助人者就有能力进行十分艰难的工作；带着这份了解，我们就能信任那把一切都连结起来的存在。

治疗性关系

有一个简单的静心可以帮助我们更了解这点：在心中看着来访者站在我们面前，一个接着一个轮流出现，去感觉我们是小的，他们是大的。去感觉对来访者的怜悯同情，看看他们无法跨越的难关在哪儿。然后感觉一下，这样的怜悯同情在我们的心灵中产生什么影响。

然后我们向后退几步，看向来访者的父母和命运，对着他们的父母和命运深深鞠一躬。

当我们鞠躬时，感受一下来访者哪里变了，自己哪里变了，我们和来访者的关系又有什么改变。

一段时间以后我们重新挺直腰杆，并带着全新的面貌看向他们。

采取行动

关于治疗性关系我想再多谈一点。上述的静心练习能帮助你们远离或终止治疗性关系。在这里，我们虽然不进入治疗性关系，但是仍与来访者保有另一种关系，一种能采取行动的关系。助人者和来访者同心协力找出改变的可能性，直接进行改变。在这种关系中，双方都是成年人。

治疗性关系到底是怎么开始的？当某位来访者前来求助，表现出如幼童般急需帮助的样子，这就是治疗性关系的开始。虽说成年人有时候也需要某些东西，但要抱持着成年人的态度为自己而做，采取行动以取得所需的事物；但如果求助的人这样说："我好孤单，人生彻底失败，我的老婆离家出走。"说话的样子像个孩子时，他这样是想要改变吗？他有想主动做点事情改变现状吗？如果他保持在这种心情或心灵状态下，别人能帮助他吗？

控制权

这种状况下会发生什么事？助人者为来访者的处境感到惋惜，或者是觉得自己能力不足，无法做一个称职的好母亲帮助小孩。他安慰来访者，给他一些良好的建议，开始进入治疗性关系。时间久了，关系更是越来越深厚。

治疗性关系中握有控制权的人是谁？答案是来访者。因此在这种关系下，治疗工作根本不会有进展，时间都白白浪费了。

助人者要如何防止或避免治疗性关系发生呢？他这样问来访者："你想要怎

么做？""发生了什么事？"或者提出某个问题，直接揭穿来访者的面具，比如，"你爱的人是谁？"问题丢出后，来访者就知道要怎么做了，他再也无法停留在小孩状态里了。

有时来访者讲了很多借口，非要助人者听他说，这时候助人者就可能会被扯入对谈中。来访者希望别人照他要的方式听他诉苦，如果助人者拒绝，来访者甚至会生气。于是，来访者又重新夺回控制权，治疗性关系又开始运作，生气的目的就达成了。

为生命而服务

助人者和来访者之间第一次开口对谈的前几句话，大抵上就决定了日后是否会进入治疗性关系里。因此千万别一开始就进入冗长的对谈，而是试着去启动某个开关，让更深层的真相可以逐渐揭露。例如将来访者的母亲放在心上，然后排列出来访者和他的母亲。这样一来治疗性关系就无处可发展，不过另外一种关系将开始萌芽，这种新关系为来访者和他的家庭带来行动力。

从以上我给的建议里，你可以明白这种工作并非主流的心理治疗方式，至少是一种不会、也不期望进入治疗性关系的心理治疗法。若我们称这样的工作方式为"心理治疗"，就是期待着某种治疗性关系。有些主流治疗师利用一些只有他们的治疗方式适用的评估标准来衡量我们的工作，并施压要我们变成跟他们的模式一样的心理治疗师。

若我们屈服于这种压力的话，状况会如何？另一个治疗性关系就会展开，主流治疗师表现得像父母，而我们变成孩子，又再次掉入陷阱！

如果我们不愿意将这种工作称作"心理治疗"，那要怎么描述比较恰当呢？我这样说：这是一个为生命服务的工作——依其如是的样子。

热切的渴望

有些人带着热切的渴望进入助人领域，从事助人工作。对这样的人我们可能会感到疑惑，会想知道他们的原生家庭的状况是如何。这样的人通常想要帮助自己的父母，因而凌驾于父母之上。这种状况发生在没有力量、没有权力的小孩身上，因为爱着父母所以迫切地想要帮助他们，甚至是拯救他们，就算情况已陷入无望也在所不惜。但真相是，亲子关系里父母永远是大的、长辈，孩子永远是小的、小辈。

许多助人者于原生家庭中渴望拯救父母，这种情况会重复发生在他们的助人工作里，即企图拯救来访者。他们帮助来访者时的心态就像个孩子想要帮助大人一样。他们所展现出来的热切渴望，就是一个小孩想要变大的热切渴望。

对这样的人来说，解决之道在哪里？一旦他们在父母面前再次变成小辈，就能在来访者和来访者的父母面前保持是小的。接着，他会对来访者的心灵保持尊重，小心谨慎不以专横冒昧的方式干涉介入，然后来访者就可能会有所改变，像是来访者自己自愿似的。

融合一致与勇气

助人有时候是危险的，它可能会阻碍、干扰或介入他人心灵的移动，所以当我们想要帮助他人时，首先要确认是否与他人的心灵融合，然后看看对方的心灵是否也与我们的心灵进入和谐，静待双方的心灵进入和谐一致的共鸣里。接着我们持续待在这个和谐里，在心灵层面里陪伴来访者的心灵，提供一些引导。不过这个陪伴只是暂时的，只进行到双方心灵的许可限度。

进行助人工作时，如果我们保持沉着冷静，并知晓自己随时能撤退，就表示我们处在与自身心灵和谐一致的状况里。超越限度时，我们就会感觉到自己的心灵缩小，心情焦躁不安，停止动作或开始思考。这就表示，我们与自己和他人的心灵都已经失了去连结。

当我们注意到他人焦躁不安时也一样，表示他已经失去和自身心灵的连结了。这时就要停止工作。

有时候的状况是，我们很想、也必须帮助某人，不过必须采用非常危险的手段，需要很大的勇气才能完成。那就是走进黑暗中探索。有时候这种手段会招致他人的批评，因为这些人只有看见那些做法，却没有与来访者的心灵融合。他们认为我们做错了，所以指责我们。提出指控的人，通常是那些无法对来访者敞开的人，他们无法直接了解来访者想要什么、需要什么。这就像是某些学派发展出教条，冀希他人也遵从同样的教条，就算当下可感知到的真相和他们的教条不同，他们仍旧坚持己见。

因此助人不仅需要融合一致，也需要勇气，还需要一个意愿，即愿意在心灵相融的状况终止时停下工作。一旦脱离相融共鸣的状态，就无法在某个片刻中得知对来访者来说什么才是恰当的。相融共鸣停止，助人工作也得停止。

权力竞争

成功的助人者同时也知道如何以适切的方式，赢得和来访者之间的权力竞争。有些办法相当有用，有时我会针对一两个来做示范。

来访者为什么要和助人者争权？这样岂不是很怪？来访者赢得权力竞争的话，会有什么好处？可能他需要再次证明他的难题是无解的，连助人者也束手无策。要证明这做什么呢？

事实上我都把前来求助的人，当做是根本不想解决问题的人，他们比较想要证明自己的问题无解。治疗工作进行一阵子后，他们自己就会试着对助人者证明：事实上，我的问题是无解的。听起来很熟悉？的确是。但为什么呢？

我们的心理问题通常出自于对某人深深的爱，因为爱而紧抓着问题不放。用另外一种方式来说，因为我们在其中感觉"清白"所以紧抓问题不放，一旦问题解决了，罪恶感就从心底油然而生。

有个来访者替母亲承担某些事情，藉以表达他对母亲的爱。我当然可以直接告诉他，如何摆脱问题的纠缠，不过一旦他真的摆脱问题，就会有罪恶感，故态复萌的机会大幅提升。

所以问题就在于我应该用什么样的方法，让他带着好的良知而改变，以此真正解决问题。

以下是某个工作坊中的实例。

海灵格： 我现在跟你一起做，好吗？

来访者： 好的。

海灵格找出一位代表者代表来访者的妈妈，与来访者面对面站着。

海灵格说： （对全体）有没有看到她表情的变化？是不是很美？

（对妈妈的代表者）看着你的女儿，然后对她说："我看到你的爱了。"

妈妈： 我看到你的爱了。

然后妈妈和女儿温柔地相拥。

海灵格说： （对全体）现在女儿能拥有好的良知，妈妈也是。

（对来访者）很好，就做到这里。祝你一切安好。

和来访者进行权力竞争时，助人者偷偷地和来访者的某位家人站在同一阵线，遵循那位家人的意志和来访者竞争权力。如此一来，助人者在竞争中仍保持谦逊。治疗师希望来访者赢，虽然赢的方式可能和来访者所期望的完全不同。

强硬

我想要谈谈"强硬"。这边所提的强硬是什么意思？真相是强硬严酷的，当我们和来访者心灵中的强硬严酷的真相融合一致，我们就会变得强硬。但因为和真相一致，所以这样的强硬会带来力量。

如果我们因为希望真相有所改变而逃避它，我们就会变得软弱。软弱会威胁来访者，他们再也无法信任我们。然后助人者和来访者就开始在真相之外玩游戏，变成鲁莽瞎蒙。

按照真相如是的样子接受它，就能强迫来访者成长。因为除了改变自己，他们没有别的选择了。

能面对真相的人，就能提供圆满而深远的协助。

助人者接受真相、指出真相，就能获得力量；前来求助之人允许自己面对真相，也能获得力量。

那些为来访者感到惋惜，因为自己的害怕而宁愿隐藏真相的人，能称作温柔仁慈吗？不，他们更强硬残忍，他们背叛了求助之人。

这里所谈的工作，必须不带爱的情感才能完成；就像外科医师在手术房中不带情感地完成工作一样。因为带着的不是爱的情感，而是伟大的爱。伟大的爱能做得更多，层次更高；伟大的爱不只看到眼前的人，还看到整个家庭，看到涉入其中的每个人。

同理心

大家最常期望助人者对前来求助之人怀有"同理心"，助人者必须对来访者的情况以及他最深层的需要和苦痛感同身受。而父母也常带着爱对小孩的处境感同身受，所以我们可以来看看"感同身受"到底是什么意思。

来访者去找助人者时，常期望他们像父母一般，同理了解自身的处境。于是，许多助人者也觉得自己应该像父母一样，同理关怀来访者。

然而，来访者通常都已经不是小孩了，而是拥有行动能力的成年人。所以同理心应该加入另一个面向：我能意识到来访者是拥有行动能力的成年人。这种同理心就会产生其他的面向。

我们期待其他成年人也应该能对身为助人者的我的处境感同身受才对。其实，生活在顺境里的小孩不需要练习对父母感同身受，因为他们本来就与父母深深地相连，没有别的事情需要担心，可以单纯地当个小孩就好。然后已是成年人的人，就应该能同理了解助人者的处境才对，例如社会机构的限制，以及作为一个人的基本限制。

以下是一个实例。有一次虽然我已经工作到一个段落，却仍全神贯注在方才的场域里，某个人到我身旁说："我有一个问题。"他期望我回答，他无视于我的状况，认为我应该放下正在聚精会神进行的事情，把注意力转向他。只有小孩才这样对待父母。

系统同理心

另外还有一些重要的面向：当人们带着问题前来寻求帮助时，总是希望我能同理他"个人"的处境。但他属于家庭的一员，他的家庭中或许有另外一些人，例如他的小孩，更需要我的同理。同理心需要看向整个系统，不只是对眼前此人同理，更应对他的整个家庭和系统同理。我把整个系统放在眼前，尊重它并感觉哪个成员最需要我的关注。说不定前来求助之人，最不需要我的关注。然后我在更大的场域里工作，更大的力量就会出现，任我挥洒使用。

最深的同理是没有情绪，维持在高层次中综观全局，只有出自于这种同理心和敏锐的感知，方能进入更大的系统画面中，我们才能获得有效的助人力量。

伟大的心灵

有一种力量在我们臣服之时，带领着我们，我称它为"伟大的心灵"。一旦了解伟大的心灵如何在路途中引导着我们，我们就能全心信任它。当我们替他人工作时，不需要完成每件事，只要事情开始启动，伟大的心灵就有机会接手，不受干涉地自行工作，走向美好的结果。

为什么我要提这些？许多人认为我一定要替他们做家庭系统排列，问题才能解决。他们忘了什么？他们不再看向伟大的整体。当我们将自己交托给伟大的整体，它就会以超越预期的方式指引和带领我们。

无为

助人者可以练习抽离心智进入空性，在空性中没有企图，没有恐惧，没有记忆，完全归于中心。如果能真正归于中心，就不需要作为，事情自然会发生。事情虽然看起来好像是我们做的，事实上我们什么也没做，是纯粹透过我们的存在，"无为"就能收效。

老子的道德经中对"无为"有相当优美的阐述，里面所谈到的精神是：当工作一结束，助人者不贪恋地立刻继续下一个工作，也不想探询之前的成果。

灵魂黑夜

另一个与"无为"类似的概念叫"灵魂黑夜"（Dark night of the soul）。助人者或其他任何想要进入心灵深处的人，透过灵魂黑夜进行净化。这是圣约翰所提出的概念。

"灵魂黑夜"是什么意思？它表示放弃知识，抛下信息，听到的事情若是与我无关，我就退回到黑夜中。有时我替来访者工作，完全不知道接下来要怎么做，过往的经验一点儿忙也帮不上。这时我就会退回到黑夜中，有点像是退回到空性里。持续待在黑夜里，突然间灵感发生，出现洞见，就像闪电划过天际，这时灵感指引出下一步要怎么走，接着天色又回到黑暗里。

在黑夜中，完全地放松，发生什么事都不感到惊讶；在空性里，虽然中空，却感到圆满。

拒绝行动

我们要训练感知能力，以便在各种不同的状况里获得洞见，知道什么能做、什么不能做。就算不能做，我们依旧能透过无为达到助人的效果。此处无为的意思是：做最重要的，而不是按来访者的期望行事。有时候这种行为看起来非常残酷，但这样做是对的。

战士

如果我把助人者模拟为战士，那么他就是永不欢庆胜利的战士。其他人庆祝打胜仗的时候，助人者已经转向下个治疗工作，把完成的工作抛在脑后，踩着自由的步伐往前走。

胜利和失败

我要从最为广义的角度来谈"战争"。赫拉克利特曾说："战争是一切事物之源头。"你们许多人都身陷冲突的状况，例如，身在某个机构或办公室里，心中暗自希望事情有所不同，希望反对自己的声音少一点。

但战争也是和平之父，没有战争就没有和平。不过冲突里胜利的一方，也可能早已赔掉了和平。所以如果你拥有新的体验，进而刺激出新想法而赢得胜利，就表示其他人的想法失败了。失败一方的体验必须被平等地承认；提出不同立场的人，也需要被平等地对待。这样一来他们也能接受身处对立的你，因为对他们来说，就算输了也不需要放弃对他们而言重要的事。

对手的立场

我们承认他人的工作领域、影响力范围、能力、成就与限制，就像我们承认自己的贡献、能力和限制一样。若能彼此承认，双方就会视对方的立场为合情合理。一旦这样做，心灵就会扩张。我们的心灵若能如此的开阔，就会影响他人，使他们的心灵也敞开与扩张。彼此承认的情况下，和平就会开始滋长。

赢得胜利之后，千万小心不要独自奋斗，最好是融合歧见，和对手一同朝向未来努力。对整体来说各种立场都是重要的，千万不要排斥对立团队的成员，他们的立场也需要被承认。只要他的立场被大家承认，他就能敞开自己。

犯错

有时候助人者进行家庭系统排列，却在突然间感到很茫然，这时必须停止排列，因为他们无法胜任此次的工作。奇怪的是，虽然这件事可能让来访者觉得很愤怒，但也能帮助到来访者。如果助人者感到自责的话，就表示他以为成败掌握在他手中。但透过这次的经验，他学到：会发生什么事情，实在不是他能掌控的。如此一来，他就能把自己当做一个也会犯错的普通人，身处许多普通人中，不觉自己特别。这对整体来说，有正面的效果。

源泉

里尔克写道："生命保持其纯净，因为无人能掌控它。"同样的原则可以运用到家庭系统排列上：只要每个人都明白家庭系统排列是无法被掌控的，那么它就能保持纯净；只要我们都明白排列时必须依赖背后运作的力量，那么它就能保持纯净。成功的排列，总是有如恩典降临。

助人者就像一口活泉，持续流出泉水来，但助人者并不是水，他只是水的管道。

令人舒缓的画面

这里所提到的"画面"，并非一种智性的概念，而是一种渗入心灵深处的解答画面，它利用画面的形式于心灵深处进行恩典。

内在画面

家庭系统排列早期的形式是让来访者自行选出家庭成员的代表者,在空间里自由排列这些代表,这就是家庭的心像画面。若来访者处于内在中心里,排列出的心像画面将十分惊人。

来访者心中的画面,通常和外表可见的样子不同。摆放出心像画面,能让曾被隐藏的真相重见天日。从内在感受这些画面,能让我们开始了解此家庭中的重要问题为何,同时也可能会产生洞见,知道可行的解决之道在哪儿。接着我们启动改变,一路走向解答画面。这是家庭系统排列的其中一个面向。

家庭系统排列另一个重要的面向是:当代表者全然地归于中心时,就算不认识所代表的人,也能有和他们相同的感受。为什么能这样呢?答案至今仍是个神秘的谜,无法用一个简单的说法来解释。不过这却显示出一个事实:我们都与某个更伟大的整体保持着连结,透过连结我们能接收到无法以外在方式显现的洞见。这样的一个画面在此就显得十分重要。

疗愈画面

如果说有某种画面能带来解决之道,就表示也有其他画面会让我们感到被纠葛束缚,从内在阻碍我们敞开。

每个人都有家庭背景,而家庭内有许多对好坏的认知,因此家庭会赞许某些事而禁止某些事。通常这些认知和现实真正的好坏毫无关系,所以我们必须找到办法抛下这些画面,比如说:某个画面致使我们排斥意见相异的人,认为他们不配拥有相同的权利。

治疗就是从内在净化那些令人困惑的画面,那些画面很可能会驱使我们伤害自己和他人。透过净化,我们带着尊重串连歧异,走向解决之道。通常,治疗过程最重要的精华就是:我们敞开心胸面对相异之人,在心中接纳他们,一同融入更伟大的整体。

获得疗愈画面之后，要拿它怎么办呢？这些画面存在于空间中，不受时间影响，所以我们也不可以试着改变它。如果想知道窜改画面之后会有什么后果，就已经在扰乱画面。还有，看到疗愈画面后不要马上就采取行动，这些画面需要安静地待在我们的心灵里，待的时间可能会很久，它们只需要待在心灵里就能工作。其实，这些画面不只待在我们的心灵里，也待在其他家人的心灵里为他们工作，虽然家人对排列的事情一点都不知情。

两种感觉

原始感觉

原始感觉既真实又直接，它带来行动也支持行动，因此主要情感会带来真正的改变。流露主要情感时眼睛是保持睁开的，因为主要情感和真相连结。

原始感觉流露的很快，若有人正流露主要情感而我们在旁目睹时，我们并不会感觉受到打扰，反而能保持在中心里，一方面能同理了解他的心情，另一方面却能保持冷静沉着。

戏剧化的感觉

和原始感觉相比，还有另一种情感在流露之时非常具有戏剧性，这种情感叫"替代感觉"。沉浸在次要情感中时，眼睛会紧闭，因为替代感觉并非连结真实的真相，而是连结内在的心像画面。若要与内在画面保持连结，就得阖上双眼。

接下来我要和你做个小小的练习，你可以观察一下这个练习将会带给你什么样的改变。首先闭上双眼，回想你对父母的种种抱怨和情绪，然后继续保持眼睛闭上，去想象你正看入父母的双眼中，持续地与他们四目相对。接着一边看着他们的眼睛，一边提出你的抱怨。

眼睛张开时所流露的情感是原始感觉，十分纯粹。原始感觉带来行动，让你松手停止抱怨父母。其他种类的情感则由内在画面驱动，充满控诉抱怨，只要保持眼睛紧闭就无法将之摆脱。一旦把眼睛睁开，这类情感就会瞬间消失。

夸张情感的目的是什么？目的是想要引人注意，强迫别人采取行动，而非自行行动。流露夸张情感时，会让周遭的人感觉很不舒服。因为身旁的人会觉得自己应该做点什么，却又明白做什么都没用。若真的有人伸出援手，沉浸在夸张情感的人偏偏又要证明"谁也帮不了我"、"做什么都没用"。夸张情感真正的作用就是：逃避采取行动。

作梦

如果有人告诉你他的梦境，你也可以用同样的方式明辨其意。梦境也能用"原始感觉"和"替代感觉"来分类。若有人直接对你诉说梦境，他说："我梦到你了，梦境里…"，这种梦就是在延续问题，有时甚至会伤害他人。这种梦充满着对他人的责备，我们不需要去分析这种梦，也不需要将之当真。

所以说这两种情感最重要的差别就在于：原始感觉带来行动，而替代感觉用夸张的表现取代真实的行动。

仁慈的目光和恶毒的眼光

我还有其他相关的观察想跟大家谈谈。当你看入某人的双眸时，就无法认为他很恶劣，也无法说他的坏话。观察看看，你会发现，人在说别人坏话时，开口前会先看向别处，先描绘出一个内在画面之后，才能开始讲。一旦眼神交会，画面就会消失。

有效的协助

许多求助于心理治疗的人认为，一定要从童年时代的创伤下手才能解决问题，他们花了好多年的时间治疗那些创伤，有些人花费的时间甚至比童年本身还要长。当然有时候治疗那些创伤是必要的，不过对许多人来说，那只是逃避现实状况的借口罢了。

我有一个朋友本身就是心理治疗师，罹患癌症，他打电话给我说："我有一些需要处理的部分，我一定得搞清楚八岁那年和父亲之间的关系为何。"我对他说："你现在应该要面对的是死亡，你有什么想了解的？"他气得挂断了电话，然后，几个月后他就过世了。

立即的影响

每当有人提出过往辛酸的难题时，我们就必须问自己："现在适合处理它吗？"这个过往的难题和当前的问题相关程度有多高？眼前这位来访者寿命还剩多少？我们常看到许多已经病入膏肓的人，一心想要解决过去的某些难题，他们不把时间拿来面对即将到来的死亡课题，反而舍弃了当下最重要的事情。

另一种状况是，前来求助之人已经尽了力，但仍无法跨越某个障碍，因为他被某些往事给束缚住了。此时，我就会非常简短地和来访者一同处理那些往事，这样做能为来访者带来行动的力量，让他能继续往前走。发生这种状况通常是因为来访者在过去某个时间点上把某事抛在一旁不管，那时他才能得以继续活下去，例如说某个秘密，或是对某个人的情感。曾经被抛下的，一旦被重新拾起，他们就回到生命的流动里，继续人生的旅程。

有时候来访者背负了他人的重担，这在许多纠葛中相当常见。我们只要把重担放回它原本应该处的位置，纠葛就解决了，之后来访者就能自己解决。

短而精

许多人带着"修理东西"的心态求助于心理治疗，意思就是他们把自身的问题带去给治疗师修理，就好像把坏掉的手表拿去给钟表匠修理一般，期待钟表匠修好手表之后，还给客人一支运作正常的表。这个概念和"完成"的想法有关，所谓的"完成"就是：治疗一定得彻底完整。

就算在家庭治疗中，排列师也会有同样的盲点：想解决所有的问题。说不定他们会为来访者做十个排列，想要帮每个家庭成员解决所有难题。不过，他们越是这样做，力量就会越来越弱。

家庭系统排列中最重要的原则是：在心灵里设定起始点，完成设定后，治疗进程就会启动。因此，一般来说做一次就足够了，不需要做更多，除非是获得新信息或是发生新状况，那么可以在一两年后再做一次。

生死攸关的问题

不应该以"处理事情"的角度来对待家庭系统排列，因为这样人们会想要拼命做排列，一个接着一个地做。另外，也不应该以"出自好奇心"的态度进行排列，比如我想要知道家庭的状况如何。只有十分迫切的难题，才有资格做排列。生死攸关的问题就非常适合做家庭系统排列，因为这样才会抱着一种全然投入的认真态度。做完排列后，助人者就可以退出，将所有的事情交给更伟大的整体。

极限

身为一个助人者，我通常都会和来访者一起探触生命的极限，我让来访者亲自看见：照他目前的方式继续进行的话，最终会落得什么下场，该说的我不会加以美化，这样来访者才能清楚意识到事情的后果，也才有可能找出更温和的解决方式。只有全然地面对事态的严重性，才会有其他的可能性发生。这样做需要极大的勇气,也需要来访者对助人者全然地信任。

对某些人来说,这看起来很残酷,太过于直接,不过这却是一个相当谦逊的做法,它照真相原本的样子接受它,同意它。

尊重

助人者只在握有控制权时才能助人,而所谓的控制权表示:来访者带着尊重的态度接受助人者的协助。也就是说,来访者必须尊重助人者的决定,不然就会变成来访者下达指命,而助人者照着做。如果助人者对来访者有求必应,状况会变成怎样?来访者会维持老样子,什么改变也不会发生,并且可能会去求助于别的助人者。

当来访者停止玩把戏,不想再浪费时间闹下去时,我们才能帮助他。

归于中心

助人的第一步是"归于中心"。我们一起针对这个主题做个静心练习。

想象一个你想帮助的人,保持一段适当的距离站在他面前,然后画一个圆围住自己。你站在圆里十分安全,受到完整的保护,没人可以走进圆里。

然后你看向对方以及站在他身后的父母,你对他们深深鞠一躬,然后说:"我是小的,你们是大的。"

接着你看到对方身后有祖父母,还有其他重要的人,一个个轮流出现,最后看见对方的罪恶感。你也对他的罪恶感深深鞠一躬,说:"我是小的。"

不带恐惧、不带企图静静地等待适当的时机来临,说不定心底就会浮现一个暗示,告诉你该做些什么,或是什么时候该收手,该从哪里介入(必要时强力介入),何时应该保持沉默。

另一个面向

这种治疗工作带我们进入前所未见的面向里，就算我已经做了这么多次，每次还是都能学到新的东西，这种工作方式和其他许多方式大相径庭。

通常我们会立下目标，然后挑选某种方式达成目标。医疗和心理治疗也是用同样的方式进行，先诊断病情，然后参考过去的经验选择治疗方法。

而本书所提的治疗工作则不用诊断，不用定义病情，也没有目标，每一步都是走向未知，助人者归于中心，在黑暗中一步接着一步走，不知道会走向哪里。只有走到终点时回头看，才看见当初走过的路，才知道最后去了哪里。基本上，这种治疗工作就是全然地信任未知，任它带领我们向前走。

谦卑

进行这种治疗工作，需要放下"作为"（我运用我的能力完成某些事情）的观念，舍弃我执，静待内在的指引，这是一项谦卑的工作。进行助人时，不被来访者的悲叹和苦痛所牵动，更不被内心想要帮助他人的渴望所怂恿，随时保持归于中心和来访者的命运融合一致。我的责任并不是去改变他人的命运，唯有来访者的心灵同意，我才能帮得上忙，我跟随心灵移动的带领，做我该做的事情。

同情

同情来访者可说是最危险的事了。因为同情就表示无法承受来访者的苦痛，所以想要伸出援手，如此事态会变得很危险。同情，干扰了来访者的心灵；同情，让助人者变得软弱，变得比来访者还需要帮助。但当我带着尊重接纳来访者的苦痛，就会把来访者带入另一个向度里，这个向度里没有同情怜悯，只有力量。

朝向母亲的连结被中断

母亲和小孩之间最严重的连结中断,发生在母亲因难产而去世的情况下。

现在我要谈的是另一种状况:母亲和小孩之间的连结曾被中断,虽然后来重新结合,可是当初分裂的痛苦依旧存在。许多家庭里,小孩出生后没多久就和母亲分离,例如小孩必须住院,妈妈却不能去探望他。这种情况通常发生在早产儿身上,出生后马上就要被放进保温箱里,剖腹生产也会造成早年分离的状况。

孩子经验这些分离,相当地痛苦,那份痛苦通常会转变成愤怒或绝望。之后就算母亲回到孩子身边,孩子仍会因为心中有对痛苦的记忆,而把母亲推开。然后,母亲可能会感到不知所措,猜想自己是哪里做错了,最后甚至会以离开的方式响应小孩。如此一来,母亲和小孩并没有真正再次结合。

这种创伤将会一辈子影响着小孩。孩子早年朝向母亲(有的状况是朝向父亲)的连结被中断,也会使他无法真正接近其他人。日后孩子长大,他的行为将持续受到童年创伤的影响。他将伤痛铭刻在心,依循其模式生活而不知。一旦他稍微接近某人,就会自行退后站到一旁,然后回到原点,重新展开另一个循环。事实上他哪儿也没去,只在原地打转。

这种问题的解答是什么呢?回到朝向母亲的连结被中断之时,完成连结的移动。这种情况里,治疗师必须代表来访者的母亲,紧紧抱住孩子。如果孩子想要挣脱,治疗师必须抱得更紧,直到小孩在拥抱中放松为止。再次回到连结被中断的状况里,朝向母亲的移动终于完成,孩子才真正走到母亲身旁。

让亡者安息

许多问题和死者有关,死去的人影响着我们,或许我们也影响着他们。如果家庭中有一些尚未解决的课题与死者有关,就表示虽然某些人已离开人世,却依旧有影响力,并造成了某种混乱。如此一来,我们就被过去所束缚,无法看向未来。

我们如何和死者保持连结呢？透过回忆就能持续与他们保持连结，我们带着爱回忆死者，思念、追悼他们。

如果我们这样做，死者会有什么感受？会觉得比较好过吗？以这种方式纪念他们，其中真正的意涵是什么，是紧抓不放吗？那么怎么做比较恰当呢？若他们才刚去世，我们承受巨大的痛苦和悲伤，这种强烈的情感可以帮助我们向死者道别，或许也能帮助死者安心地离开人世。

如何以圆满的方式悼念死者呢？看着死者曾经对我们的好，我们对他说："谢谢你，你给我的我会好好珍惜，并拿它来做一些好事。"突然间，死者就能安心地和我们道别，甚至也能和自己道别，因为他看见自己这辈子的付出能持续地活在他人心中，此生的心愿已了。

以上只是在讲某一种状况，另外还有别的情况是，我们对死者仍感到相当不满，心存愤恨。许多人的父母已去世多年，他们却依旧十分怨恨父母，活着的人依然心系于死者。这种状况下，死者可能也无法心安，因为生者对他们仍怀有期望和要求，紧抓着他们不放。

解决之道在哪呢？我们对死者说："过去发生的事，对我来说非常重要。"这番陈述乃是事实。一旦接受、同意过去所发生的一切，那么这些往事就会变得十分珍贵，成为我们力量的源泉。只有在拒绝接受往事之时，往事才会变成重担。如果我们和某位死者在世之时无法和睦相处，就表示我们对他仍有期望，请这样对他说："谢谢你。"感谢的同时，惨痛的往事变成当下的珍宝。

还有些状况是：对死去的人怀有罪恶感，因为我们曾经伤害过他，可能是身体上的伤害，或是造成他的生活发生悲惨的事情，至今死者仍然希望获得补偿，因此双方依旧互相束缚。

以上的描述当然只是一种心像画面，事实上真相如何，无人知晓。不过这个画面对我们会有正面的影响，例如，我们在心中走向有所亏欠的死者，带着爱与他相会，对他说："我很抱歉，我想要尽我所能地补偿你。"某些案例里能以照顾死者小孩的方式补偿死者。一旦我们同意尽其所能地补偿死者,就能与死者道别,死者也能离我们而去。

不过有时候,我们真的觉得自己欺人太甚,造成他人身体和心灵永久的伤害,甚至夺走对方的性命。如果没有任何方式可以弥补罪疚,我们甚至会觉得自己应该以死偿命。

这种情况应该怎么处理呢?我们这样告诉死者:"我知道自己罪孽深重,而我会带着这个罪恶感,而不是试着以忏悔的方式摆脱它,正因为我把罪恶感留在心底,所以它会变成我的力量,我将带着这股力量做些好事以纪念你。"如此一来就能与死者和解。死者不会再对我们有所要求,可以安心地离去。

对助人者来说,这代表什么意思呢?身为助人者目光总是要放远,把死者也容纳进来,除了看向来访者和在世的家庭成员,我们也看向家庭内已死去的人。我们尊重死者,倾听他们的心声,然后将之传达给来访者。我们协助来访者澄清亡者之事,让来访者日后能不受束缚地继续生命的旅程。

助人者或心理治疗师的专业训练,在面对此种议题时将显得非常不足,因为除了那些训练,更要求一些别的素养。但是当我们面对这些议题时,若能承诺敞开自己,我们就会觉得心胸宽阔而深远,并且充满了力量。

朝向解决的行动

来访者为什么抱怨他的命运或父母?抱怨的目的在哪?目的在于来访者希望别人同情他,代替他采取行动。但是抱怨并希望别人替自己做事,是绝对不会成功的。

我们可以用一种全新的方式来处理此类抱怨。当某人抱怨自己的父母或命运时,让他滔滔不绝地讲,甚至问他问题,请他讲得更详细一点:"所以说到底发生什么事了呢？"如此一来就能听到完整的来龙去脉。接着我们说："这样不是很棒吗？你可以趁此机会离开父母，运用自己的资源好好做一番大事业。如果有人状况跟你一样，并且也想要这样做，我觉得他们不会成功的，因为他们不像你心中有这么大的力量。"

面对之后，人生的遭遇能为我们带来成长的力量。人生的过往经验里头藏有采取行动所需的力量，透过这些行动，就能改变过去。所以，助人者从来访者所诉说的话语中寻找成长的潜力，寻找某个方法帮助来访者采取实际行动。

若某些来访者不断地哀嚎抱怨，那么持续替他们工作是有害无益的。你能给他最大的帮助就是告诉他："我不能继续帮你，这对我来说太危险了。"

不断抱怨发牢骚的人是危险的，一旦拒绝为他们工作，之后就不会出现比他们更具侵略性的来访者了。你看看，这种人的危险性有多高。

有许多人上法院谴责自己的治疗师，为什么呢？因为他们气治疗师不按照自己想要的方式进行治疗。他们越是指控治疗师，越感到愉快，虽然看起来像是在采取行动，但这行动却不是对他们有益的行动。

助人者以非常不妥当、不负责任的方式处理生死攸关的问题，就是把自己的身体和心灵都置于危险之中。因为他自以为能压倒来访者的命运，赢得胜利。自以为是神的人，一定会害了自己，也会害了来访者。

恐惧

有几次我对来访者说了很重的话，别人认为那可能会伤了来访者，所以责备我。

对此，我抱持完全相反的看法。治疗师不可能真的伤害来访者，除了杀了来访者以外，怎么可能真的伤得了来访者呢？治疗师有做的自由。有时治疗师做了某些事情，看起来好像伤了来访者，其实是来访者希望事情如此发展的。

这种来访者希望发生那样的事情，如此一来他们就不用负责，反而是让治疗师饱受指责。说真的，治疗师根本伤不了另一个成年人。每当我说了不对的话时，每个人都可以自由地以不同的角度看待它。

但是若有助人者的做法跟我相同时就要留心，因为一定会有人说："不应该发生这种事，怎么能这样做？"他们责怪助人者，认为其行为大错特错。一旦助人者因为害怕被责骂而投降屈服，会发生什么事呢？助人者的感知将不再清晰，其他人再也无法信任他了。

从事这项工作很重要的一点是：将诸如此类的恐惧抛在脑后。一旦对恐惧让步，助人者就会变成小孩，在外建构了某些类似于自己的父亲或母亲的人，不断灌输自己恐惧的观念。这种状况下助人者须要花一些力气，才能重拾对感知的信任并表现出勇气。

现在审视一下自己，你感知到的和我所说的有没有不一样？你有勇气说出你的感知吗？

警告

我们的存在其实不是太安全，我们没有什么事情可以被清楚地定义，所有的界限皆有漏洞，有时我们会迷失自己。我们的心理状态是不稳定的，有些人企图以药物或特殊活动，让自己超越精神界限，这样做实在很危险。若能待在离原本不远之处，享受当前仍存的事物，我们的安全就能得到最大的保护。

河流

闭上双眼，放下手上的东西避免分心。进入你的内在中心，不管心中浮现什么，敞开自己迎向它，不带一丝恐惧地看着它，没有任何的渴望。像个不识字、不经事的孩子一样，放开自己走进全新的世界，倾听不知名的鸟叫声，任由万事万物触碰内心。

心灵就像一条河，走入河中让自己被流水带走，虽然不知要流去何方，在河中却感到无比安全。把自己交给河流，让它照顾我们。

日后面对来访者时，我就不只是为他们工作，而是同时为所有人工作。因为来访者内在所浮现出的"人类的本质"不仅同时照顾到每个人，也触动着我们的灵魂。我们也和这样的本质一起，在生命之河里悠游。

在平等关系中助人

平辈之间的协助

传统弗洛伊德学说以及分支学派所谈的心理治疗，基础假设都是建立在医疗模式上：病人和医生、求助的人和地位较高的助人者。这种假设导致双方进入某种特别关系里，对身体生病的患者和医师而言，这种关系在某种程度上来说是合理可行的。然而对心理治疗来说也一样吗？

如果我运用医疗模式进行助人工作，来访者的地位是变大还是变小？会帮助来访者成长，还是让来访者变得更像小孩？

采取行动

我把每位来访者都当做地位平等的伙伴来对待，而我拒绝帮助需索无度的人。虽然身为人都需要他人帮助，但问题在于来访者到底愿不愿意采取行动。倘若前来寻求帮助的来访者相当愿意采取行动，只是之前不知道该怎么做，只能待在原地等别人教他，这种人我会帮助，因为他不会因接受我的帮助而变得依赖，他可以、也一定会自行行动。

呻吟

如果一个人不停地唉声叹气，抱怨自己的年少岁月有多么悲惨，他会想采取行动吗？他对我抱怨这些做什么呢？透过这些抱怨，他想告诉我："因为种种悲惨的原因，所以我无法行动。"如果我帮助他的话，那么所有花费的心血都将付诸流水。若想跟随心灵的移动走向成长，其中不可或缺的条件就是"意愿"，而抱怨之人毫无意愿可言。所以，对来访者工作之前，我会先看看我自己想不想做，也看看情况能不能做。

事件

还有一个相当基础的原则需要注意，人之所以会是他现在的样子，是因为他的家庭中发生了某些事情影响了他一辈子。例如：家庭中有人早夭，把某个孩子送给别人，家中发生谋杀和犯罪事件，或其他非常严重的事件，这种事件会让家庭天翻地覆，造成系统大乱。

这些事件可能发生在来访者目前的家庭系统中，意思是说发生在来访者本身、来访者的伴侣，或是来访者的小孩身上。但也可能是发生在来访者的原生家庭里，原生家庭则包括来访者的父亲、母亲、兄弟姐，以及上一代的长辈们。不过，这些具决定性的事件，也可能发生在前几代或更久以前。

因此，我对来访者工作时所提出的第一个问题就是："之前发生过什么事？"通常只需三句话就可以回答这个问题，我不需要知道发生事件时来访者有多煎熬，也不需要知道父母当时的心情，那些只会扰乱我，使我分心。挑起所有混乱的事件本身，才真正值得我注意。

内在的排列

有时候做家庭系统排列，不需要实际排列出来，只在心里进行即可。在某个工作坊里，有个男人前来寻求协助，大家都可以看出来他十分颓丧。我请他闭上双眼，开始在我的心灵里为他做排列。

接着我退出，把他交给他自身的心灵。我看着他的母亲、父亲、兄弟姐妹、祖先们，看着他们所有人的命运，然后带着尊重朝他们深深鞠一躬。我看得很远，看得超越了他的家庭背景。

我一个字都没问，一句话也没说。他在心灵里和家人站在一起，这种归属感让他感觉十分安全，不会被其他任何事情干扰，这样的安全感让他放心地任由深层情绪浮现，他的心灵正一步步带领着他。突然某一瞬间真相大白：当他还很小的时候，发生了某件非常关键的事。然后，我像妈妈一样把他拥入怀中，在我怀里他是安全的，我用手捂住他的脸保护他，防止好奇的人不停地观看。

接着，我们都感觉到他内在的愤怒，那是小孩被抛弃时的愤怒。所以我抱紧他，越抱越紧，然后我一拳打在他的上背部。为什么打他呢？当时我和他融合一致，我突然感觉到必须打他一拳。打他一拳之后，马上就看到成效了。

当他放声大叫时，我叫他不要发出一点声响，保持呼吸就好。通常，放声大叫代表抗拒，只要保持平静地呼吸，就能和自己的心灵有更深的连结。之后过了一段时间，我感觉到：这样就够了。他的心灵需要时间消化吸收。

交托

有时候外在的排列才刚发生移动，内在深处就早已经开始了，因为它们是来自心灵的移动。而来访者的表情和动作能告诉我们哪边有障碍，于是我们可以慢慢地帮助来访者克服障碍。

在排列中，我们寻找解答，一旦寻获，来访者就必须有所行动。

然后，疗愈随着心灵的移动而展开。最重要的治疗过程已经发生，或者说已经开始，接着疗愈就会越走越深。这一切都在来访者的心灵中进行，他不会受到外界的干扰。助人者对每个人的命运都献上至高的尊重。

不过较为主流的助人模式里，外界的干预就非常地多。不管是为了什么理由而干预，它通常都代表着忽视心灵的进程和状况。

有时我们会很想要帮助某位来访者，因为他说了某些话，导致我们很想回应他。不过来访者大部分所说的话，都是为了抗拒真正的问题。所以，如果我们马上就开始帮他工作的话，很可能开始和来访者玩起外围游戏，触摸不到真正的核心。

因此我们得非常小心。学习过程中，我们会逐渐了解各种助人方式的相异之处。到底什么能做，什么又是不能做的呢？关于这类问题，心灵会有答案，慢慢地我们就会学到如何和心灵的答案融合一致。

学习现象学的过程中，透过交托就能产生洞见。这里所提到的助人工作也是透过交托才能成功。

真相大白

这种工作和工作量无关，其实，治疗师做的相当少。借由代表的协助，治疗师做的就是让某些深藏的事情揭露出来，真相曝光后，一切就会自行运作，治疗师不用再多做什么。最重要的步骤已经完成了，剩下的交给心灵来做，虽然心灵的工作相当缓慢，但接下来就不需要助人者了。如果助人者做的过多，就会干扰到他人的心灵。

命运

我们的工作常会遇到许多命运特殊的人，问题就在于如何和这些命运搏斗？如何承认命运？如何同意命运？命运是无法避免的，对这点我们真的理解吗？如果和命运融合一致，它就会变成我们的养分，以助我们协助他人。但是关于这点，我们真的能体会吗？

个人自由的限制

从事这类工作一不小心就会批评来访者。我们或许会说："那个人根本不想改变。"讲这句话的基础假设是：身为人是如此的自由，想做什么就能做，想过哪种生活就能过，只要是真心想要改变，就能成功。但家庭系统排列告诉我们，身为人的自由程度是相当低的，我们所称的自由其实非常肤浅而渺小，毫无分量可言。

家庭就是命运

我们注定是某个家庭的成员，而我们的命运就是由家庭里曾经发生的重大事件所决定的。命运，就是家庭成员对家庭的忠诚。举例来说，家庭中如果有人自杀，后代将会持续地受到影响，可能会有其他人也觉得很想去死，不管是自杀，或是利用别的方式，总之死意坚定。持续深入研究，就可能发现另一层事实，例如：许多代以前的某个人理应自杀，却没有付诸行动，那么未完成的事情就会传递给后代，使后代觉得有义务要去死，却搞不清楚为什么。我们常在精神分裂症的案例里发现此种动力，精神分裂患者同时代表杀人者和被害者。

如果要帮助身陷此种困境的人处理问题的话，不管如何鼓励他、为他的处境辩解都是没用的，我们必须找出当时启动命运的背景，然后在心中假设："这个问题，已经超越个人自由意志所能控制。"如此一来，就能以更轻松的态度面对来访者。我们对来访者说："咱们来看看这件事的起源在哪儿。"来访者一听我们这样讲，负担马上就能减轻，光是这样讲，就已经能帮助到来访者。

世代的界限

丹·凡·卡班霍特在《治疗，来自于外》（Healing comes from outside）一书中，详细描述了如何揭露那些不断重复的问题的根源。首先排列出来访者，接着在他背后排出上一代，然后再上一代，一个接着一个。如果来访者是男性，那么代表者就通通选男性；如果来访者是女性，代表者就通通选女性。排列出八代、十代，或更多都行。接着就在一旁静待，等待时间够久的话，就能从参与者的反应看出关键性的事件发生在哪个世代里。

另一种方式是让来访者慢慢地走过每个世代的代表者，让来访者好好去感觉每个世代发生了什么事。

关键性的事件一定是谋杀事件，坎坷的命运总是和家庭中的谋杀事件有关。有时候谋杀者和被害者同样都是来访者的家庭成员，这大概算是最严重的情况了。其他时候，可能一位是家庭成员，另一位是来自其他家庭。

仔细审视每个世代的代表者，可能会有某个人特别烦躁，或是看着地上，那就是关键性事件发生的世代。接着请另一个人代表受害者躺在焦躁不安的人面前，如此一来，加害者和被害者有了面对面的接触。我们当然不知道之前到底发生了什么事情，也不需要知道，只需看着排列，了解他们之间发生了某些事即可。通常加害者和被害者面对面后，就会有移动发生，两个人会相会结合，例如加害者可能会躺到受害者身旁。一旦这种内在的本性浮现，后代都会松一口气，来访者本人也是。这种手法相当高雅，不需要冗长地调查身家背景，也相当有成效。

有时候命运的规模太大，我们什么都没办法做，这可能是因为我们无法获得解决此等命运的洞见。不过我要告诉你，有时候解答会从意想不到的地方冒出来。以下就是某个实际案例。

疗愈的力量

我在中国台湾碰到一位来访者，他的母亲患有精神分裂症，我们排列出来访者的四个女儿后，某一个女儿的行为相当怪异。

我问他家庭中有没有发生什么特别的事件，他说他的外曾祖父被自己的兄弟杀死了。于是，我在排列里放上他的外曾祖父和舅祖父，不过舅祖父的行为不只像个加害者，也像受害者。接着我就放上他们两位的母亲，也就是来访者的外高祖母。从代表者的反应可以看出来，外高祖母才是真正的加害者，她教唆儿子去杀人。舅祖父非常地困惑混乱，因为他内在同时感受到加害者和被害者的能量。我让舅祖父身体往后，靠在外曾祖父和外高祖母的身上，突然间，舅祖父一扫阴霾，混乱消散。

接着我让外曾祖父以下的后代，都做同样的事情：往后靠在后面的人身上。每个人都变得清醒了，来访者的妈妈也是。不过来访者的女儿却依旧十分混乱，而我找不到办法帮他。绝望的我，后来怎么做呢？我带女儿走向外高祖母，外高祖母一把抱住了女儿，然后女儿就放松了。没想到排列到最后，系统中给出疗愈力的人居然是那位女杀手。

伟大的命运

有时候我们不清楚自己到底有没有资格做某些事，身为助人者遇到这种情况到底该怎么办？我们保持不涉入，然后对命运深深鞠一躬。如果真相是"我们什么都不能做"，那我们就清楚地表明："我没有办法为你做。"如此一来，就让命运站在前头，带着我们走。

在这里，"命运"也代表着"交托给伟大的整体接管"，有时候解答会在交托中出现。

如果完全没有解答的迹象的话，会很糟糕吗？比如说，某人将要自杀，而我们束手无策。他如果自杀，就真的完蛋了吗？在此我们有资格评断吗？说不定他这样的行为表达了伟大、爱和完成。对身为助人者的我们来说，这种状况让我们学会臣服于每种命运，承认命运远大于我们。接下来的助人工作里，我们就能保持平静归于中心，继续前行。

早夭

以上所谈的道理套用在"死亡"上也是相同。其中英年早逝、胎死腹中与寿终正寝，三者真正的差别在哪儿呢？

最近我常自己这样练习：我对着家庭中的死者介绍自己是谁。我母亲的家庭里有五个小孩很年轻就过世了，我也对这些小孩做自我介绍，我发现他们带给我十分强大的力量。

死亡不代表消失，一旦我们承认对方的存在，对着他们介绍自己，死者就会提供帮助。他们还缺少什么吗？连结他们时，他们的影响力会持续透过我而发生吗？或者是说，这样做让他们得以安适吗？以上问题我都没有答案，只知道这样做代表：以一切如是的样子同意生命的真相，同意死亡。

第六章
灵性家庭排列
Spiritual Family Constellations

灵性家庭排列的崭新涵义：

1. **内在态度**

排列者臣服于"道"所带领的方向及步伐。在道的带领之下，排列者能清楚了解可以对谁工作，能够做到什么程度，何时应该停下。

2. **一切如是**

带着爱和尊重，没有批判地以事物原本的样子同意每一个人、每一件事。

3. **没有担心、没有顾虑**

不管命运为何，罪恶感有多深重，了解每个人、每件事都在心灵移动的带领下进行着。

4. **没有成见**

将对助人者或来访者来说，什么是对、什么是错这类先入为主的成见通通摒除。这样助人者才能敞开自己，福至心灵，获得暗示。精确的观察加上与心灵的移动融合一致，暗示就会浮现，照亮洞见告诉我们该怎么做。

哲学

从事助人工作的我，曾经苦心钻研人类行为、痛苦烦恼、幸福美满的运作模式。说真的，这算是一种哲学，一种与他人共鸣而领会出的特殊哲学。

哲学的起源是什么？哲学看向某事、深入观察，对所有的现象敞开心胸。所谓的哲学家就是热爱智慧之人，他们对所有现象敞开心胸，瞬间在丰富的现象里瞥见本质。

哲学的意思是：看穿表象，遇见本质。我们在哲学中获得洞见，了解事物的本质，获得采取行动的能力，并且一定得采取行动。获得洞见就一定得要运用它：如果不去运用，洞见就流于空谈。或者可以这样说，无法采取行动的洞见，并非核心的洞见。

灵性家庭排列若要能成功进行，一定要把"观察现象，获得洞见"当做基础原则。遵循此原则而运用洞见的助人者，从态度上说可称作一个哲学家。他们向事物的原貌敞开自己，内在保持空性，没有企图；不仰赖先前的知识，没有恐惧；接着，如闪电划过天际一般，突然间明了下一步该往哪儿走；走了一步之后，又再次进入未知。因为洞见不可能是全套完整的步骤，真正的洞见从来都不是广泛的真理。

洞见只可能是一个暗示，暗示下一步要怎么走。走出那一步后，一连串的程序就启动了，接着助人者静待接下来的暗示，看看再下一步要怎么走。一个暗示接着一个暗示，一步接着一步，助人者和来访者与背后运作的流动融合一致，持续地展现创造力。

身体

创造力的来源是什么呢？我举一个简单的例子，让大家可以更加了解此概念。所有活着的东西，比如身体，都受到创造性力量的指挥。创造性力量将一切事物聚拢，指挥着一切事物前往某处获取新活水。这个创造性的力量我们称作"灵魂"。身体能够活着是因为灵魂在其中指挥，因此身体遵循着某种律则活着，所有的生物也都遵循着某种注定的律则活着。不过这种律则并非恒久不变，就像所有的生物都会进化成长一样，这种律则本身也会进化。另外有某些事情则是亘古不变的，所以说这种事情绝对不是来自于物质领域，一定是从别处来的，从一个超越物质的世界而来，其本身不受任何律则管制。

灵魂

另外有一种力量让灵魂进入身体赋予万物生命，指挥着生物移动，这种力量也遵循着某种律则。其中一个律则是：灵魂无法忍受被排斥。灵魂总是遵循着这个律则，所以说这个律则并非灵魂的产物，它一定是从某种高于灵魂的层次而来的。

人类的心灵

在灵魂之上还有"人类的心灵"。心灵的独有特质，就是不受任何事物限制。例如，在心灵里如果我们想要到最远的银河系，有如电光一闪，瞬间我们就到了；如果我们想要连结一个远方的朋友，电光一闪也是一下子就到了。在心灵里不管要去哪里，瞬间就会到。从这点来看，我们的心灵不受任何限制。

不过，人类的心灵还是受制于某种律则之下。关于这点我们只能想到某些范畴，例如，因果、时空。除此之外，人类的心灵也必须遵循某种逻辑法则。以上提到的律则和法则，对我们的心灵来说都是永久不变的制约，我们只能在此框架下展开生活。因此，一定有某种超越人类心灵的东西，为心灵设下律则，并透过这些律则展现其意志。

创造性心灵——道

心灵的本质里一定还有某个东西存在，不同于人类的心灵，是我们无法观察到的。所有我们能观察到的东西都处在不停的变动中，以一种富有创造性的方式持续变动着。这些变动的背后有一股力量在运作着，它是无穷无尽的创造力，它是真正的力量。

当我们处在空性里时，才能和真正的源头相会。那个源头就是创造性力量。它不是专属于我们的源头，它是全人类的，也是整个世界的源头。当我和这个源头相会时，就是和全人类相会。相会时，我不以个人的意志影响任何事物。每当我进入我的源头里，就是进入每个人的源头里，因为这是全人类的源头。唯有走入这样的深度，与源头建立连结，人类才能发挥创造力。因此，灵性家庭排列之所以能有创造性的效果，就是因为从人类的源头获取了创造力。而这，就是从事这类助人工作的必要前提。所以说，我们必须在获取洞见的路途先有所斩获，必须活出这种哲学，必须成为更高层次力量的通道，才有能力从事灵性家庭排列。

这已经不算是心理治疗了，它远远超过心理治疗的范畴，它是应用哲学、生命学。如果我们试着将之定义为某种心理治疗的学派，它就会像水一样从手中流掉，我们会彻底地错过它。

灵性家庭排列

"家庭系统排列"是什么意思？这个词汇描述出排列家庭成员的过程。来访者从团体中挑人代表家庭中某些重要的成员，如父母、兄弟姐妹、来访者本身。然后来访者排列出代表者间的相互关系，这就是"家庭系统排列"。

心灵场域

接着会发生什么事呢？虽然代表者不认识他们所代表的人，但突然间却有了"被代表人"的感受。家庭系统排列的经验告诉我们，在某个心灵场域内人人都和更伟大的整体连结，每个家庭成员都出现在这个心灵场域内，包括亡者，场域中人人都和其他人融合一致。所有人都能相互连结，事实上他们也真的是相互连结的，虽然他们不一定在理智上能意识到这点，不过他们的行为和情感则清楚地表现出这点。这些连结的深度将会在家庭系统排列里逐渐显露。

进行家庭系统排列时，我们也会在心灵场域中接收到洞见讯息。每个人都生活在一个更大的共同心灵里，它看顾着所有家庭成员和其他透过命运而相连的人；它遵循某种法则，也强制执行这些法则，这为家庭成员带来深远的影响和后果。

就某种程度而言，可以用相当表面的方式来学习家庭系统排列，只单纯地排列出一个家庭。而仅仅这样做就能马上见到效果。

不过仅仅这样做能让排列师走入涵盖一切的心灵场域、获得洞见吗？

如果想要进行深度的治疗、找出最珍贵的解答，首要条件就是要了解心灵场域为何；如果想要更熟知心灵场域的法则，以及世代牵连的涟漪效应，那么就要对心灵场域的部分进行扎实的训练。

道的移动

如果我们利用家庭系统排列来进行助人工作，进展到某个程度后就可能会遇到界限。家庭系统排列有其限制，所以说我们必须进入更高的层次，一个更宽广的心灵层次。于此，视野完全不同，既容纳了家庭排列，也不再局限于家庭排列。在这个心灵领域里，我们被另一种力量带走，它引领着我们。自此之后就无法再用过去的方式进行工作了，我们将变得相当严谨；自此之后我们能感觉到心灵力量的移动，顺着它走就可以看到它如何在心灵里启动许多移动，这些根本不是用脑袋想得到的主意。在其中，我们保持全然地归于中心，放弃任何形式的干预，全部交给心灵的移动来做。所有的"作为"到此告一段落，从今以后我们再也不能说："我在'做'家庭系统排列。"我们真正在进行的是和更大的力量融合一致，跟随它的带领而移动。

家庭的心灵场域

家庭的心灵场域和生物学家鲁珀特·谢德瑞克所提出的"形态发生场(morphogenetic field)"有许多相互呼应之处。谢德瑞克观察形态发生场得到几个重要的结论。其中一个就是：从内部无法改变形态发生场。在形态发生场内，所有的事情都不断地重复发生。这和家庭场域里观察到的现象是一致的。

场域和灵魂

"场域"和"灵魂"这两个字眼常常让人混淆。我和鲁珀特·谢德瑞克聊天时,他曾提到:"场域并不是一个贴切的措词。"

第一个研究这个领域的人,是上世纪初的某位德国哲学家。更早之前,其他哲学家也观察过心灵场域,他们用"灵魂"这个词来指称。他们还谈到"全体的灵魂"、"世界的灵魂"。不过灵魂这个字眼在科学中并不被采信,因此他们转而使用"场域"这个词。

我们常常会观察到心灵场域总遵循着某种律则,它总是不断地在移动,它的移动具有某种目的性。而所谓的目的性只存在于意识中,不过"场域"这个词并不含"意识"的意思,所以说"灵魂"是比较恰当的词。因此我常说伟大的灵魂。

家庭灵魂

不过我的怀疑是:家庭的灵魂被圈在场域里,所以场域中所有的事情都会不断重复,因此家庭成员的命运也会不断重复。如果有个家庭成员卷入某个长辈的命运里而出现一些行为,那么后代也会有人有类似的纠葛。然而,纠葛是解决不了问题的。

鲁珀特·谢德瑞克在当时就发觉,这些重复的模式虽然穿戴上不同的外表,却仍旧和更大的家庭灵魂有所连结,它称那更大的东西为"心灵"。我会举一些例子增进大家对此概念的了解。

精神分析学家建构了一个场域,但他们的行为举止却完全相同,他们认为任何采用别种方式的人都会对场域造成威胁,因此那些人很可能会被场域排斥。除此之外,场域还有一个功能,就是定义出成员应该如何感知事物。比如天文学家和天主教教会,它们都同样设下规矩,规定成员们哪些事情不可以感知、不可以想。

良知

在我之前，没有任何一个哲学家有勇气仔细地检验所谓"良知"这件事。他们所有人都被良知束缚住了，就算是伟大的哲学家康德也一样。他们没有办法察觉到不同的人和不同的团体有不同的良知系统，而这些相异的良知间毫无共识可言。在基督教的教义里，良知是最高的指导原则，甚至被当做是内在的神性。基督徒无法感知到：此概念本身就相当的矛盾。某些类型的良知的周围形成了一个十分巨大的场域，所以，背叛教会的下场实在是不堪设想。

正义

跟上述相关，我还有另一个很残酷的洞见，它有关于所谓的"正义"。世人给予正义很高的评价，把它当做是至高无上的人生目标。正义真正发生过吗？你有看过争取正义成功的吗？根本没有所谓的"正义"，这种东西不存在，它只是一种概念，只是一种我们应该努力、或是被强迫该努力争取的理想境界。达成公平正义时，会发生什么事？某人会被杀。所有伟大的牺牲都是奉献给正义的。人们为了要建立正义而发动战争，攻打他人国家的士兵们都打着恢复正义的旗帜；就算是为了阻止他人侵犯而战，也有可能会掉入正义之名的陷阱。上一次世界大战里，就有许多人打着正义的名号，焚烧摧毁许多德国城市，借此挟怨报复。在此，深藏在心底的报复本能，戴上冠冕堂皇的面具出场。

许多宗教里都有一个令人不敢置信的概念：期望神恢复人间的正义。这样的神到底为谁服务？这种神已经不算是神了，而是为正义代言的偶像。如此落伍的观念，却仍然存在于许多宗教当中，就算这些宗教的核心价值是"爱"，也可能会落入此窠臼。所谓的良知允许人们进行复仇，表面上却打着高尚的名号：正义。

这种事情再明显不过了，但为什么没有人去支持这样的检验呢？形态发生场内对团体的谬误之神有着盲目的信念，检验良知是被严正禁止的。就算允许，光明正大地进行检验也一定会被禁止。

世界上有很多这样的场域，比如说医学场域就是其中一个。尽管他们为人类带来了许多伟大的贡献，但在禁止感知的高墙阻挡下，许多有关疾病肇因、治疗形式的洞见，根本不得其门而入。

许多治疗师，包括某些家庭系统排列师，都深受这种场域的影响，因此有许多事情他们无法感知了解。

被囚禁的心灵

许多心理治疗师被某些世界观给绑住，有如被高墙围绕一般，他们无法超越这些高墙，除非打开一扇新的门。

我想要谈谈这种囚禁的现象。隶属于某种心理治疗学派、某种政党、某种宗教、某种专业的人，都处在一个形态发生场中。鲁珀特·谢德瑞克曾对此进行了详细的研究。

"形态发生"就是：如果一件事顺着某个形态发展有成之后，这个形态就会决定场域后来的走向；然后，这种形态就会不断地重复出现。

举例来说，西格蒙德·弗洛伊德经历了某些事情，然后他以之发展出一套完整的世界观和治疗方法的形态。但后来加入场域的人却无法敞开接受其他新的洞见，无法随着新洞见而改变自己，因为长时间以来都是之前的场域牵着大家的鼻子走。这些人以同样的方式思考，以同样的方式做事，持续被捆绑在场域里。

律师们有自己的形态发生场，成为某个宗教的成员也会被捆绑在形态发生场中。形态发生场的领导者总是说相同的话，总是探讨相同的议题，议题里每次提出的意见也总是相同。政党党员也是身处在某个形态发生场里。

形态发生场的作用和良知系统一样，每当成员有异于他人的想法时，自己会感到很不舒服，甚至会感到害怕，产生一个"坏的"良知。

家庭系统排列也难逃形态发生场的威胁，只有一个办法能解决这个问题：每天都让自己像个不经世事的孩子，带着明净的双眼，持续地敞开自己面向崭新的事物。

一旦我们在场域内观察到有某个移动发生了，就表示场域已经发生改变。

洞见的现象学之路

从家庭系统排列里，我发现了两个关于生命和人际关系的基础法则，它们以灵性的洞见的方式出现。我是在一个特别的洞见之路上发现它们的，我称此道路为"洞见的现象学"。

进行的模式

我会解释该如何进行，如此一来你就能秉持正确的心态探索洞见。当天处理来访者的问题时，可以踏上洞见之路，找出下一步该怎么走。

第一次使用这种方法时，我身处在什么样的状态之下（至少是一种神志清醒的状态），我会解释给你们听。在此道路上，我得到许多有关"良知"的重要洞见。我所得到的关于良知以及生命法则的洞见，都是学习家庭系统排列的必修基础。

进行的时候，我们必须和自己习以为常的心智模式保持距离。跨出这段距离需要三个步骤。

踏上洞见之路的第一步是：别人曾经针对此问题发表过许多相关言论，请全盘忘记它。别人说过的话都先放下，通通忘光。

对来访者工作的时候，也能用同样的方式进行：不管来访者说什么，我通通忘掉，不从那边获得任何暗示。在自身和来访者的问题之间，创造出一段距离。

例如，当我深思良知的相关问题时，我以全新、全然自主的方式，对着问题敞开自己，我忘记有关良知的所有论述。这就是跨出距离的第一步。

第二步是：面对着某个状况、某个问题或某个人，我全然地敞开自己，不带一丝企图。

当我敞开自己面对良知时，我并没有因为想要应用它，而急于发现什么新论点。这种企图心将会阻碍真知。所以说，不带一丝企图能为我们创造出第二段距离。虽然我对良知的洞见后来发挥了极为深远的影响力，不过那算是另一个层面的事情，那是带着企图刻意地运用洞见。然而以纯净的眼光感知事物，就能刻意地把洞见运用在生命和爱的所有范围里。

这个步骤运用在助人工作里要怎么做呢？我们在来访者面前敞开自己，不带任何企图，连想要帮助他的企图都没有。放下所有"怎么样做会对来访者有帮助"的想法。

当你真的忘记来访者说的话，并且不带任何企图时，感受一下自己是多么的归于中心。

然而当时你并非单独一人而是在来访者身旁，归于中心将为你聚集强大的力量，来访者再也无法凌驾于你之上，而你只是单纯地归于中心而已。

第三段距离是：不管出现什么状况，都不感到害怕；同时，因为我们持续表现出忘记他人所说的话，以及毫无企图，这些行为可能会招来批评，但我们也要无惧于这些批评。这是最难的一步，不过一旦我们全心投入这样去做，就会看到它的效果：我们的心中会聚集更多前所未见的力量。新洞见可能是陌生的，甚至是令我们感到害怕的，唯有走完三步的人才能无惧地迎向新洞见。

我以上所描述的是一条净化之道，走在这条道路上的我们，将会历经一场彻底的洗涤。

接下来是我们走到洞见之路上最关键的一段：以上述的方式在状况或问题面前敞开自己，在事物原本的样子面前敞开自己，如此一来某些事情就会开始自行发生，突然间我就了解了问题的核心在哪儿。核心的面貌是自行显露的，而我只是在旁观看。我只是转身看向它们，什么也没做，它们就会自行显现，朝我们走过来。这是以接受性的方式获得洞见，而不是以贪心抓取的方式。

所有伟大的艺术都来自于这种洞见，包括那些和动物融合互动、进而相处融洽的艺术。比如说，专门与马儿沟通的人，他们不直接走向马儿，而是带着尊重在马儿面前敞开自己，静待马儿自行走到身旁。

冥想：保持距离

接下来一起做个静心练习。闭上双眼，从内在看着一个我们想要为他付出的人，或许是一位来访者，或者是某个家人，某个我们想要帮助的人，某个我们非常关心的人，或许是某个小孩。

和这个人保持一段恰当的距离，在他的面前将自己敞开，没有企图、担心、后悔、恐惧，不挂念会有什么后果，保持沉着冷静。

接着我们注意到，眼前这个人变了，我们也变了，更看见双方渐渐地和超越苦痛的伟大力量融合一致。

然后我们眼光放远，超越了眼前这个人。我们看到他的命运，甚至也超越了命运，看向远方。我们单纯地待在这里，归于中心。

接着我们说："是的。"一阵子过后，再说第二句："求求你。"

透过上述的练习，我们开始了解到底什么是"灵性家庭排列"，也对它的意涵有更深刻的交融领会。接着，就跟随着这些移动的带领，前进吧！

灵魂

灵魂是一种力量，能将分散的碎片聚合，指挥它们往某个方向前进。例如：人类的器官只能以目前的方式运作，因为有一种力量连结、指挥着它们。器官的运作方式让我们体会到内在灵魂的存在。

同样，灵魂也聚集家庭成员，指挥成员们往某个方向前进。这也是灵魂，不过是一种延伸的灵魂。这种延伸的灵魂无法忍受被所属的园地排除在外，所以灵魂的移动总是想要将曾经分裂的再次结合。这个延伸的灵魂，也就是家庭灵魂，在排列中也能涵容代表者，朝着某个方向移动，最终会把曾经分裂的部分再次带往结合。

其他方式

有时候我们知道如何让结合再次发生；有时候从过往的经验里，大概会知道解决之道在哪儿。家庭系统排列里常会显示出某些通用的律则，通常这些律则贡献良多，能将家庭里分裂的状况再次结合。

但面对非常严重的纠葛和特殊的命运时，排列的移动可能会走向我们根本料想不到、也不希望发生的境地里。有时候，排列的移动走向死亡，根本不想避开死亡。但如果我们信任这些移动，保持不以任何方式介入，通常它就会出乎意料地转换路线。解答可能会出现在最意想不到的地方，超越了最奢侈的愿望，于是我们终于了解到，自己是更大整体的一部分，所有的思绪和愿望都消融了。

有时候我们会想要更加了解某些移动为什么那样发生——我猜你们都以为我全部都了解，只是我选择不说出来罢了——但我是真的不清楚，我只是看着移动的发生，留心注意结果而已。

肃穆

这种移动进行到最后，参与之人将会产生一种肃穆的态度，不会想要开玩笑。接着代表者、来访者及其他参与者们全都进入归于中心的状态，在心灵层面里跟随着移动的带领。虽然我们完全不了解到底发生了什么事情，不过归于中心、严肃以待的态度显示出这个问题相当的沉重。

范围

在家庭系统排列中，我们通常只排列到祖父母那一辈，顶多到曾祖辈。这样的范围让我们可以清楚看见谁和谁之间有纠葛存在。不过有些纠葛牵涉的年代却更为久远，有时排列里可以看到某些重要的事情发生在许多世代里，真正的源头事件已不可考，却仍影响着当代的子孙。

一般来说，引发精神疾病的根源事件年代通常相当久远。各地的美洲印第安人现在都还是深深地被好几世纪以前的历史事件所影响，就算这些历史早已销声匿迹，无人知晓。

截至目前，我的观察是：影响后代如此之深的事件，总是和谋杀有关。

失落的灵魂

谋杀者会发生什么事情呢？他们会失去灵魂，所以在往后的日子里他们将不断地寻找自己的灵魂。如果谋杀者死前都没有找到自己的灵魂，那么就会有后代继续替他寻找。谋杀者的灵魂到底在哪儿？就在受害者那儿。唯有走回受害者身旁，才能重新拿回灵魂。因此若想帮谋杀者赎回灵魂，走上和平的解决之道，就必须要带着深深的同情看向受害者，以泪礼敬他们的命运。如此一来才能把受害者纳入我们的灵魂里，也才能把谋杀者失落的灵魂一并纳入。

清晰

我们在黑暗里常常会因为苦无讯息而踌躇，但后来某些重要的事情就会出现，它会带来影响力。如果我们保持不干涉，这个影响力就会持续运作。

心理治疗以及相关领域，或家庭系统排列（尤其是早期的形式）里，由领导人寻找，通常会找到不错的解答。

不过如果面临的是很深奥的问题，就不能这样做。在这里，只能在排列移动发生之后跟随它前进。只要移动发生了，我们就不需要做任何事了，因为移动会继续自行发展。

如果我们一心一意想找解答，那么心中就会有一个想法，认为解答应该长某种样子。这种内在图像有时候是正确的，按照这样去发展也可能会产生好的结果，但这种方法并不是每次都行得通。尽管如此，这样的排列还是发生了某些移动。如果当初在移动发生之时，我们不去干预改变它，让它按照原本的样子发生，如此排列的力量会就比强行寻找解答来得更强。曾经断裂的连结，如今就今重新连结。

我想谈谈有关"心理异常"的事情。它们是怎么发生的？为什么人们需要心理治疗？答案通常是：他们和某人断了连结。人们一旦和父母其中一人，或是和父母两人切断连结，就会丧失能量和力量，变得虚弱而生病。

而解答相当简单，只要把失落的连结重新连上即可。怎么做呢？作为一个成功助人者的先决条件为何？第一，助人者必须连结上来访者的父母、祖先、命运、罪恶感与死亡。

我们的家庭

对此我们可以一起做个小小的静心练习。闭上双眼，感觉父母就在你的身体里。我们一切的起源都从父母而来，我就是我的父母。将我们的内在不断扩大，直到能感觉到父母两人为止。看着父母原本的样子，一点儿都不希望他们有所不同。

然后以同样的方式从内在看着你的祖父母、外祖父母、曾祖辈、所有家庭成员，以及那些已经过世的家人。从身体内部感觉到所有人，同意他们，也同意自己的一切。投向他们的怀抱，让他们紧紧地抱住自己，深深感觉自己是家庭的一员。从父母、祖先、自身的行为和自身的罪恶感里，体验感受到自己特殊的命运。接着，同意这个命运，然后说："是的，这就是我的命运，我同意它。"

除了父母和祖先，我们还跟另一个伟大的力量有所连结。这个伟大的力量引导着我们和我们的家人们，我们的生命为它而服务。它为每个人分派不同的使命、任务，并给予我们足够的力量来面对这些使命和任务。同意这点，我们就自由了，就不再会被肤浅的愿望干扰而分心，内心终于充满某种伟大的力量。

来访者的家庭

现在如果有位来访者找上门，我们看着这位来访者，同时也去看、去感受他的父母，带着尊重和爱按照他们原本的样子同意他们。接着看向他的（外）祖父辈、曾祖父辈、所有的祖先、所有英年早逝的家人们。我把他们放在心上之后，他们也会出现在来访者心里。接着，对着他们深深鞠一躬，请求他们给予协助。如此一来，照顾来访者的人就不是我，而是那些家庭成员。然后那些家庭成员将会团结起来，支持我和来访者，也支持美好的事情发生在我们身上。说不定之后就有机会一瞥来访者的使命、任务，或命运。

看见什么，就同意什么。接着我们才能感受到自己和来访者的连结是如此之深，却又保持着一段距离。我们明了自己随时都应该小心翼翼地和来访者的家庭、命运，甚至死亡保持融合一致。

另外，如果某人对自己的父母心怀怨恨，频频指控父母，甚至还瞧不起父母，遇到这种状况我会保持和他的父母与祖先融合一致，然后我会拒绝帮助此人。因为他连最重要的第一步都跨不出来，所以我连一点施力的机会都没有。尽管如此，到底要怎样才能帮得到他呢？当我撇下他时，我仍保持和他融合一致，把他交托给他自身的命运，如此一来就可能会发生某些事情，助他改变。

试想：如果你试着取代他的父母，想助他打击他的父母，这种情况下没有了父母和命运的祝福，事情会演变成怎样呢？若想和所有的一切保持融合一致，其实需要更大的力量才办得到。

许多混乱的起因都来自于某人在家庭里无法单纯地当个小孩，纠葛的负担太重,所以没办法连结父母。例如,孩子代为弥补某人的过错,或是得再次重复一个不属于他自己、而是属于他人的命运。我们可以给予的帮助就是:为他找出正确的序位,如此一来小孩就能放下重担,重新成为一个小孩,接受长辈的施予。

失焦与共鸣

当我们与某人相会时,也同时遇见了他的父母,因为每个人都把自己的父母带在心上。父母活在我们心中,祖先也是。因此与某一个人相会,其实是同时遇见了许多人;对某一个人致敬,也是对他的父母和祖先致敬。

我们的工作中可以很清楚地分辨来访者是否和父母或其他家人失去了连结。如果是的话,那么这位来访者一定觉得自己哪里缺了一块,系统也有点失序。所以进行工作的重点就是:我们回到自己的家庭内,找出那些曾和我们分裂,或是曾被我们遗忘、拒绝的家人,再次跟他们连结。如此一来,我们就能再次回到完整里,系统也会再次感觉到完整。

这种工作的本质就是将曾经分裂的带向再次结合,它为和解与和平而服务。

人会生病就是因为身体与某些东西分裂了,或者说身体里某些东西无法进入融合一致。病者失去了和某些器官的连结,而这些器官抱怨连连。

不过更仔细研究之后会发现:那些和我们不和谐的器官,其实正和某个别人处在融合一致的状况里。相当常见的状况是家庭中有某个人,被我们或其他家人排斥或拒绝,因此他在我们的身体中找到某个部分替他发声,透过我们的疾病或抱怨展现出他的存在。疼痛而受苦的器官和那个被排斥的人互相共鸣着。不过,我们一旦找出那个被排斥的人,和他进入融合一致里,这表示病者总算愿意倾听器官的抱怨,器官可以进入融合一致里,感觉就会舒缓了许多。自然,病者也会舒服多了。

🌸 不同的家庭系统排列

所谓的"灵性家庭排列"是家庭系统排列工作再进化的结果。从一开始进行此工作，就可以明显地发现：代表者能拥有真实家庭成员的感受。多年来大量的排列经验形成了许多特定的模式或者说是"爱的序位"。例如，我们都知道小孩必须站在正确的年龄序位上，通常是面对着父母；另外，我们也知道父母的前任伴侣在家庭里扮演十分特殊的角色。

渐渐地，在家庭系统排列中发现了一些特定的爱的序位。针对这些主题，我都曾仔细谈过，你们可以信任那些过往的知见，并拿来运用在排列工作里。有了爱的序位的提点，带领者可以找到下一步该怎么走。不过经过一段时间之后，灵魂和灵性就会在排列中登场，合理的下一步就会变成：给灵魂和灵性足够的空间去运作。这样做之后，排列进行的模式以及获得的解答，都将十分不同。

进行家庭系统排列时，常常会看到助人者退让出空间，完全不干涉，让排列自行发生。但这并不表示助人者是被动的。事实上，助人者必须全然贯注在排列里，某个瞬间里就会知道自己应该做些什么，于是在那个时间点里干预。助人者和排列中所发生的每件事紧紧相连，在正确的时间点出手；助人者的所作所为并非来自于自身的判断，而是和心灵移动和谐一致所产生的结果。这种概念吓到许多助人者，因为他们再也不能踏着事先预定好的步伐进行排列，他们必须把自己和排列交托给更伟大的存在，所以说有些人比较喜欢使用原本熟悉的排列程序。

助人的愿望

接下来我们一起做个小小的练习。想象某一个人，你很想要帮助他。你带着这样的态度面对他，他会有什么感觉呢？而你又会有什么感觉？他的力量会削弱还是增强？而你的呢？

助人的多种面向

家庭系统排列的工作方式是由经验累积而成的，我从这种工作方式里发现许多洞见，例如，纠葛是如何形成的，如何从纠葛中松脱。从家庭系统排列里，我们也对关系中的"爱的序位"有了十分清晰的了解。而在排列中必须带着一份开阔，在当下里对所有发生的事情保持全然地敞开，这份敞开也带着我们去体验新的历程。所以说，家庭系统排列持续地发展、持续地成长，一次又一次向我们展现全新的面向。

无为的呈现

家庭系统排列最重要的进展就是：心灵的移动（一开始我称它为灵魂的移动）。当我们给予每位代表者足够的空间，让他们可以跟随心灵移动的带领而进行，那么助人工作就进入了新的次元。当我们把自己交托给心灵的移动，就表示自己也正在进行移动。如果我们停下来，停住不动，心灵的移动就会撤离。所以说，这个工作是一项持续不停的挑战，不可能会有完成的一天，不可能会有最终的成就。心灵和心灵从未停止移动，它们无时无刻不保持流动。

值得注意的是，进行排列时助人者不只和来访者融合一致，还和他的家人、家庭的命运、家庭的死亡，以及为来访者设下生命方向的力量通通融合一致。因此，助人者保持归于中心，态度严谨。

助人者必须和来访者融合一致，也必须和自己、自己的限制，以及自身心灵的移动通通保持融合一致。有时候，灵魂和心灵移动会提出相当严苛又前所未见的新要求，让助人者必须面对非常吓人的状况。此时，需要很多的勇气才能进行。符合这些条件的助人者，在进入自身心灵与来访者心灵融合一致的状况后，心灵的移动可能会允许他说一些关键性话语，或做一些关键性的动作。而这些话语和动作将会同时符合自身心灵和来访者心灵的选择。助人者不从外在下手干预，因为他并不想控制任何事情。助人者和所有的一切处在相同的流动里，有时会刺激一下来访者，有时却十分克制，直到该发生的流动全部都完成了才罢休。

当我对所发生的一切敞开心胸，保持无为，那些不知从何处冒出的可能性，以及它带来的变化，总是带给我无限的惊喜。不过，这份无为来自最深刻的临在，无为就是全然的警觉。若我们处在无为的临在来面对他人，对方就能做出真正该做的事情。

初学者

许多初接触此工作的初学者还保有某些限制性，这代表他们的排列效果较差吗？不，如果他们和自己的限制保持一致，心灵仍旧会运作。某人承认自己有所过失，并不是样样事情都做得来，这种承认对他的心灵来说反而会带来最棒的结果。助人者真正唯一该做的事就是相信心灵的带领。伟大的弗洛伊德在世之时就了解到：初学者的成就通常比熟练的老狐狸来得还大。因为初学者如此的谦虚，留下许多空间给心灵做工。

信任心灵

怎么可能这样进行工作呢？难道我有"他心通"？不是这样的！排列中的代表者突然明了来访者家庭的状况也是因为有"他心通"吗？当然不是，他们只是保持连结而已。所以我只是面对状况敞开自己，而不去扛任何责任，而排列中的代表者当然也无需负责任。助人者面对着伟大整体全然地敞开自己，而代表者只是在这种环境下，显现出来访者或其他人的状况罢了。

在工作之时我所做的和代表者有些相似，我放下自己当前的感受、思绪与企图，让另外的力量引导我，而不带一丝恐惧。这就是最基本的态度。有时候我对来访者说的话，会让对方反应很激烈："你凭什么这样说我！？"你们之中许多人可能也都曾有相同的感受，只是不敢说出来。如果双方保持和谐一致，就算是最大胆的行为，也都是正确合宜的。这点从结果和效果来看十分清楚。

所以，我们以事物如是的样子接受问题的处境，然后和更大的系统融合一致。不过代表者需要花时间才能意识到应该如何移动，对助人者来说也是一样。助人者根本不知道会移动到哪儿去，我自己也不知道。只是在某段时间过后，我可以意识到：下一步该这样走。例如，加入另一个人进入排列里，这种时候我通常也意识得到该加入的是男性或女性。我信任这份感觉和这个移动，我归于中心，保持严谨，不管移动会怎么发生，随时都做好准备。我和代表者变成为心灵的移动而工作的工具。心灵的移动如此的精准又抽象，让大家把全副精神放在当前问题的本质上，而关键性的移动更是极为精简浓缩。当进行到这里时，我便再次撤退。

带着这种态度，可能会让你了解自己的路该如何进行。经常当代表者，就容易了解，因为当代表者所累积的经验会让人安心地信任移动，一阵子过后，感觉就会像在黑暗里前行，就算伸手不见五指，也能找到正确的路。虽然有时候还是会稍微跌跤，但发生错误是很正常的，事实上根本无伤大雅，因为处在伟大的移动中，错误能被抵消。反而，要将心灵推离轨道才真正十分困难，需要花许多的力气才做得到。

助人者心境平稳时，就知道自己仍旧保持着和整体融合一致，只要心境平稳，一切就没问题。一旦助人者或是团队参与者开始焦躁不安，就表示助人者状况没那么好了，这时候只有一个解药：就停在这里。

保护

有时候这种工作会带我们进入危险的境地里，这时候就要非常小心地进行。治疗师因无法瞬间就明了问题的状况为何，盲目地对状况敞开自己是很危险的。

我们唯一能做的事情就是：怀抱警戒心，小心地敞开自己。

这层保护力来自于空性。唯有从内在超越渴望和恐惧，心里了解除了此时此地以外，没有别的地方要去，并且让更伟大的整体推着我们走，这样才能好好地保护自己。以上述的心境为前提，然后面对更伟大的力量敞开自己，这种人才有资格、才有能力从事这份工作。做得不比"刚刚好"更多，无论情势如何发展都不闪避，如此才能安全地度过严苛的景况。

所谓的"有勇无谋"就是把这份工作当做是"卷起衣袖，说做就做"。这种想法非常危险，超乎想象地危险。不管如何，真正投入这份工作的人，选择的是一条无比艰辛的道途，不过获得的礼物也是无限的美好。

未完成

这里我要谈谈"完成"。完成和"结束"有关，完成代表事情结束，剩下还没完成仍在进行的事情就叫"未完成"。所以说"未完成"蕴涵一份力量，可以进一步发展更多、更深。而"完成"则表示事情已经结束，可以彻底遗忘。

为什么我要说这些？我们在做的这份工作永远是未完成的，正因为如此它才能蕴涵力量，助人者总在能量最高之时收手。如果已经彻底完成了，却还想做得更多，忽然间就会感觉到：效果变得如此平庸，能量已经流失了。

有时当我停在能量最高峰时，有些人会认为应该再做点什么。有时候这些人会走向来访者，问些问题，试着用自己的观点，为治疗收尾。这样做对能量的流动而言是种干扰。保持流动才会带来成长。这种成长通常十分细微，不过若是经过一段时间之后再回头看，就会看到当初的小幼苗已经长得这么高了，原本的初生之犊变成如此的成熟，令人惊讶不已。

对这种工作来说重要的是：带着耐心让事情随着自己的步调自行发展；对助人者来说重要的是：抱持信心，相信事情会以自身的力量持续发展下去。来访者也需要有耐心。另外还有一些人，他们觉得自己应该多做一些什么，才能帮助来访者成长得更快，他们更是需要耐心。

排列里所产生的效果在无垠无际的时空里孕育着丰硕的果实。浮现在灵魂空间里的画面不受时间的限制，因为它们在个人和整体的灵魂中拥有足够的空间，可以自行开展、自行做工。事情之所以会这样绝不是因为我们出手做了些什么，我们只是单纯地在灵魂里运作。伟大的灵魂如此的有力、平静、开阔，它启发了成长的开端。

在和谐中成长

在此我们学到了不少东西，我想谈谈如何实际上运用。答案是，在和谐中运用。

首先我们保持和自己和谐一致，不过要能做到这点，就必须先和自己的父母和谐一致才行。我们看着父母，说："你们是世界上最美的存在、最棒的存在。美好的事情总是透过你们，才发生在我身上。你们是我一切的根源。"

父母所给我们的一切，我们敞开心全部接受。这么一来就不只是和父母和谐一致，更是和我们的祖先、我们的国家、我们的国人、我们的宗教，通通和谐一致。我们由此而生，他们是我们的一部分。

当我们和一切保持和谐一致，尊重万事万物，如此一来就不用为了保护自己对抗任何事物。每件事情对我们来说都如此的顺眼、恰当，所以不需要避开任何事。

突然间我们终于能接收到来自内在的礼物，我们做得如此之棒，我们的父母、祖先，以及所有亲爱的长辈们，都沉浸在满溢的欣喜里。

当我们在生命中好好利用这份礼物时，就表示我们将荣耀献给所有的长辈，他们也会感到无比的欢喜。

有人前来寻求我们协助时，我就和他、他的父母、祖先、国家、文化、宗教，通通进入融合一致。一旦我们对他的背景毫无抗拒之时，他就能信任我们，我们也才能信任他。之后我们就进入更大的共鸣场域里，变得更丰富、更美好。

想象你和自己本身、自己的父母、自己的命运，还有对方，以及他的命运，通通融合一致里。这表示你可能也和对方的疾病、抱怨、死亡融合一致，就像你接受自己的疾病、抱怨、死亡一样。如果你和上述的一切通通融合一致，某些事情就在你们之间自行发生了，不需要任何作为。

无为

包含来自于伊斯兰教国家、中国在内的许多宗教，教义中的奥秘都和"无为"有关。他们在伟大的整体面前，敞开内在的感觉，看着事情发生，不涉入世事，也不进行助人之事，完全不干扰任何事情的发生。如此一来，世事就按照自己的道路，和相关的人们保持一致，自行进展。

任由事情自行发展就表示没有特定的目标。如果为来访者设下目标，告诉他应该要怎么做才能看起来身体健康、神智清楚，来访者如果也顺从这些说法的话，事情会变得怎么样？来访者会变成一个小孩。但那些了解和谐之道的人，有时会在某个时刻里突然明白：现在是时候说些话了。可能只是短短的一句话，对方的脸就被点亮，闪耀出光芒，心里某处也会被触动而有所改变。之后，我们转身前往下一个任务，不要在原地逗留太久。如果待的时间过长，自己就会变成挡住他人成长的阻碍。因此，我们只需要在交会时，做点好事即可。

其实，这么做真的是莫大的享受，不过如果耽溺在欣喜中，又会发生什么事呢？我们会错过下一个好机会。因此，继续前进吧！未来某日看到自己曾为世界带来这么多的美好，一定会感到十分惊喜。这个过程中没有费时费力，没有长时间埋头研究，只有在成长当中不断成就美好。

选择不同的道路

小鸡孵化之后会四处乱窜，各自到新的地方建造自己的巢穴，生下自己的新宝宝。家庭系统排列和心灵的移动也一样，成长的方向包罗万象。那些带着善心与善念努力发展的人，我全都支持。

我看到，如果大家都能彼此尊重，那么各种派别都能为整体的富饶贡献一己之力。如果我们踏上不同的道途，但朝向同样的目的地前进，每个人都会感觉更完整而丰富。对我来说，所有的道途都有所帮助，都富含价值。我很高兴看到我曾经播下的种子，现在发芽、茁壮成长、开花结果，无论种子们当初是否落在肥沃的土壤上，现在都在成长着。

故事：知识与了解

曾经有一个学者向圣人提问：

"碎片如何组成整体

碎片的知识和整体的知识有何不同？"

圣人充满智慧回答道：

"散落在各处的碎片若能找到走向源头的路，

服务于各自的使命，保持专心一致，

那么它们就变成一个整体。"

"因着彼此的加入，

才了解自己的使命和真相，

千百种形式化为彼此的明镜，

好似同源同家，

沉着地走向未知，

顺从地心引力，

和支持的力量保持紧紧相连。"

"感觉那个丰盛，

和他人一同分享这个丰盛，

于是乎，不需要知道每个细节，

不需要多说，

不需要拥有什么，

更不需要多做什么。"

"想踏入城市之人，

必得通过唯一的一座城门，

一次敲响一个钟，

只需一个声响，

全部的钟就会群起回响；

挑选一颗好吃的苹果，

不需要知道苹果的起源，

只要手拿苹果咬一口就知道了。"

学者辩称道：

"追寻真理必得知晓所有细节才成。"

圣人答道：

"年代久远的真理才能为人所通熟了解，

那些带我们向前行的真理，

都是如此地大胆，

如此地新颖，

它隐藏自己的目的地，

就好像种子里隐藏着一棵大树在其内。

那些急于行动之人，

想要了解更多，

想要了解得比下一步更多，

都错失了重点。

他在市集收下钱，

为了没有生命力的木材，

转身砍下活生生的大树。"

学者说：

"这还不算完整的回答。"

他持续催促圣人多谈一些。

圣人打断他的话，然后说：

"一开始，'圆满'就像一桶葡萄汁，

味甜而混浊，

它需要经过一段时间的发酵，

才会变得清澈，

不懂浅尝即止的人，大口喝下美酒，

醉醺醺而失去理智，步伐变得蹒跚失序。"

第七章
男人与女人
Man and Woman

灵性观点下的男人与女人

接下来我们会继续谈"灵性家庭排列"以及"跟随心灵移动的带领",不过主题来到"探索爱的流动"。这里我们要以灵性的角度来谈人类的基本情感关系,也就是人世间最主要的关系:伴侣关系。

伴侣关系的开始总是相当地寻常,男人需要女人,女人需要男人,两人相会之后感觉到生命完整。那么没有女人的男人呢?针对这点我们可以一起来探讨。而没有男人的女人呢?她会觉得自己缺少了一块儿。不过,单身的男人可以将某个女人放在心上荣耀她,其中分量最重的当然是男人自己的母亲,借由这样,男人仍会感到完整。另外,就算女人必须独自生活,也可以透过在心中荣耀男性而感到完整。

尊重

依我看,现代伴侣关系中一个很大的问题是:女人通常拒绝尊重、荣耀男人。这种模式对小孩会有很深远的影响。母亲憎恨父亲某些性格,之后小孩就会活出这样的性格。这是一种平衡,也是一种惩罚。属于整体的每一个小部分,都无法被排斥或拒绝。

我曾数次造访莫斯科,在那里举办大型的课程,我发现他们很大的问题出在男人们都是酒鬼。我曾这样说:"造成酗酒问题的其中一个原因就是,女人不尊重男人。"而他们同意我的说法。所以当前面临的处境就是:女人瞧不起男人。

同意

唯有男人以女人原本的样子尊重她,女人也以男人原本的样子尊重他,伴侣关系才可能成功。这种互相同意对方的行为是一种灵性的移动。

许多在伴侣关系中的人,认为另一半一定要是某种样子才可以,一旦对方无法符合自己的条件,就非得要对方改变,这样的行为将会一步步导致分手。无法受到尊重的那一方,由于对自己的忠诚,一定会离开这段关系。

同意对方,对他说:"我爱你,我按照你原本的样子爱着你。"这样做会令对方感觉十分安全,对方会确信自己被伴侣深深地爱着。

这样的"同意"包含更深的意味,它也代表着男人对女人说:"你现在的样子,对我来说是如此的完美又恰当,这样的你陪在我身旁让我感到非常快乐。"

有许多种方式可以向对方表示"同意",其中最美的一种就是表达自己有多么的快乐。然后男人继续说:"我也喜欢你母亲现在的样子,也喜欢你父亲现在的样子。"忽然间有些事情就变了,你感觉得到吗?当伴侣不只爱你,也依照你父母原本的样子爱着他们,你是否感觉更安全呢?

而且,还能再锦上添花:"我按照事情原本的样子,同意你的天命和命运,不管要我付出多少代价我都愿意。"

心灵之爱

对伴侣抱持这样的态度就是和心灵的移动保持和谐一致,这叫"心灵之爱"。心灵之爱亲切地转向我和伴侣,它按照我们原本的样子看着我们,这是因为心灵只能在人们原来的样貌里工作。因此和心灵的移动进入融合一致,让我了解到有一种爱在更高的层次里结合双方,这种爱是如此的深刻,并非一般对男女之爱的既定概念所能了解的。

和心灵的移动融合一致时,伴侣关系中的所有面向,如:性行为、热情、欢愉，都变得非常具有灵性，一切的发生都发乎于心灵，都是原始的生命流动。男人渴望女人，女人渴望男人，也是原始的生命流动、爱的流动，和这些流动保持和谐一致，带着了解让流动带着我们走，如此一来男女之间就能毫无障碍地充满幸福。

忠贞

有时候有些人必须跟随自身的命运而离开自己的伴侣，这可能和原生家庭的束缚有关，或是和生长背景的纠葛有关，又或者只是单纯地因为他必须负担起家庭中的某些重责大任。如果其中一人说："你不可以背叛我。"感觉得出来这句话对双方心灵的影响吗？这句话是如何切断双方的心灵移动的呢？

遭遇非得要分离的情况时，有一句话能让爱长存："我爱你，我也爱我自己；我爱那份引导你的力量，也爱那份引导我的力量，不管这些力量会带我们走向什么结局。"这种移动和心灵的移动和谐一致，而且是一份忠贞的移动，只不过不是对人忠贞，而是对心灵忠贞。这是一个不管发生什么事情，都保持坚定不移的爱的移动。

谁跟随着谁？

从以上的描述我们能有一些体会：什么是和谐的男女之爱，什么是和心灵移动融合一致的爱。

伴侣关系里，谁该跟随着谁呢？答案并不是某方居于主导地位，而另一方追随。真正的答案是，两人都跟随心灵的移动。这样的连结会最深刻，双方获得的自由也最大。

案例：超越伴侣的看见

海灵格：（对男人）你结过婚吗？

男人：是的。

海灵格：一次还两次？

男人：一次。

海灵格：你有小孩吗？

男人：我有一个四岁大的女儿。

海灵格（对参与者们）：我只需要这些信息就够了，其他的信息会在排列中自行显露。

海灵格（对男人）：为什么想要了解你的伴侣关系呢？你们之间有发生了什么事吗？

男人：我们无法一起向前走，然后我不知道……

海灵格：所以问题是你们无法一起向前走。

海灵格请男人上场代表自己，接着选了一人代表男人的妻子，然后请他们相隔数公尺面对面站着。

海灵格：（对男人）现在你看得更远，看得超越了她。

（也对妻子的代表者）你也看向远方，看得超越了他。

（接着对他们两人）你们看向对方的父母，也看向对方的家庭命运，带着爱持续往那个方向看去。

一阵子过后。

海灵格：你们两个都看向更远，看得超越眼前的伴侣。

又过了一阵子。

海灵格：现在你们两人对看着对方。

男人小心翼翼地朝着妻子的方向走了几步。

海灵格：我们再一起练习一遍。看向远方，看得超越了眼前的伴侣，在远处你也看到了自己。你看到有一股力量推动着万事万物，你把自己交付给那股力量。除此之外，还有你的愿望、你的罪恶感、你的懊悔，也全都交付给那股力量。

一阵子过后。

海灵格：现在你们再次对看。

男人慢慢地走向妻子，妻子也走向男人。

海灵格：再一次停在那边，然后相互对看。这次你看到自己的前任伴侣，请带着爱和感激看着他们，然后也把他们交付给更伟大的力量。

一阵子过后。

海灵格：现在你们再次对看。

结果他们相视而笑，深情地走向彼此。

当他们亲密地站在一起时，

海灵格：（对参与者们）可以想象接下来会发生什么事了。

参与者们放声大笑，不断鼓掌。

练习：跟随心灵

请闭上双眼，现在你可以为自己和伴侣进行刚刚的练习。请看得更远，看到前任伴侣以及过往所发生的一切。

看着我们的伴侣，照他原本的样子看着他；照他原本的样子，带着爱同意他。

看向伴侣的父母，尤其要看向母亲，也要看向父亲和所有的命运。看着他们原本的样貌，然后将他们全部交托给心灵的移动。在心灵移动里，他们得以安适，一步步走向爱的流动。

然后我们再次看向伴侣，看向发生在彼此之间的事情，或许是某件令人伤心的事，又或者是某件令我们倍感罪恶的事情。尽管如此，你还是看向远方，看得超越眼前的一切，把它们全都交托给爱的流动，在那边它们会受到良好的照顾，也只有在那边它们才得以安适。

现在你和伴侣再次对看，你们对彼此说："这些事情可以告一段落了，有人会好好地看顾它们。"

然后你们再次看得更远，看得超越眼前的彼此，这次看到了前任伴侣，你按照他们原本的样子同意他们。不管是你和前任伴侣曾经发生的爱，或是你的伴侣与其前任伴侣曾经发生的爱，你全都放在心上同意他们。你对他们说："谢谢你。我将带着你给我的一切，和现在的伴侣一同走向未来。你给我的一切，丰富了我们之间的爱。"

前任的伴侣关系或许曾划下伤痛，我们把这些伤痛交托给心灵和爱的流动，它们将得以安息，转变为美好的祝福。

接下来再次看向你的伴侣，感觉一下两人之间现在想怎么移动，是想结合？还是想分开？不管是哪种移动，都是心灵的移动。

如果想结合，那么就请两人并排站好，别只看向自己的伴侣，两人请一同看向别处。比如说，看向你们的小孩，或是看向两人可以一同奉献己身的目标。

一阵子过后。

好，就做到这里。

跟随心灵的带领是如此的美，如此的宏伟，它带领我们走向和解，也走向和谐一致。

宽容

我在德国完成学习后，为了追求另一种教育方法而前往南非担任教职。那里有期末考，还有年度会考。每次考试考题都非常多，答对40%就算及格，就算通过测验。

这种观念也适用于我们的伴侣：40分就够好了。

我们必须放下完美伴侣的概念，这种概念十分残忍，毫无人情味可言。40分就很棒了，剩下不足的60分我们用来训练自己变得更加宽容。宽容就是爱，非常美好的爱。

让我告诉你们一个很棒的案例。有一天我和妻子一同去散步，遇到一个老男人推着小货车，正在回收瓶罐，因为那附近有间舞厅。我的妻子对那位男士说："你这样做真好。"

"嗯，"那位男士说："他们随地乱丢瓶罐，现在我也随地乱捡瓶罐。"

这就是宽容。我曾仔细思考爱的序位，男女之间有一个序位就是：我们容许对方犯错，就算他把十诫中的每一项罪孽都做尽，也都还在我的容忍范围内。

这就是爱的序位，好美啊，不是吗？如此一来作恶更多，还是更少？我们根本不需要做恶，空间如此的开放，爱在当中恣意漫游。

案例：永恒的幸福

海灵格跟参与者们谈到有一对夫妇想要改善他们的关系，海灵格说："我认识他们两位很久了。首先，他们遭遇到的是两种不同文化的冲击，先生是黎巴嫩人，太太是德国人。然后，他们的宗教信仰也不同，先生是回教徒，太太是基督徒。除此之外，先生之前有过一段婚姻，他和现在的太太已经生了小孩。"

海灵格：（对那位男人）你有几个小孩？

男人：我有四个小孩。

海灵格：（对女人）你之前有过深刻的情感关系吗？

女人：我结过两次婚，第二次的婚姻里生了一个儿子，他现在已经成年了。

海灵格：（对参与者们）而现在他们两个成为伴侣了。我将和他们一起做个心灵的练习。

海灵格：（对夫妇）闭上眼睛，现在看向你过去的伴侣。

（对参与者们）如果你们身边的人和伴侣分手了，可以讲个故事给他听。曾经有一对分手的夫妇来找我，灵感一来，我为他们讲了这个故事。现在我也要讲这个故事给他们两个听。

一对男女一同出发旅行，他们各自都背上装满美味食物的背包。他们一起愉快地走过花园和田野，充满喜悦。他们不时停下来歇息，从背包中拿出食物互相分享。然后再继续向前走，渐渐地他们来到了一个上坡。

女人走一阵子后感觉十分疲累，她的背包空了，食物已经通通吃完了，她只好坐了下来。

男人继续往前走，越走越高进入山里，然后他的背包也空了，他只好坐了下来。

男人往后看，看到伴侣在山下。男人看着他们曾经一同走过的小径，忆起他们曾经分享的美好，然后开始哭泣。

这就是爱，带着爱哭泣，带着爱道别，如此一来，我们就能带着爱，也带着悲伤，看着过去的伴侣，然后我们看得更远，看得超越过去的伴侣，看向他的命运，看向我的命运，接着对这些命运说："是的。"

然后也看向小孩，看看父母分手对他们来说有什么意义，看到他们一定得在这样的背景下成长，也看看他们如何从中成长。带着爱，期望他们真的从中获得成长。

在心中看向现任伴侣，按照他原来的样子看着他。看着他的人生过去所发生的一切，看向他的前任伴侣和小孩，看向他们全部的人，然后说："是的。"

你对现任伴侣的期望和以往对初恋伴侣的期望相当不同，现在的你比较谦虚。新的伴侣关系里，双方都知道自己曾和别人谈过恋爱，他们看向彼此过往的恋爱关系，按照事情原本的样子同意它们："我接受这样的你。你曾经谈过那样的恋爱，发生种种的事情，那些过去构成现在的你，我接受这样的你。"

一方面来说，这是谦虚的爱；另一方面来说，这是伟大的爱，因为它容纳每个人，这就是灵性之爱。

一阵子过后。

海灵格：（对参与者们）那这对夫妇之间还剩下什么？他们剩下一个最棒的东西，那就是"平凡的幸福"。

女人将头倚靠在男人的怀里，男人抱住她，他们两个人都哭了。

海灵格：（对参与者们）这就是平凡的幸福，可以长久延续的幸福。

刚才你们许多人也跟着这对夫妇一起练习。

（对夫妇）祝你们一切安好。

（对参与者们）什么会永久延续？什么会成为过去？伟大的幸福终将离去，只有平凡的幸福永远留存。

参与者们群起鼓掌。

第八章
需要帮助的孩子
Children in Distress

所有孩子都是好的

我想要从灵性的角度来谈谈另一个领域：忧虑而不安的小孩。一般他们会被称为"麻烦的小孩"。

不是孩子有障碍，而是系统中存有某些障碍，换句话说，小孩的家庭系统有失序混乱的状况。家庭主要的混乱总是来自于排斥或遗忘某个家庭成员，出生在这种家庭的孩子会怎么做呢？小孩会看向被家庭排斥的那位成员，而变得忧虑不安。一旦家庭再次承认那位被排斥的成员，小孩就能放下重担。

我发现小孩焦躁不安而易怒，是因为他们看向某位已经过世却被家庭忽略的人。正因为如此，我才提出这个惊世骇俗的概念："每个孩子都是好孩子。"家庭排列显示出他们真的都是好孩子。除此之外，我还主张："他们的父母小时候也都是好孩子。"

这些忧虑而不安的孩子，他们的父母小时候也是看向某人。这些父母深受煎熬，他们到现在还看着那位被排斥的人，他们到现在还只是个小孩。这些父母通常无法恪尽父母的职守，因为他们还在看向那位从童年时代就有所连结的某人。

灵性家庭排列与传统家庭系统排列的目标是什么？目标在于将所有系统成员带到正确的位置，借此让不得其位的人重回自己的位置，这样一来，系统中的每个人都能松一口气。

曾经有位老师来找我，他的工作是照顾那些有障碍的孩子，尤其是那些快被退学的小孩。他带着爱试着整合这些小孩，获得了极大的成功。某天他打电话给我："我的小儿子有暴力倾向，学校想要把他开除，我该怎么办？"

所以说，就算某人经验丰富，做了许多善事，仍无法逃开命运的摆布。这个案例里控制他的并非他自己的命运，而是家庭其他人的命运。

我对他说："把你全家人都带来上课。"后来他带了妻子以及两个小孩来上课。小儿子就是那位具有暴力倾向的小孩。

我曾担任教职多年，我知道怎么应付小男孩，我了解他们的善良。

他们全家坐在我的身旁，我看着他们，立即就感觉到那位妈妈想死，因此她的儿子才会如此暴力。我对那位妈妈说："当我看着你的时候，我看得出来你很想死。"她回答："是的。"

不过她到底为什么想死呢？想当然，是因为她是个好孩子。我对她说："首先我把你的母亲放上来。"我并没有直接点出问题症结。

我排列出她的母亲，她的母亲马上低头直视地板，看着某位死者。我问那位太太："你妈妈看向谁呢？"她说："我妈妈之前有一个相爱至深的男朋友，他因车祸而过世了。"我选了一位代表者代表这位男朋友，请他躺在太太的母亲直视之处。看得出来太太的母亲和这位男朋友之间有非常浓厚的爱，她深深地被这位男友吸引。后来她走向这位男友，两人相拥。之后，这位死者就闭上双眼，太太的母亲也走回自己的位置，一副宽心的样子。

接下来，我请那位太太站在自己的母亲面前，请母亲对她说："现在我可以留下来了。"太太非常的开心，他们相互拥抱。这里发生的事情相当明显，之前太太想要替自己的母亲而死，现在她躺在母亲的怀里，闪耀着喜悦的光芒。

接着我请十四岁大的小儿子站在妈妈面前，请妈妈对儿子说："现在我可以留下来了，如果你也愿意留下来的话，我会很开心。"小儿子瞬间消融，依偎在妈妈的怀里，充满无限的爱。事情通通解决了，忽然间小儿子变成一个好孩子。

这些小孩有障碍通常是因为他们带着最多的爱，只是我们不知道他们爱的人是谁罢了。

冥想：我们都是有障碍的孩子

我们针对这个主题一起做个静心练习。假设我们之中有百分之二十的人曾是有障碍的孩子，也假设我们有百分之二十的时间，表现得像个有障碍的小孩。为求小心，我故意稍微降低比率。不过我们都有过身为不乖或可怜的小孩的感受，那时候父母非常地担心我们（不过我们都了解当父母担心我们时的感受），或许是因为我们生病了，或者是我们表现出一副脱轨的样子，让父母纳闷我们未来是否能独自面对人生。

好，现在请闭上双眼，回到过去某个时间点，那时你的父母不知道该拿你怎么办，或者那时你的父母很担心你，又或者当时你病了。请带着爱看着自己的小时候，让这个小孩带领你。

那个小孩带着爱看向谁呢？他看向某位家庭不愿意看的人。请对这个被排斥的人说："我带着爱看向你，对我来说，你是家庭的一分子。"

接下来请转向自己的父母，对他们说："我现在正看着某位我爱的人，请你们也跟我一起看向他，好吗？"

你们许多人也都有小孩，或许其中有个小孩特别难以照顾，那个小孩让你非常地头痛。可能是那个小孩病了，常常发生事故，或是有诸如此类的倾向。请带着爱，看向那位小孩目光所及之处。

说不定你的小孩看向的是已被堕胎的胎儿，或是某个被家庭拒绝的人，或是好几代以前被某位家庭成员所伤害的人，比如说家庭成员曾因战争而伤害了那些人。或许他看向的是让家庭蒙羞而被家庭所拒绝的人，可能是因为那个人犯了罪孽、杀了人，或是因战争而犯下罪行。或许，你的孩子看向那个人是因为其他家庭成员都不愿意看他，因为那个人让家庭蒙羞，所以家庭成员把头扭开不愿意看他，可是这个人跟其他的成员一样，都属于家庭的一分子。

现在我们也带着爱看向这个人，带着心灵之爱看向他。心灵之爱平等而没有任何歧视，它带领我们为每个人的本来面目而服务；这样的爱自有规划，它想去的地方超乎我们想象。

带着这样的爱来看，马上就会有很好的效果，请从内在感受那些改变。你会感受到小孩终于能放松下来，逐渐好转。

孤儿的故事

有一个孤儿院的管理者前来参加我在莫斯科所举办的课程，当时他带着一位十二岁的男孩。那位男孩坐在我的身旁，我说了一个故事给他听。

我以前曾经住在南非，跟黑人住在一起。有一天我去拜访一位酋长，我们开始聊天。他介绍他的太太给我认识，他有四个太太，还有很多小孩。他很担心某个儿子，他对我说："我不知道他出了什么问题，他常陷入很深的哀伤里。"

之后有一天，这小男孩结交了一位朋友，他们俩一起到丛林里探险，后来又认识了另一个比他们高的男孩。他们说："我们出发吧！去探索这个世界。"可是酋长的儿子却说："出发之前，我还有一件很重要的事情要做。"原来这位男孩的一个非常钟爱的亲人过世了，所以这位男孩说："我要先去墓穴。"于是他们三个人一起去了墓穴。在墓穴前，这位男孩说："请等我一下，我要去搜集一些花。"于是，他摘了一些花回到墓穴。

忽然间，这位男孩感到十分悲伤，他闭上双眼思念那位钟爱的亲人，然后坐倒在地。突然间他感觉到这位亲人就在他身旁，感觉如此的真实，就好像那位亲人抱着他，对他说："我永远都在你身旁。"男孩感到十分开心。

结束之后，他们三人出发去冒险。酋长的儿子环顾四周，忽然间世界变得比以前更美丽，花儿也变得更漂亮了。当他听见鸟儿啼叫时，他心想："这些鸟儿以前都没有唱得这么好听过。"他们来到苹果树下，男孩摘下一个苹果，咬了一口，他觉得自己从未吃过这么美味的苹果。他们三人就这样持续地向前走。

当晚他们回家后，酋长问他的儿子："你今天做了什么事？你看起来好不一样。"男孩说:"是啊,我变了,我发现了一个宝藏,从今以后我会永远把它放在心上。"

帮助孩子

　　对于辅导小孩的老师和负责照顾小孩的人,我想对你们说:如果你帮助小孩帮过头,小孩会生气,所以帮助他们的时候,请保持一段距离;还有,请把自己当做小孩父母的代表者来帮助他们,更重要的是请把自己的排序放在小孩父母的后面。如果你把自己看得比小孩的父母地位还高,以为自己比他们的父母做得还好,小孩也会生气。

　　辅导老师在引导孩子时,如果能和小孩的父母融合一致,就能发挥最大的功效。这种融合一致的态度还包含允许自己照料的小孩可以模仿他的父母。这点相当的重要,因为小孩都希望跟自己的父母很像。

　　如果你对某个小孩说:"你父亲是个酒鬼,长大之后千万不要变得跟他一样!"这样一来小孩会"更想"变得和父亲一样,因为他对父亲十分的忠诚。如此告诫小孩就会对小孩的心灵造成如此的后果。但如果你容许小孩变得和他的父亲一样,允许这个小孩在心中对自己的父亲说:"我好想变得跟你一样。"这个小孩就会注意到父亲温柔地看着他,对他说:"好。你变成我之后,你的所作所为一定和我不同。"允许小孩模仿自己的父母,小孩才有机会从父母的魔咒里超越、成长。用这种方法同意小孩的处境,就表示辅导老师把自己看得比小孩的父母序位还低。

　　所有的孩子都深爱着自己的父母,不管他们的父母为人如何。帮助小孩时若能荣耀并深爱着小孩的父母,那么小孩在那人身旁就会感觉安全。如此一来,小孩能深爱那位助人者,因为助人者的内在和小孩的父母有了一份连结。待在这位助人者身旁,小孩意识到,只要他想,他随时都能走向自己的父母,随时都能爱自己的父母,随时都能表达对父母的爱。

案例：残障的小孩：现在我同意

对父母来说，拥有一个残障的小孩犹如人生的所有期望被命运划破一刀。一方面，父母通常都以深刻的爱和小孩相连，他们待在小孩身旁，和小孩一同受苦。另一方面，父母通常会自责，检讨自己哪里做错了，或是怪罪其他人，比如医生。他们错失和小孩直接的连结，也错失和自己的直接连结。

怎么做能够帮助如此处境下的父母？让他们认出有一个心灵的移动带领着他们和小孩，帮助他们走上一条特殊的道途。让父母在这种心境之下同意自己的命运，也同意小孩的命运。父母和小孩走在这条特殊的道途上，将会获得一种特别的力量，也会对人生的意义有另一层特殊的了解，这是其他命运道途所不能领会的礼物。在命运严苛的考验下连结人生的深度，这样的家庭将会经验到超乎表面的幸福、爱和人生。

这不单单是个人的命运而已，这种命运也带着一份治疗的力量影响周遭的环境，甚至远超过家庭的范围。它带来一份谦逊、虚心的力量，为人们的心腾出一个空间，让爱和仁慈有机会渗入。

排列

有一对父母带着一个十二岁的残障儿子前来找海灵格，父母提到男孩的个性颇为孤僻。他们三人都坐在海灵格身旁，座位的顺序从右到左分别是：海灵格、男孩、母亲、父亲。

男孩带了一条巧克力送给海灵格，海灵格谢过男孩之后就打开巧克力，给男孩一片，自己也拿了一片吃下去。

海灵格：（对男孩）真好吃。

男孩：（带有障碍地）好棒。

男孩看向母亲，然后鼓掌，开怀地笑了。与会的参与者们也都群起鼓掌，而海灵格制止大家。

海灵格：（对团体）不要回应。让所有的发生都留存在家庭内，不然会造成分心。

男孩深情地轻抚妈妈的头发，然后亲妈妈。海灵格握住男孩的左手直到男孩冷静下来。接着，海灵格请父母并排站在团体所围成的圆中间，母亲在右，父亲在左。然后海灵格请男孩面对父母站好。

海灵格（对父母）：保持并排站好，并请看向彼此。现在你们互相对对方说："他是我们的小孩。"

妻子：（对先生）他是我们的小孩。

海灵格：（对先生）你也说。

先生：（对妻子）他是我们的小孩。

海灵格：我们接受他成为我们的孩子。

太太：我们接受他成为我们的孩子。

先生：我们接受他成为我们的孩子。

海灵格：我们一起照顾他。

太太：我们一起照顾他。

海灵格：带着爱一起照顾他。

太太：带着爱一起照顾他。

海灵格：（对先生）看着你的太太并对她说："我们带着爱一起照顾他。"

先生：我们带着爱一起照顾他。

海灵格：（对父母）现在你们看得更远，看得超越了儿子，看向儿子的命运。看得越来越远，然后在心中说："是的。"

他们二人保持冷静，不断往远方看，看得超越了儿子。

海灵格：现在请看向儿子。

海灵格请男孩走近父母。男孩背靠着父母，父母稍微站开一点距离，让儿子可以站在他们二人中间。

过了一阵子，男孩从父母的背后环抱住他们，轮流看向他们二人。他亲母亲的脸颊几下，也亲了父亲几下。

他抚摸着母亲的头发，把头靠在父亲的胸膛上，说："爸爸。"然后转头看向母亲，对母亲说了好几次："妈妈。"接着他对父母说："你们是我的家人。"

海灵格：（对父母）就先进行到这边，请再坐回我身旁。

（对团体）如果父母有个残障小孩，有时候这种处境会让父母深感罪恶。这里我们看到这位母亲怀有罪恶感。

海灵格看向那位母亲，也看向她的先生。

海灵格：（对先生）而她的先生清楚这个状况。

海灵格请那位太太站起来，用手扶着太太的背，给她一个位置，开始进行排列。海灵格和那位太太对看很久。

海灵格：（对太太）现在请看向远方。

太太看向远方，海灵格站到她身旁，轻触她的肩膀。

一阵子过后。

海灵格：请在内心结集你所有的愿望，结集你对人生所有的期望，把它们放在你的手上，奉献出去。

太太看向远方，打开她的双手，好像手上捧着某些珍贵的东西。

海灵格：接着你在内心说："求求你。"

过了一阵子。

海灵格：保持你的手张开，现在它有东西要给你。

太太持续望向远方。

海灵格：然后你在心里说："现在，我带着爱，同意这一切。"

太太保持全然的归于中心，看向远方，两手张开，持续数分钟之久。忽然间她把头转向先生和儿子，放松地展开笑靥。那之前，先生和儿子都一直站在旁边。先生从儿子的身后抱着儿子，儿子把某一只手往后放在父亲的头上。过了一阵子后，他们三人再次坐到海灵格身旁，此时男人环抱着太太。

海灵格：做到这里就可以了。祝你们一切安好。

案例：排列出被堕胎的小孩

有个女人坐在苏菲·海灵格身旁，过一阵子后苏菲用右手碰触女人的两片肩胛骨中间。

苏菲·海灵格：（对团体）她很紧张，头脑想着很多事，胸痛而心悸。

（对女人）我该怎么做呢？我不确定你是否想要针对你的问题而工作。有些可能会曝光的事情让你很害怕。

苏菲·海灵格一手放在女人的眼皮上，让女人保持眼睛紧闭，另一手再次放到女人的两片肩胛骨中间。

一阵子过后。

苏菲·海灵格：（对女人）张开嘴巴深呼吸，多做几次。

（对团体）我试着让她连结另一股能量，我自己也试着去连结那股能量。

一阵子过后。

苏菲·海灵格：我知道这是怎么一回事了。

苏菲·海灵格把右手放在女人的大腿上。

苏菲·海灵格：（对团体）今天早上她提了一个问题，现在我想回到那个问题。

她选出一个人代表女人的九岁儿子，请他上场站好。一段时间后，儿子往后退了几步。

接着苏菲·海灵格选了一个人代表这位女人，然后请儿子的代表者保持一段距离和母亲面对面站着。

苏菲·海灵格：（对母亲的代表者）这个儿子对他的妈妈说，他死了会比较好。

母亲的代表者将右手放在心脏的位置，不断地深呼吸。她直视眼前的地板，而儿子慢慢地蹲坐在地上。

苏菲·海灵格选了另一个男人当代表者，请他背对着儿子坐在儿子前面，如此一来他们两个人都看向自己的母亲。之后我们会知道这个男人代表的是被堕胎的小孩。

苏菲·海灵格：（对团体）母亲的代表者说她无法看这个小孩，她只能看他的脚趾。

母亲的代表者持续猛烈地深呼吸，面朝前方。

苏菲·海灵格：（问母亲本人）你第二个孩子也是男孩吗？

女人：是的。

苏菲·海灵格选了另一个人代表第二个孩子，请他蹲坐在哥哥身旁。

苏菲·海灵格：（问哥哥）你在看谁呢？

哥哥：我只是在看前面这个孩子。

苏菲·海灵格：（问女人）你儿子到底是怎么说的？

女人：我儿子说："我宁愿杀了自己！真希望当初我没有被生下来。"

苏菲·海灵格：（对哥哥）对他（被堕胎的小孩）说："我好希望我没有被生下来，就像你一样。"

哥哥：我好希望我没有被生下来，就像你一样。

母亲的代表者深深地被触动，可是仍无法看向那位男孩。小儿子往前靠近被堕胎的哥哥。

苏菲·海灵格：（问女人）你的小儿子也跟哥哥说一样的话吗？

女人：是的。

苏菲·海灵格：（对女人的代表者）对他说："我不想要你，即使到现在，我还是不想看你。"

女人的代表者：我不想要你，即使到现在，我还是不想看你。

苏菲·海灵格：对你的儿子说："我同意你为我承担这些，谢谢你。"

女人的代表者：我同意你为我承担这些，谢谢你。

女人的代表者沉重地呼吸，不断地点头。那位被堕胎的孩子慢慢地躺在地上，接着小儿子躺在他身边，他们相互对看然后拥抱。

苏菲·海灵格：（对哥哥）看着你的母亲，对她说："妈妈，我做这些都是为了你。"

哥哥：妈妈，我做这些都是为了你。

母亲的代表者不断点头。

苏菲·海灵格：跟儿子说："谢谢你。"

母亲的代表者：谢谢你。

苏菲·海灵格：我同意。

母亲的代表者：我同意。

哥哥也躺到被堕胎的小孩身旁，拥抱他。三个小孩拥抱在一起。

苏菲·海灵格：（问母亲的代表者）现在感觉怎样？

她焦躁不安地挥动着双臂，不知道要怎么办才好。然后她慢慢地绕着躺在地上的孩子们走动。

苏菲·海灵格：（对团体）我解释一下，这个女人有两个儿子，其中一个儿子甚至两个儿子都清楚地说出家庭的秘密，这个秘密就是曾经有个被堕胎的孩子。因为他们的母亲不愿意看向那个孩子，所以它变成一个秘密。现在真相大白，母亲就冷静下来了。之前她很焦躁不安，她有三个儿子，而不是两个，她不敢看向其中一个儿子。

苏菲·海灵格：（对女人）如果曾经堕过胎，就需要承认这段往事。如果不先承认，就找不到解决之道。这跟公平正义无关，当你承认你所做过的事情，才有可能挽救其余两个小孩。在这里你可以看到，如果你不承认的话，会有什么后果。只要你持续拒绝走向那位被堕胎的孩子，你的儿子们会替你做。走向解决之道需要花一些时间。只要你承认这段往事，说出你到底做了什么，你就能看向那位被堕胎的孩子。之前你的代表者只能看向那位孩子的脚。如果你继续胡思乱想，满腹委屈和借口，你就没有办法和这里发生的事情保持连结。首先，你必须承认自己所做过的事。你几岁的时候堕胎？

女人：十七岁。

苏菲·海灵格：（对团体）想想看，多么年轻的女孩啊！可能是一夜情之后发现自己怀孕了，突然间事情都变了。你能想象对一个十七岁的女孩来说，事情有多严重吗？对她来说根本没有退路了。

女人的代表者仍然站在三个孩子前面，不确定自己是不是应该跟他们一起坐到地板上。

苏菲·海灵格：（对女人的代表者）说不定对你来说，这个解决方案比较好。请对你的儿子说："我来承担会比较好。"

女人的代表者：我来承担会比较好。

她一边说一边摇头。

苏菲·海灵格：怎么了？

女人的代表者：不，我不想。

苏菲·海灵格：（对女人）再等一下看看。能量都还继续在进行着。

女人的代表者还是不确定自己要怎么做，接着她慢慢地坐到地上，右手摸着被堕胎的孩子的脚，但她看向别处，并没有看向小孩。

苏菲·海灵格：（问女人）你不只堕掉一个孩子？

女人：对。

苏菲·海灵格：你确定吗？

女人：对。

女人的代表者左手伸出去，好像是想要碰触某人。接着她朝着那个方向深深鞠一个躬。又过了一阵子，她站起来用手摸着自己的喉咙。

苏菲·海灵格：（对女人）她深感罪恶，不过罪恶感并不能走向解决之道。你曾帮这个小孩取名吗？

女人： 我总认为她是个女孩儿，我帮她取名叫葛瑞塔。我不知道他到底是男孩儿还女孩儿，我只是单纯地觉得她是个女孩儿。

苏菲·海灵格： 请说"葛瑞塔"。

女人迟疑了。苏菲·海灵格选出一个女人代表这个小孩，请她站在女人的代表者面前。女人的代表者："有人在这附近徘徊，不过我只看到她的脚。"接着她蹲到地上，用她的一只手触碰葛瑞塔代表者的脚。此时小儿子坐了起来，看着妈妈代表者。妈妈代表者深情地看着小儿子，伸出另外一只手握住他。

苏菲·海宁格：（对女人）是双胞胎吗？

苏菲·海灵格走向葛瑞塔的代表者，想将她带离母亲的代表者。但母亲的代表者不愿意放葛瑞塔走，她紧紧抓住葛瑞塔，为她拭去泪水。

苏菲·海灵格：（对女人）好奇怪。

（对女人的代表者）对她说："现在我看到你的脸了。"

女人的代表者： 现在我看到你的脸了。

苏菲·海灵格：（问女人）小孩爸爸那边的家庭曾发生什么特殊的事件吗？

女人： 他有一个双胞胎姐妹。

苏菲·海灵格带着葛瑞塔的代表者到小儿子的代表者身边。小儿子仍旧跪着，他伸出手来握住葛瑞塔的手，把头靠在她身上。

苏菲·海灵格： 那个被堕胎的小孩已经张开双眼，放松下来，大儿子也松了一口气。

（对女人的代表者）现在你可以看看他们。

女人的代表者前去躺在被堕胎的小孩和大儿子中间，双手抱住他们。葛瑞塔的代表者跪着看向小儿子，他们两个抱在一起，除此之外也抱着其他人。现在他们所有人都在真诚的拥抱中和母亲会合。

过了一会儿，苏菲·海灵格请两位儿子站起来。两人站起来后手臂互挽，一起看向仍躺在地板上的人。母亲的代表者仍和被堕胎的孩子真挚地抱在一起。葛瑞塔的代表者此时仍保持跪姿看向他们，后来母亲伸出手握住葛瑞塔，拉她过来自己身边。后来葛瑞塔躺在被堕胎的小孩身旁，妈妈带着爱看着他们，轻轻抚摸着他们。

苏菲·海灵格：（对大儿子）对着被堕胎的小孩说："我排行老三。"

大儿子：我排行老三。

苏菲·海灵格：你是第一个小孩。

大儿子：你是第一个小孩。

苏菲·海灵格：从现在起我是老三。

大儿子：从现在起我是老三。

苏菲·海灵格：你永远排行老大。

大儿子：你永远排行老大。

苏菲·海灵格：（对小儿子）我排行老四。

小儿子：我排行老四。

两位在世的儿子不断点头，相视而笑。

苏菲·海灵格：感觉如何？

大儿子：感觉好多了。

小儿子：好多了。

苏菲·海灵格选了一个人代表男孩们的父亲，请他和男孩面对面站着。

苏菲·海灵格：（对大儿子）告诉你的父亲："我们多了两个手足。"

大儿子：我们多了两个手足。

苏菲·海灵格：我排行老三。

大儿子：我排行老三。

苏菲·海灵格：以妈妈这边的小孩来算。

大儿子：以妈妈这边的小孩来算。

苏菲·海灵格：（对小儿子）我排行老四。

小儿子：我排行老四。

苏菲·海灵格：我们多了一个哥哥，一个姐姐。

小儿子：我们多了一个哥哥，一个姐姐。

父亲和两位儿子慢慢地走近彼此，然后带着爱相拥。

这时候苏菲·海宁格带着妈妈本人走到被堕胎的孩子身旁，那个时候他们还跟母亲的代表者真诚地相拥着。接着苏菲请代表者起身往后退几步，女人哭了起来。

苏菲·海灵格：（对女人）保持坚强，对他们说："我那时不想要你们。"

女人流泪踌躇了一会儿才说："我那时不想要你们。"

苏菲·海灵格：这是事实。

女人：这是事实。

两个被堕胎的孩子转身不再看妈妈，两人牵起手来。过了一阵子之后，他们两个人彼此对看。

苏菲·海灵格：（对女人）张开你的眼睛。

苏菲·海灵格：（对团体）做到这边就可以了。我没有办法为她做更多了，剩下的要交给她自己来进行。她必须了解如果不把这两个被堕胎小孩放在心上的话，她的儿子会走向那两位小孩，而不是走向妈妈。她的代表者已经显示出这件事情的后果为何，她自己的心灵也清楚这点。小孩现在知道自己的排行是老三和老四，待在父亲的身边也让他们觉得很安全。

这位妈妈不需感到自怜，她的确做过这样的事。我们也不能说如果她没堕胎的话会比较好，这些小孩也都同意自己的命运，一旦妈妈可以承认自己的所作所为，她就有力量支持还活着的两位小孩，至此之前她办不到，因为被堕胎的小孩们还在等她承认他们的存在。承认事情的真相，愿意接受事情的后果，就是一种神圣的移动。如果她持续找借口拒绝接受真相,对所有涉入这件事的人来说后果会更惨。

苏菲·海灵格:(对女人)如果小孩还活着,现在大概几岁了?想象一下他们现在已经二十五岁了。你感觉如何?

女人: 如果是这样的话,那就太棒了。

苏菲·海灵格: 想象一下那会是怎样的光景。你的儿子们都了解这点,所以他们才说他们死了会比较好。对两位儿子来说好的解决方案就是:承认另外两个小孩的存在。这件事只有你才办得到,只有你!

苏菲·海灵格:(对代表者们)谢谢你们。

女人谢过苏菲·海灵格,回到自己的座位上。

伯特·海灵格: 这种工作告诉我们什么是真正面对自己曾做过的事情,并且面对它所带来的一切后果。不掩饰、不轻描淡写、不找借口地面对往事。如果拿借口合理化过去所发生的事情(有些助人者就是这样在进行),你们可以想象这会对家庭带来什么样的影响。有些助人者甚至不敢用"堕胎"两个字,或是对方的状况很明显曾堕过胎,却不敢提问。这种助人方式变成一个大把戏,白白牺牲了无辜的人。

我想谢谢刚才那位女士,她非常地有勇气,敢在此呈现出自己的经历。从她的经历中,我们学到很多。她的经历也鼓励我们以不同的方式面对生死攸关的问题,这个不同于以往的方式就是:如实地面对真相。

对女人的影响

(苏菲·海灵格对团体)我想要谈谈刚才我进行工作的方式。透过和对方一起呼吸,我和她一起进入更高的能量,唯有如此我才能开始为她工作。一开始她沉浸在自己的思绪中,她的心脏好像快要炸开,所有的能量都集中在头部。不过后来借由深呼吸,她的能量移动到腹部,而我也跟她一起把能量集中在腹部,然后我就明了这一切到底是怎么回事了。我把手放在她的腹部，为的是检查这股能量是否仍然聚集，或是已经消散。如果已经消散，我就不该继续为她工作。而这股能量灼热又疼痛。

女人堕胎的时候子宫内会发生一件很特别的事情。美国加州有一位医生曾经做过上千次堕胎手术，后来他想了解堕胎之时到底会发生什么事，所以他在女人的子宫里放入特殊摄影机，拍摄已经有点发育的胚胎，观察堕胎之时胚胎的行为。结果发现仍是胚胎的小孩能够感觉到自己的生命正面临危险，所以试着躲开镊子，这些录像记录了孩子的挣扎。现在这位医生给人们看这些录像，让他们知道小孩面临堕胎之时会有什么反应。

当女人堕胎之后，小孩的能量仍会聚集在母亲的腹部好一阵子。除非母亲坦白承认堕胎的事实，否则这股能量无法消散。

堕胎并不会对男人造成相同的影响。试想：一个女人和某个男人只交往短暂的时间，没多久就分手了。后来女人发现她的月经停止了，她会有什么感受？对她来说，世界完全不同了，跟以前完全不一样了，她不再是一个女孩，不久之后她将是一个母亲了。如果她决定堕胎，那么她就得自己承担这个决定，就算当时是因为承受了很多压力才作这个决定，她还是无法避开责任。就算当时是她的母亲要她堕胎，就算当时她只有十四岁，她也不能要求别人为此负责。

对孩子的影响

在西班牙举办的大会里，有位法官告诉我们，现在的小孩非常暴力，而妈妈感到十分害怕。这些妈妈实在手足无措，不晓得怎样与小孩对应，所以报案请警察帮忙。法官说五年前还没听过这种案例，四年前大概只有三到四起案例，三年前有二十个，两年前数字已经攀升到二百个。小孩施暴的对象总是母亲，而非父亲。

这场大会里有一个排列，关于一个母亲不知道该拿她两岁的儿子怎么办。排列显示出，只要被堕胎的小孩一上场，重新被家庭接受，小孩的代表者马上就会镇静下来。

苏菲·海灵格：（对女人）这就是为什么堕胎会对其他的小孩造成影响，唯有母亲愿意将被堕胎的小孩放在心上，对他说："现在我很欢迎你，如果你还在世上，今年你已经二十五岁了。"你必须想象如果小孩还在世上，世界会是怎样的光景，然后让这些想象渗入到心底深处，不需要感到自怜，只要单纯地看着即可。然后你会发现儿子马上就变了。如果你只是看着孩子对他们说："如果你还活着，我愿意为你付出所有。"这样根本无法改变事情。你的两个小孩都在等你去爱他们被堕胎的手足。

（对团体）除此之外，当母亲把对四个小孩的爱，全部投注在两个还活着的小孩身上时，这两个小孩将无法承受。对他们来说太多了，变成了负担。

（问女人）是这样吗？

女人同意。

苏菲·海灵格：（对团体）我以这样的观察和暗示，帮助了许多女人。

排列中当女人对她堕胎的孩子说："我那时不想要你。"女人马上能平静下来。她的心灵希望她能清楚地表达这点。

苏菲·海灵格：（问女人）现在感觉怎样？

女人：感觉很平静。

苏菲·海灵格：我总是看向小孩，我把爱留给他们，不久之后他们也可能会生下自己的小孩。不用到墓地探望死去的孩子，而是在家庭里给他一个位置，让他可以在家庭里继续活下去。

苏菲·海灵格：（问女人）你的家里有花园吗？

女人点点头。

苏菲·海灵格：为两个孩子选一块美丽的地点，种下两棵树。每当你看到这两棵树，就对你的孩子打声招呼。这样一来家庭就会记得他们。曾经陪伴过我们的人，永远都会在我们身边。现在你看起来很不一样了。

对伴侣关系的影响

苏菲·海灵格：（对团体）了解堕胎对女人造成的影响，对男人女人都有很大的帮助。女人堕胎后，身心某一部分就随着孩子而离去，所以再也无法全心全意陪在先生身旁。因此先生常会对妻子说："你都不是真心地陪我，心思总是飞到别的地方去。"

苏菲·海灵格：（问女人）你先生也这样对你说吗？

女人点点头。

苏菲·海灵格：（对团体）她有某一部分随着被堕胎的孩子而离去。

（对女人）当你承认这些孩子的存在，事情就会变得不同。

（对团体）从这里我们可以观察到某些事实。许多女人的眼神总是透露出无止境的渴望，而许多男人深受此吸引，不过女人的这层渴望通常是投向被堕胎的孩子。可是男人常想要拯救这样的女人，但他们能为她做些什么呢？他们什么办法也没有，因为渴望并不是投向他，而是投向被堕胎的孩子。如果他仍想帮助女人，他就会付出过多，多于女人所能接受的程度，造成施与受的流动失衡。因此，堕胎对许多层面都会造成影响。

如果先生和太太一同经历这些，他就能更了解自己的太太，体会为什么太太无法全然地陪在先生和孩子身旁。如果先生想要更多，比太太能给的还多，那么有时候就只剩一种解决方法：请太太离开先生。

苏菲·海灵格：（对女人）祝你一切安好。

伯特·海灵格：（对苏菲·海灵格）谢谢你苏菲，谢谢你。

大家鼓掌喝彩。

第九章
剧烈的冲突
Large-scale conflicts

本章我将回来探讨"好的良知",看看它如何在大规模冲突里发挥毁灭性力量,如何导致深受良知观念吸引的人和团体走向毁灭性的后果。

第一个问题就是:这种冲突是如何发生的?如何自圆其说?拿来自圆其说的借口为何?为什么愿意这样相信?

然后我们自问:我们究竟能发挥什么样的影响力,让冲突得以进化、更新,最后甚至进步到将人们聚拢,停止分裂彼此?

我们可能也会深思:当冲突结束,再次回归和平,我们必须谨记些什么,以及必须做些什么,才能让自己感觉更丰盛,而不是更贫乏,让自己更有人性,而不是更残酷?

本章我限定自己只能探讨一些相关概要:冲突发生的原因,如何解决冲突,在某些特殊状况里,该如何面对大规模冲突,如何避免它们的发生,如何克服它们。这方面我学了很多,而我其他的书籍、录像带、DVD里也有详尽的描述和示范说明。

大型冲突

决意歼灭他人

每一个大型冲突都是起因于希望别人不要挡路,发展到极致时,甚至想要歼灭挡路之人。这些冲突的背后,真正在运作的是"歼灭他人的决心"。哪种能量或恐惧支撑着"歼灭他人的决心"?答案是"存活的决心"。如果我们的生命受到威胁,就会想逃跑或是想攻击,"逃跑"是为了避免被歼灭而逃生,而"攻击"是为了逼他人逃跑而出手歼灭他人。歼灭的定义就是:完全毁灭某个东西或某个人。通常,所谓的歼灭不只是杀死对方,如果情况允许的话更要侵占对方的地位,夺取他的一切,包含实质与精神上的所有一切:他的财物、他的住所、他的家园、他的技能、他的文化,和他生命的全部。

的确,歼灭是为了生存,杀了对手,抢得他人的一切。表面上我们并不是同类互食的动物,可是真正在做的事却相去不远,因为在太多的状况里,人们可能会为了保卫自己或其他人的生命不受威胁而赔上自己的性命。有时为了存活下来,必须吃下自己刚才杀害的生物,虽说大自然提供我们许多养分,如水果、坚果,不过如果想要摄取肉、鱼,甚至是蔬菜,吃下之前必先杀生。

所有生死攸关的冲突都是缺乏人性的吗?如果有迫切的需求,就无法避免这种冲突。

然而,大规模冲突除了保障某些人的生存,也危害了某些人的生命,因此人类常寻找许多方法以和平地解决冲突,例如,签订合约,清楚划分疆界,结成与法律和管理制度类似的团体结盟。一般来说,法律系统能限制暴力冲突无止境地发生,而某些由统治者垄断权力的社会制度,尤其能在许多层面上终止暴力冲突,强迫人们和团体之间和解。

法律秩序是外在的,它之所以能产生功效,某种程度上来说是因为人们认同这样的原则,不过更大的原因则是来自于对惩罚的恐惧,包括被处以死刑,以及被社会排除。法律秩序透过外在统治者的权力而建立,而权力能为法律秩序树立威信,因此执法能减少冲突。不过法律秩序也同时依靠争吵和冲突而得以立信,通常法律能合情合理地处理这类冲突,所以能维持团体和全部成员的生存。一般来说,法律系统限制了个人的毁灭性倾向,保护个人和团体不受毁灭性的暴力所威胁。一旦这些限制瓦解,例如爆发战争,或是法律系统崩溃,或是发生革命运动,原始的毁灭力就会再现,而后果将十分惨烈。

将"歼灭他人的决心"转移到不同层面

法律系统能保护人们不被他人也不被自己所毁灭,不过仍然有些团体将毁灭性的倾向转移到其他层面,比如在政党对峙、科学或思想体系的争辩中,都能看到毁灭性的色彩。

就算缺乏客观实体,毁灭性仍能在形而上的层面运作:两个团体不一起寻求最佳解决方案,不以客观的角度观察、检视问题,反而以言语相互攻击、毁谤、中伤。有时候这种侵略方式和实体攻击没什么两样,两者的情绪基础相同,都想要毁掉对方(至少在精神层面上),互称对方为敌人,都一样不计后果。

身处其中的人能保护自己不受迫害吗?其实就算没有参与争辩,仍然会被波及。因为被侵略性言词逼迫而作困兽之斗的人,很难不加以反击。

正义

这种对峙能量的来源为"存活的决心",除此之外还有另一个来源,这个来源是全人类共通的需求,一种希望施受平衡、输赢平衡的需求,我们称此为"公平正义"。唯有重建平衡,人们才能冷静下来,因此追求公平正义乃是每个人的天性,只不过终极的公平正义根本不存在,到最后一定得有人付出代价。

当我们以善良的方式追求平衡时,就会发现公平正义的概念只适用于某些架构,一旦我们受了伤、深受损失之后再想要追求平衡,行为上就变成想要讨回公道,而这种做法将会带来非常悲惨的后果。

我举一个例子说明:当我们被人中伤时,就会想报复,这表示我们想要加以还击,让对方付出伤害我们的代价。从某个角度来说,我们这么做是为了追求平衡,讨回公道,但是"歼灭他人的决心"和"存活的决心"也同时被启动。我们希望以后不要再被别人欺负,因此报复之时一不小心就会陷入彻底的复仇心态,追求公平正义过了头,反而造成他人遭受远比我们先前更深的痛,接着对方开始想办法讨回公道而进行报复，恶性循环就此展开，冲突永远都不会有停歇的一天。

这就是假借实现正义之名，行报仇雪耻之实，打着正义的旗号自圆其说，真正在进行的却是暴力毁灭。

良知

还有另一个因素会让冲突越演越烈，它为恶行火上加油，表面上却被人人称颂，它是"好的良知"。"好的良知"和公平正义一样都能助长毁灭性行为，每当有人认为自己比别人优越，因此认为自己有合理的权利可以任意糟蹋他人，这就是深受"好的良知"所影响。

这是他本人的良知吗？其实不然，这是所属家庭或团体的良知，而人们依赖这个家庭或团体才能存活。当某个团体和其他敌手起冲突之时，团体为求生存而不惜摧毁对手，就会产生此种"团体的良知"。根据此良知，团体内部会立下专属的是非原则，而团体成员视这些是非原则为神圣的教条，不容置疑，一旦碰上思考和行为模式不同的人，良知就会庇护团体成员，攻击对手，甚至赞同他们摧毁敌人，因此有一种战争叫"圣战"。不论是在战场上开战，或是在团体内部斗争，只要视行为思想相异之人为破坏团队向心力的危险人物，而欲毁之，便称为圣战。许多真实战争和意识形态的交战，皆以神圣目的为口号，而将不择手段的态度合理化。因此，谴责侵略者，呼吁他们拿出良心尊重公平正义，基本上是无济于事的，因为他们并非心地险恶才作恶多端，而是"好的良知"驱策着他们的行为，他们的努力全是为了实现心中美好的理想。

另外，那些想要规劝他人良心发现的人，其出发点也是来自于某种"好的良知"，因此一不小心也可能会掉入"好的良知"的影响里，而使用毁灭性的手段。所以说，想要化解大规模冲突却在公平正义或良心发现的层面上寻求解答，可说是白费力气。

新想法带来威胁

任何挑战当前习俗、常规的事情，都会对现行良知造成威胁，这些现行良知包含了个人良知和团体良知，其实根本不需要这样分类，因为每种良知都属于团体良知。而这些新想法不只威胁了团队凝聚力，也挑战了当前的生存之道，如果有这么一个团体，愿意纳入新的可能性，为新事物腾出空间，那么有朝一日它就会面临必须自我解构再重新整顿的命运。

所以说，许多政治意识形态每过一段时日就会崩解，因为它们无法跟上社会的变迁。而悲哀的是，许多意识形态崩毁之前，都会有某些内部人士先拼死发动改革，这些人发于善意，希望团队能永续发展，所以率先指出体系不切实际之处，但后来却被处死或驱逐。这种事件在历史上不断重演，这些人为了让团队继续生存，推动团队改革以追求更神圣、更高超的公平正义或社会形态，最后却牺牲了自己的性命。

发展新理念的团体常会遭受迫害，除非势力已经发展足够强大，能够保护团体成员不受旧团体欲意铲除而伤，此团体才得以安全地发展。通常，太过于前卫的作为是非常危险的，异教徒和革新派的下场，就是最好的例子。

不过那些公开将异教徒钉上十字架，或是将他们绑在柱子上施行火刑的人，就是坏人吗？事实上，这些人跟随"好的良知"的带领，为了团队的生存，也同时为了自己的生存，才做出了歼灭他人的暴行。

内化了的拒绝

如果有一个隶属于某个团体的成员，基于"好的良知"而拒绝他人时，他内心结构中的潜意识将会对他施加压力，逼他在内心里腾出一个空间让那位被拒绝的人进驻。有时候当此人心中突然有被拒绝的感受，而想要反击侵略别人，就表示那种被拒绝的感受已经进驻到他的心灵层面里了。不过他想攻击的人和冒犯者

（也就是那位被拒绝的人）想攻击的人并不相同，他想攻击的是其他会令他想起那位冒犯者的人，而这些人可能根本和冒犯者一点关系也没有，可是这位拒绝他人的人根本搞不清楚状况，他不知道自己心中已经被误植了被拒绝的心态和特性，他变得非常具侵略性，想要反击那些实际上根本没有拒绝他的人。

这种移动十分奇特，能将事物带回原本的平衡里。内在潜意识出面将良知骗倒，良知一失足就掉落自己设下的陷阱里，自取灭亡，换句话说那人心底深处拒绝了谁，自己就会变成谁。

这形成另一种情感转移。我们在心中拒绝、否定了某些事情，并不会从内在自求解脱，而是从外在找一个人与之对抗。弗洛伊德曾以相当多的篇幅讨论过这种投射心态。

孩子们也会产生另一种情感转移，即当父母其中一人厌恶另一人的某种行为时，孩子就会表现出那种行为。许多年少的右派激进分子，就常发生这种状况。一般来说他们的母亲拒绝自己的先生，甚至瞧不起他，因此这些年轻人都非常尊重自己的父亲。这种状况也发生在想要击倒右派激进份子的人身上，他们两方都具有相同的侵略性，也使用同样的手段，总而言之每个人都深受自己的"好的良知"所影响。

场域

以场域的角度来探讨的话，就更能明了人与人之间的连结关系。鲁珀特·谢德瑞克（Rupert Sheldrake）谈了一些有关心理场域(或说"延伸的心智")的相关议题，他观察到生物之间存在某种特别的沟通方式，只有用大家共同生活在某种心理场域的观念去理解才有办法解释，不然的话我们如何解释动物能自行找到适当的植物治疗身体病痛？要如何解释小狗知道主人已经准备好要回家？我们在家庭系统排列中所观察到的现象，也只能以共同场域的假设为前提才能解释，例如进行排列时，代表者私底下并不认识自己所代表的人，可是却能在瞬间拥有和他相同的感受。除此之外，来访者的家人对排列并不知情，却能马上有反应，好似他们也参与了排列，他们同时也从心灵的移动里获益甚深，这种情况又该如何解释呢？

场域里每个人都和其他人相互共鸣而融合一致，没有任何事，没有任何人可被排除在场域之外，就算是现已失去连接的人，或是已经过世的人，也都还在场域内对整个系统持续发挥影响力。因此，任何想要摆脱或是拒绝接受某人的企图，都注定会失败。不仅如此，我们若想排斥拒绝某个隶属于场域中的人或事，反而会赋予他更强的能量；越是想要摆脱讨厌的东西，它的力量就越为强大。唯有承认自己所否认、压抑的一切，并按照它们原来的样貌接受它们，才能停止场域继续动荡混乱下去。

场域与良知

以心灵场域的角度来探讨的话，就更能明白良知的运作模式。事实上我们就好像在不同的场域里游移，在各种场域里经验各式各样不同版本的良知系统，只要观察良知所引发的行为就能了解某个场域的运作模式：这个场域纳入了谁？排斥了什么事情？压抑了什么感受？

在"好的良知"影响之下，场域会产生两种极端，这表示场域只承认某部分事情，也只承认某部分成员是隶属于场域所有；以良知的语言来说就是，有资格被视为团体一分子的人才是好人，不过这种良知所谓的"好人"，指的是那些依照团体规则而排斥某些事情的人。可是那些被拒绝、被排斥的事情并没有办法真正被逼离场域，它们只是不被认可、不被承认是场域的一员而已。事实上这样做还会产生反效果：表面上抑制、排斥了某些东西，实际上反而会助长它们的强度，于是"好人"的压力会越来越大。"好人"在外在的世界越是坚决排斥某些东西，这些东西就越会浮现在他们的心头，以及在他们的周遭环境中，于是他们在内在和现实环境里必须不断地挣扎争战，防止自己被所谓的"邪恶"给吞噬。他们自己点灯映照出阴影，又和自己的阴影对战，如果灯光的强度不降低，他们就会将全部的能量虚耗于此。之后，说不定他们就能接受或是屈服于自己的阴暗面，不过这要靠挫败感或是"坏的良知"的刺激才有可能发生。

所以大规模的冲突到底是谁和谁在斗争呢？其实，那是"好的良知"和"坏的良知"之间的战争，不论是在团体之间，还是我们自己的心灵里，所有可能会遭遇到的最激烈冲突，都是和对错二分的良知对立有关。

疯狂

在"好的良知"以及强烈渴望归属的影响下，就可能会产生盲目的狂热，这种狂热带来一种欣喜的激情，因着自己的清白、好的良知、安全的归属而彻底感到得意洋洋。不过同样的激情也会变成对他人莫名的狂怒，若再加上歼灭他人的决心，不把他人当做人看，激情就会演变成誓死的决心。到最后，这股激情终究会演变成彻底的疯狂，就好像逮到机会狂噬猎物一般，宁愿牺牲生命，也要盲目地将自己奉献给神圣和清白的归属感，这种冲突已经演变成疯狂对决。

所谓的疯狂当然有程度之分，不过它们的基础移动是相同的：个人的意念消融化成集体的意念。这种集体意念里什么都没有，只有一群没有个人特色的无名氏，他们全被同样的"好的良知"所蛊惑，禁不起蛊惑而陷入强烈的优越感中。这种移动同样也会带来热情，而处在共同热情的状况下，个人的感知和辨别力将会退散，甚至完全消失，取而代之的是幻觉，于是这些人活得像某人的替身一样，失去了自我意识。

有一些人曾经经历过群众狂热，之后从中醒来恢复了自己的意识，所以他们日后再也无法投身于大型冲突中，因为这一切对他们来说已经失去吸引力了。不过那些拒绝群众之人，一不小心就会被狂热份子当做背叛者而遭受攻击，这样一来他们就有可能会加入冲突，扮演狂热份子的受害者。为什么会这样呢？简单来说，因为这群人对"好的良知"的看法已经分歧了。

总结

大型冲突深受"好的良知"所影响，一开始先发生在心灵的层面，后来通常会造成人们愿意牺牲自己和他人的性命以成就斗争。然而事情会这样演变是因为人们把参与大型冲突当做是一种十分神圣的行为，为了神而牺牲一切，奉献出自己最高、最终极的代价，慷慨赴义，奋不顾身。可是，他们奉献的对象只局限在团体内认同的神，其实别的团体也有自己的神，只不过大部分人把团体内所认同的神当做真神，却把其他团体的神看做是假神，非将之毁灭不可。所以说，大型冲突是为神而战，这种神不容人民质疑，并为自己的人民设下正当性十足的良知原则。信奉这种神加上武断的正当性，就会演变成大型冲突，而忠诚的仆人将会受到神的奖赏，保证死后可以进入圆满的境界。事实上，这种神依靠人类的牺牲而得以存活，因为这种神必须在众多追随者中保持尊贵的地位，并且还要能确保统治权，因此必须牺牲许多人命以拉抬地位，结果却让为数壮观的牺牲者承受极大的痛苦。

所以到底有没有解决之道呢？到下一节找找看吧！

伟大的和平

爱

人和人之间除了有因"好的良知"和"存活的决心"而发生的冲突，还有另一种移动存在，这种移动的发生是基于人类彼此连结的需求，也是基于友善的想要彼此了解的好奇心。

这种移动首先发生在男女之间的爱情之中。这些男女从不同的家庭出身，后来组成新伴侣，于是他们各自的家庭就会彼此相会进而组成部落，而在部落内部，人人皆认同的模式就是"和平"。

交换

还有另外一种方法，可以拉近不同家庭和团体间的距离，并让人们抛下对他人的恐惧，这种方法就是：施与受所带来的"交换"。这种交换为双方都带来利益，所以可以拉近彼此的距离，之后还可能会两方同心协力一同对抗他人的威胁，以增加存活的机会。

发生冲突时如果需要伙伴，人们就会结盟一同抵御外侵，这样做会增进双方的凝聚力，因此甚至可以说，外在的威胁和敌人维护了同盟团体间的和平。

集体良知

这么做的同时，团体间也建立了集体良知，进而使内部之人开始对外划清界线，而良知也会进一步影响内部之人，令他们自觉优越并贬损外人。内部之人只要做出对团体有益处之事，或是符合归属于此团队的条件，良知都会给予奖励，而奖励让人觉得自己很棒，甚至会产生一种优越感。于是，良知变相地鼓励团队对抗外人，并为团队划分对外的清楚界线，保护内部之人不受外人侵扰。良知所鼓励的行为包含了允许内部之人挑衅外人，然而这却大大增加了冲突和战争发生的机会。因此，内部和平以及保卫和平的"好的良知"，两者同时存在才能引发和外界的冲突。

无力

如果团体间发生了冲突，日后要怎么恢复和平呢？通常来说，唯有当双方都已经战争到筋疲力尽，储备的实力也都消耗完毕，两方地位平等之后，才会了解持续武力对抗一点好处也没有，只会带来更多损失，这样一来，和平才有可能发生。之后他们会重新划分疆界，并以这样的国土疆界为荣，一段时日之后，说不定双方会开始交易物品，假以时日或许还会一同组成更大的国家。

胜利

如果情况是某一方战胜，就算赢得十分彻底，把敌人完全歼灭了，胜利的一方仍旧会丧失内部凝聚力。于是被击败的一方就有机可趁，可以重新恢复势力。所以说，胜利其实会瓦解团队，造成势力衰退。

洞见

在此我想粗略地谈谈我的观察。一般来说，这种通论无法让人透彻地了解、真实地体会，然而从表面上来看，你就会发现战争与和平的确在不停地交替，并相互依存，好像是永远都逃不掉的命运一般。所以如果我们不加深对战争与和平之间关系的了解，这种命运就不会停止。其实到目前为止，人们并没有从这些命运里获得最根本的洞见。

这个最根本的洞见是：到最后，每个大规模的冲突通通会失败。为什么它一定会失败？因为事实摆在眼前，它却矢口否认；因为冲突只能在每个人的心灵里化解，它却从外在寻求答案。

我的意思并不是说所有的冲突都应该用这种方式解决，更不是说我们总有一天可以活在没有冲突的世界里，其实对个人和团体的成长而言，冲突是必要的。但是上面所谈的最根本洞见却能教会我们以不同的方式化解冲突，用一种更相互关心的方式认同各种需求，除此之外如果彼此有兴趣想要朝着双赢、多赢的方向一起努力，那么就接受彼此的界限。到最后人人皆有所放弃，就能成就"和平"。

内在和平

每个人的内在都有各种情感、各种需求、各种驱动力，而它们总是不断地彼此冲突着。事实上，每个面向都很重要，但唯有把其他面向都考虑进来，彼此有所协议，才有办法真正维护自己的生存，成就自己的目标。达成协议之后每个面向都能获得一些好处，不过也因为考虑到更伟大整体的需求，所以每一个面向都必须抛弃自己的某些坚持。如果它们彼此之间持续冲突，不进行协议划定界限和范围，我们就会一直感到不安，非常苦恼，有时甚至会生病，会感觉精疲力尽。

问题就在于：现在指的到底是内在冲突，还是被内化的外在冲突？事实上，冲突一定是由内而外的，它先在内在发生，然后才在外在的世界显化。为了更加理解"内在"和"外在"之间的相互作用，我要再次回头谈谈心灵场域。

场域内每位成员的存在都能被等同视之，场域内才会和平。要能成功这样运作，场域内所谓的"好人"必须已经充分了解"好的良知"可能会引发的危险性；就算会感到十分罪恶，甚至产生"坏的良知"，"好人们"还是必须努力超越"好的良知"的界限；"好人们"必须在场域内给予每个人、每件事平等的地位（而他们最常拒绝的就是和自己相异的人）。唯有以上的条件通通达成，和平才可能在场域里发生。

感知

场域中每个成员的感知都被局限住了，因为场域里有许多不断重复的模式，而这里我们要特别来谈"拒绝模式"。这些拒绝模式之所以会不断重复，主要是因为人们带着"好的良知"拒绝那些曾经拒绝过自己的人，其实这两方的冲突就是两种"好的良知"之间的对立，每一方都被给对方击倒、摆脱对方的幻觉给局限住了。于是，他们在冲突的轮回里轮流扮演对方的角色，好人变成坏人，坏人变成好人。

鲁珀特·谢德瑞克观察发现：场域之外而来的新刺激才有办法触动场域改变。而这外来的刺激会以新洞见的方式出现，也就是说那是一种灵性的发生。新洞见刚在场域中发生时，场域会试着挣扎，想要压抑改变，不过一旦场域内有足够多的成员都受到新洞见的影响，整个场域就会开始变化：场域会变得敞开，能够抛下不合时宜的模式，采取新的行动方式。

像这类洞见的例子有很多，其一就是，发生大规模冲突是因为各种不同的"好的良知"彼此对峙，所有侵略性的暴行都从"好的良知"汲取能量。

另一个洞见是从家庭系统排列和心灵的移动中所发现的，排列时如果给予代表者足够的时间和空间，让他们不受打扰，代表者们就能归于中心，进入某种移动，而这种移动总是朝向某个相同的方向，在更高的层次里进行，将过去分裂的再次聚合。这种心灵的移动带着我们走上一条洞见之路，走到最后我们会发现大型冲突已经失去了意义和魅力。这些移动穿越"好的良知"的界限，无视个人所属团体所划分的界限，于是过去曾经分裂的现在不仅仅会聚合，更会融入伟大的整体之中，这种移动丰富了每个角落，也滋养了每种立场。

另一种良知

心灵移动的层次里还有另一种良知在运作，就像那种会让我们感受到罪恶或清白的良知一样，这种良知也经由情感让我们感受到它的存在，这种良知有一个任务，就是要带领我们穿越所属团体的界限，到达更高的层次，在这种层次里对峙的两方终于合而为一。若要能感受到此种良知，就必须先在洞见之路上穿越团体设下的良知而有所进展才行。这种良知发生之时，会感觉十分的平静而不是烦躁不安，会感觉轻松沉着而不是漫无目的、倍感压力。一旦离开归于中心的境界，就会重新变成好坏良知的奴隶。而所谓的合而为一，意思是指和许多人甚至是每一个人融合一致，没有敌人。若是站在"好的良知"的范围里，我们就会和某方人相处融洽，却和其他人对峙冲突，甚至想要毁了他们。

走进这种良知的场域里，表示我们不再以内在成见对抗他人，不过这并不表示冲突从此就会结束，在这种较高层次的良知场域里，仍然会发生冲突，并且这些冲突对我们的成长和进化来说是不可或缺的。然而这些冲突并不以憎恨敌人、毁灭他人的决心当做能量来源，它们是如此的特别，不仅不会榨干生命力，反而让人感到精力充沛，于是再也不需要热情和狂热了。

这种伟大的和平从何处开始发生呢？不管有多强烈的正当性，只要放下歼灭他人的决心，和平就会开始发生；一旦了解根本没有所谓的好人和坏人，和平就会开始发生。我们每个人都深受纠葛的束缚，缠在身上的束缚不比别人多，也不比别人少，因此人类毫无自由可言，从这个角度来看，人人都是平等的。

当我们了解、承认了这一点，当我们体会到自己是良知的俘虏，就能不带傲慢地走向彼此。尊重自己的界限，了解这些界限是为我们而设，并接受这些事实，如此一来我们就会看清楚，甚至穿越当前的"好的良知"，进入更伟大的整体里，遇见其他人。然后，和平就会开始发生。

另一种爱

于是，和平为另一种爱铺出一条康庄大道，这种爱将会带领我们穿越"好的良知"的界限。耶稣曾说："请像天父一样仁慈：天父让阳光同时照在好人和坏人身上，让雨水同时降落在正义之人和不义之人身上。"

伟大的爱，深爱着每个人原本的样子，它超越好与坏，超越大规模冲突的概念。

人类的和平

两年前我到波兰,和好友泽农(Zenon)一同搭乘从布勒斯劳(Breslau)往克拉考(Krakow)的火车,旅程途中我跟他说:"请告诉我一些有关克拉考的事情。"他说:"以前那里有个大型犹太小区,大约三分之一的人是犹太人。而离这儿不远处有个犹太行政区加里西亚(Galicia),之前有许多犹太人居住在那边,不过现在那些犹太人都离开了。"

然后我在心中看着克拉考城,从内在的图像里我看到:整座城市被许多人包围着,这些人渴望进城,却被挡在外面。

我到克拉考举办了一场研讨会,某天早上课程结束后,我表示:"我想去参访一下犹太区。"于是我们一同前往犹太区。犹太区里每个东西都保持原封不动,犹太教堂仍旧矗立,商店招牌上还写着许多希伯来文,不过却没有任何犹太人的踪迹。我看着橱窗,看到许多人的脸,他们的眼睛都盈满了泪水。

当天夜晚我到卡托维兹(Kattowice)演讲,当时参与的人数超过一千人,我对他们说:"我看到波兰人的心灵非常思念犹太人,唯有今日的波兰人在心灵中给予犹太人一个位置,才能治疗心灵之苦。毕竟犹太人也都曾经是波兰人。"

我们还开车经过西里西亚(Silesia),我清楚地感觉到西里西亚人(Silesian)也消失了。

长久以来有许多德国人和波兰人在西里西亚混居,而两方文化也在此区域内同时共存。波兰人的心灵思念着西里西亚人,但这不表示西里西亚人必须回到原本居住的地方,而是波兰人必须在心中给予他们一个位置,然后波兰人的心灵就能恢复完整。

我听说西里西亚人的后代和波兰人曾发生一些冲突,而我刚刚提到的方法,说不定能为双方跨出和解的一步。

我曾为人们之间和大型团体之间的冲突进行多次工作,当然最常为德国人和犹太人之间的冲突而工作,不过也曾经为德国人和俄罗斯人工作,还到巴勒斯坦为以色列人和巴勒斯坦人工作。去年我到尼加拉瓜，那边的人非常关心内战的问题，也渴望和解，希望能展开新生活。

我想跟大家谈谈尼加拉瓜的事情。苏慕萨(Somoza)在当地实行恐怖统治，反对苏慕萨的人，就会被他杀害。有一个叫桑地诺(Sandino)的人企图推翻苏慕萨政权，后来却被杀害，不过反而促成了桑地诺游击队的成立。

之后，桑地诺游击队策划暴动，成功推翻了苏慕萨政权，不过他们也同样十分恐怖，在苏慕萨流放途中杀害了他。

我排列出苏慕萨和桑地诺的代表者，而选出来的代表者都不是尼加拉瓜人，而是西班牙人。一般来说，如果不是牵涉如此重大的事件，代表者都会比较放松，因为他们的偏见程度比较低。一段时间后，两位代表者举起拳头非常缓慢地走向彼此，接着我选出代表者代表双方的死者，躺在他们两人之间，而苏慕萨和桑地诺同时放下手臂，看向死者。然后我选了一个女性代表者，代表尼加拉瓜，她痛苦地大声尖叫，然后扑倒在地，此时苏慕萨的代表者跪了下来，用爬的方式穿越了眼前的死者到达另一边，和另一边的死者躺在一起。桑地诺的代表者也跪下，绕着死者滑行，然后躺在苏慕萨身旁。他们两个人看起来就像是想要和死者一起进入墓地长眠一般。

接着我排列出苏慕萨的后代、苏慕萨的党羽、桑地诺的后代、桑地诺的党羽。他们两方走向彼此握手致意，然后我请尼加拉瓜的代表者起身和后代们站在一起，尼加拉瓜松了一口气。

所以，和解之前发生了什么事？他们全部一起看向两方的死者，然后一同哀悼，没有斥责只有悲伤，因此带来了治疗效果。

治疗效果是怎么发生的呢？人们终于允许痛苦的事件落幕，这就是解答。双方终于停止相互排斥，这其中再也没有坏人，没有加害者，没有受害者，大家都平等，因此彼此有了共同的未来。

第十章
灵性宗教
Spiritual Religion

宗教在人类关系中扮演一个十分重要的角色，它尤其能凝聚大型团体。这些宗教追随者创造出一个更大的家庭团体，在团体中人们感到完整的归属感，甚至是超越今生的归属感。宗教成为人的避风港，让人感受到希望的曙光，于是人们比较能忍受人生的种种变迁。

由于宗教拥有很高的重要性，所以人们常以十分强烈的手段保卫宗教，这些手段包括反对其他的宗教。我们在所有大规模冲突中都发现有"归属"和"排斥"两种移动同时在运作，而宗教团体中也有这两种移动，因为他们订立明确的定义，和外人划清界限，因此宗教小区拥有相当强的限制性。

宗教的根源及其深层的涵义是：人们意会到自己和最高心灵力量的连结，于是接受心灵力量的引导，让它带领我们前进。处在心灵移动中的我们十分渴望融合，因为我们了解自己的生命是由心灵移动所赋予的，所以内在也深深地渴望能调整自己融入心灵的移动，只有处在心灵的移动中我们才真正获得平安。

接下来的章节将带你进入心灵移动和灵性宗教的领域，并为人与人之间的关系带来深远的影响力。我们将谈到宗教中运作的心灵移动，也会谈到这些移动将在宗教的领域里带领我们前往何处。

首先先以我的另外一本书《With God in Mind》的四段文字开场。

神之爱

"神之爱"能这样解释：神爱着我们，我们爱着神。

"神之爱"是《圣经·旧约》里某条诫命："你要尽心、尽性、尽意爱主——你的神。"这是什么意思？

意思是：你应该以全部的心意、全部的灵魂、全部的力量服从主命。

服从谁的命令呢？这些到底是神的命令，还是人的命令？谁以神的名义宣布这些命令？神真的指派这些任务给他们吗？到底是哪种神？圣经说："你们应该将之灭绝净尽，摧毁所有的男人、女人、小孩、动物。"神真的命令以色列人为了耶和华而入侵迦南(Canaan)大举屠杀吗？入侵行动中，那些怜悯敌手的人，难道就是违逆神的命令，违反神之爱？

如果这些命令根本就是人为的，那又如何？那些人从不传递神圣讯息，却自称为神的使者。"你要尽心、尽性、尽意爱主——你的神。"顺从这个命令的后果为何？这个命令是否让我们更加远离神？是否让我们失去人性，越来越不像神？

每当有人宣称自己能代表神意，或视自己为神选之人，就会有类似的情形发生，他们援引神威，就好像神站在他们那一边，只专属于他们。他们口中的神，其实可以套用其他的字眼，也一样解释得通，比如说，"以神之名"有时候可以替换为"以事实的名义"、"以科学的名义"、"以人民的名义"或"以祖国的名义"。

使者说，神永远要求同样的爱——"尽心、尽性、尽意"。遵从使者、对他们展现忠诚、执行他们的命令与指示，就是爱的至高表现。然而这样忠诚的爱，在面对其他团体之时，却变成残酷无情的憎恨。

其实，我们可以用另一种方式看待"神之爱"诫命，因为另一条诫命——"爱人如己"，能将之补足，而这两条诫命合并起来就是——"你爱人如同爱自己，同时也尽心、尽性、尽意地爱神。"那么这个神，就不只是"我的神"，而是"所有人的神"，如此一来，就没人可以宣称自己是上帝的专属使者，也不可以以神之名要求对异教徒开战。

但为什么在政治世界里，"爱人如己"的诫命不能发挥深远的影响力？因为下达"神之爱"诫命的神，是某国、或某个种族的神；而这里所提到"爱人如己"的"人",则单指同个团体内的其他人。如果我们重新组合"神之爱"诫命,并添加一点新东西,试想转变会有多大:"你们应该爱邻国,如同爱自己的国家;爱他人的宗教,如同爱自己的宗教。"如此一来,人就不可宣称神是他独有的财产,也不能宣称自己拥有神。

我们真的有能力、有资格爱神吗?神真的想要、需要我们的爱吗?我们的爱能为神添加些什么吗?还是说我们爱神,宣称自己拥有神,结果却害神下降沉沦进入我们的世界层次?我们的爱奴役了神吗?如果有一种神和我们心中的形象不同,难道这种神就不算神,而只是一种幻觉?

人类的经验显示,我们的感知底部有层纱,信念的背后有谜团,超越生死之外有神秘的次元,它们总令我们困惑。当我们试着拆解这个世界,分类解析想要解开谜团,最后却徒然无功,于是就开始试图控制它:尝试为之下定义,称这个神秘的次元为"神",并把神想象成拥有人类的特性、特质,如:爱、攻击性、热忱、失望。

不过,我们仍感觉到有某个不受我们控制的力量,持续地保护、引导、担负、深爱着我们。我们相信并臣服于这一力量,也明了被这一力量包围的自己失去了一切权柄。在这种状态下,我们保持广大的接受性,不任由自我意识的动机主导自己的行为,也不坚持执行个人的意志,持续保持在这种质量里,这就是宗教经验的核心。这是种"无神"经验,因为它认清了一个事实:所有与神有关的联想只是我们对那难以理解的神秘所做出的投射。这样的信仰,看入神秘,看入"不可看"。

深入这个难以理解的感受当中,我们了解到:万物皆平等,彼此相互共存,我与万物深深相连,不想改变一草一木,只是待在这里,与身周围事物的原貌待在一起。

这就是所谓的爱。这种经验许多人都曾感知过、曾表达过,或许这种经验最能表达所谓的"神之爱"。

神与诸神

世界上有许多不同的神，每种神都比之前的神或女神更加伟大或更加渺小，除此之外还可以用性别区分出神的种类。

神各有目的，有自己掌管的领域，也因为自身的特殊任务，而有不同的特殊能力。因此，我们也因着自己的特殊需求，礼拜不同的神。而基督教中神的任务却被圣人接管，这么说是因为之前许多不同的神以各种不同的涉入方式助人，而基督教中的圣人也以同样方式助人，因此说圣人取代了神，或说：神在圣人身上再现。

犹太人和基督教徒视自己的神为世界上唯一的神，他们的神也各有自己的目的，只负责照顾世界的某个小部分，例如：只照顾他所选中的人，或是他的信仰者。除此之外，他还有性别之分，如果他这样下命令："除了我，你们不可信奉其他神。"那么他就是把自己的地位看得和其他神一样低，因为他只是诸神中的一分子，所以会有忌妒的情结。同样的概念可以用来解释"真神"信仰，因为他是真神，如此的特别，所以只是众多神中的一分子。显灵的神也只是诸神之一，因为他需要某人通灵才能显现，这是一种具有限制性的显灵方式。

于是，问题就变成是：神到底给了我们什么？答案是：他什么都没给。说这种话难道不怕遭天谴？为什么要怕呢？我们不需要害怕别人，只需要怕神就好，为什么呢？因为只有神才会觉得自己的存在备受威胁，这也证明了这些神根本不存在。

于是，问题是：诸神之上还有什么呢？那是我们用神之名来代称的东西吗？我们不知道，到目前为止，我们仍然看不见它，不过当我们放下诸神的概念时，就能遇见这个不知名的东西。放下诸神的概念能为人类带来和平，因为人们就是利用不同的信仰以区分人种，也以神之名开战，所以放下神的概念，尤其能为人类带来和平。

所有的神充其量也只是某个组织里所信奉的神，如：社会组织、政治组织、宗教团体、国家、人种。若能丢弃这些神，我们就能回归为单一个人，能在平等的层次上和其他的单一个人相会，然后开始能对全人类的交会共同点敞开，那是一个以人性串连起所有人的共同次元，因为我们无法为这样的共同根源下定义，因此它能串连起所有的人。

以他的形象

　　《圣经·旧约》的第一卷《创世纪》里提到：上帝依照自己的形象创造了第一个人类亚当。于是，我们能在自己和他人的身上看见神的形象；这也表示身为一个人类我能在自己身上看见神，并且能和神进行对话，就像和其他人类进行对话一样，我也期望神能像人类一样响应我的问题，有着和人类相同的感受。于是，这句圣经话语造成了完全相反的后果，它暗示着人类以自己的形象创造出上帝。"上帝依照自己的形象创造人类"，这句话的真实意义和字面上的解读完全相反，事实上，是人类依照自己的概念创造出上帝，换句话说：没有人类，就没有上帝。

　　以自己的形象创造出神，这么做会造成什么后果？会对我们带来什么改变？这样做会让我们把自己最神圣的行为以及最凶狠的行为其背后的动机，皆以神的概念来指称，例如：我们以自己认同的神的名义批评他人、谴责他人，并且希望神会实现我们的愿望替我们报仇；我们把神当做为自己的恐惧和渴望所服务的全能执行者，因此难以超越神的概念而发展。神的概念阻碍我们怜悯其他人类兄弟，这种神只是人，引发人类做出无人性的行为。

　　难道这种神不是代表着"爱"吗？真正的问题或许是：这种神代表哪种爱？需要付出多少代价？必须带着哪种恐惧和颤抖？

　　如果没有这种神的存在，我们会比较有人性。

另一种神

　　如果有另外一种神，他和以自己的形象造人的神，或说是人类以自己的形象所造出的神非常不同。

我当然知道我这么说只是以我自己的概念，创造出另一种神的形象，因此我创造出来的神和别人创造出来的神一样可疑。如果神是真的，那我们哪还需要想象出他、它或她的形象？我们将真相背后的全能力量假设出一个形象，并将之具象化，这么做非常傲慢吗？事实上我们根本无法回答这个问题。

我们想要探索神的多种形象对我们的心灵所带来的影响，更想了解神的概念对人类相互对待所造成的后果。

在此提出的第三个问题是：因为我们清楚自己根本无法彻底理解神，所以就抛弃所有有关神的形象概念，这样做会有什么后果？就算弃神只是另一种对神的概念，根本没有办法消除，之前企图定义那不可被定义之事所带来的一连串麻烦，就算如此仍然坚持弃神，这样做会有什么后果呢？

如果我们想要和神，或是和更伟大的次元，或是和生命背后的谜团对话，会获得什么呢？我们除了会感觉到自己实在无能为力以外，其他什么也不会获得。但全然地丧失权力、失去主控权，能让我们找回自己的本质中心，回到人性的核心，感受真正的人性化宗教情怀。

案例：耶稣和该亚法

多年来我研究反犹太主义对基督教和犹太人所产生的影响，我想要了解反犹太主义是如何发生的；源自于什么样的情结；更重要的是，我想知道要如何在基督徒的心灵里克服这个难题，和解之道在哪。而我的发现令我非常吃惊，接下来的段落会跟大家谈谈这些发现。

在里昂(Lyon)的研讨会里，某个早晨会众要求我谈谈我们和祖先的关系，以及如何再次和祖先结合、和解。

很久以前我就注意到家庭一旦排斥了某个成员，就会带来非常悲惨的结果，而这个结果通常会延续好几个世代。

以实玛利和艾萨克

以实玛利为（Ishmael）亚伯拉罕（Abraham，基督教圣经故事中犹太人的始祖）的大儿子，后来为了要让出空间给二儿子艾萨克（Isaac），而被逐出家庭。说不定这个往昔的事件和犹太人被排斥的现况有所关联，犹太人仿佛是为以实玛利和他的母亲夏甲(Hagar)所受的冤屈而赎罪。另外，阿拉伯民族视自己为以实玛利的后代，因此以色列和阿拉伯人邻居之间的冲突情况跟家庭成员被排斥的情节很像，如果将被排斥的人以及他的后代，被重新带回家庭系统，根据序位给他们适当的位置，那么疗愈就能从心灵深处启动。如此一来以实玛利就能回到大儿子的位置上，他的母亲也重回大老婆的序位。

该亚法和耶稣

基督徒和犹太人之间的惨痛历史可说是另一个可以相提并论的重大冲突，那段历史也和今日的基督徒反犹太主义有关，就我来看，这个冲突也是根源于相同的情结。这个冲突来自于该亚法（Caiaphas）和耶稣之间的对峙，有一些人偏爱该亚法，也偏爱某些该亚法拥护、保护的犹太教，而有另外一些人变成耶稣的追随者。虽然他们都源自于同一个家庭，虽然基督徒的序位比犹太人低，但基督徒却认为自己拥有第一顺位，除此之外，我们也要谨记他们两方之间是相互排斥的。

所以长久以来我一直认为应该好好地检视犹太人和基督徒之间的冲突，并且从源头——耶稣和该亚法——寻找解决方案。

洞见的灵性之路

我深思：如何以明显可见的方式让世人看见这些事情相互连结的深度和范围？要用什么样的形式才能让它成为人人的共同体验？不过我从一开始就清楚，不能以主动的方式推动众人理解这些连结关系，因为世人一定要自行认出，这些如此令人敬畏的移动是来自于心灵的移动，它平等地关心所有人，尤其是那些曾被排斥，最后终究会被移动带领回到系统的人。

灵性家庭排列里看得见并感受到这种移动，这些移动启动本质流动，让我们无法以通俗的方式思考，也让我们放下后悔和异议，跟随移动的带领走上之前不曾见过的洞见之路。

我把这件事放在心上，然后在里昂的众多会众面前，我决定放手一搏：我选出两位代表者，一位代表耶稣，一位代表该亚法，我请他们面对面站着，然后带着全然的信任，将排列交托给创造性心灵的移动。

如果不是内心出现暗示，我才不敢妄自做出这种事情，早在我为这次课程做准备之时，这些名字便清楚地出现在我的脑海里，它们是如此的清晰，以至于我必须将自己的恐惧抛在脑后，完全地臣服在心灵移动当中（没错！这种情况下一样也要进入全然的臣服），信任移动，请它们带领我前进。

以下就是那次排列的所有细节。

排列

就跟一般在进行灵性家庭排列的时候一样，刚开始并不需要马上进入家庭排列，只需请出几位代表者站在某处即可。忽然间这些代表者就会跟随某个移动的带领，做出某些行为，显现出被代表人的状况。

所以，我先选出耶稣和该亚法的代表者，该亚法就是当初把耶稣定罪的大祭司，他把耶稣交给罗马巡抚本丢·彼拉多（Pontius Pilate），使耶稣被钉死在十字架上。当时唯有彼拉多有权力下令并执行十字架死刑。

我从自愿者中挑选出耶稣和该亚法的代表人后，我请他们保持一段距离面对面站着，然后我们三人都把自己交给心灵移动的引导。

从一开始，耶稣的代表者便以全副的精神看向犹太大祭司，他表现得既不像个敌人，也不像个受害者，反而看起来相当有归属感，不带一丝责备和要求。他友善地看着该亚法的代表者，两手敞开，一动也不动，单纯地待在他的位置上，面向该亚法。

大祭司的代表者握紧拳头走向耶稣，朝耶稣踢了一脚，但耶稣并没有避开他，仍然带着友善的表情站在原地。然后，该亚法再次走向耶稣，朝耶稣的胸膛挥了一拳，并试着把他推开。

但耶稣还是保持站在原地，亲切地转向该亚法，无论什么样的行为都无法促使他有所反应，或是自我防卫，他持续保持双手敞开，站在原地。

然后我在此介入。我想起马太福音里提到，当众人在彼拉多面前要求彼拉多判耶稣死罪时，众人发下毒誓："他的血归到我们和我们的子孙身上。"不管当时他们是否说了这句话，或者这句话是福音的作者所编造出来的，对我们来说都不重要，因为当我们看到基督教里的犹太人后来所遭遇的命运，就知道这句话说出了后代的真相，极有可能是这句话造就了这些命运的安排。

我让大祭司的代表者看看他的行为所导致的后果：我选出四位代表者，代表后来被基督徒迫害、谋杀的犹太人。我请他们躺在该亚法和耶稣中间，他们代表着从当时至今，在某种程度上因为该亚法对耶稣的不义之举而丧失生命的千百万个犹太人。

我的涉入对该亚法的代表者造成惊人的效果，他的侵略性马上就消失了，他一步步往后退，但没有看向死者，他只看着耶稣，不过耶稣却看向死者。过了一阵子之后，该亚法也看向了死者，他跪了下来，弯腰靠近死者，大声地哭了起来。

耶稣的代表者亲切地转向该亚法，他坐在地上看着该亚法，对该亚法伸出手来。

过了一阵子，该亚法的代表者倒地，将头靠在某位死者的肚子上。他把双臂张得很开，一边哭泣，嘴唇一边在动，好像想要说些什么，或是想要大叫，不过他没有发出任何声音，也没有讲任何一句话。我在心象里看到，他后来也是死在十字架上。过了不久以后，他用一只手指头轻轻碰了耶稣的手，不过又马上缩手。

过了一段时间之后，他试着把死者扶起，好像想要使他们起死回生，耶稣将他从死者身旁拉开。耶稣坐在另一边的地板上，仍然保持双手张开，他的头往前倾斜。我在这此中断排列。

这个排列进行了三个小时又十五分钟，全程全场不发一语。

反思

不管我们从哪个角度来看待这些移动，有一件事是很确定的：这些移动绝对不是代表者设计出来的，而是心灵的移动在他们身上运作。所有的移动都一样，如果它们带领代表者走向代表者无法理解的境地里，那就是为爱而服务的移动。这些移动克服了对峙，在这个例子里，它克服了犹太人和基督徒的对峙，因此这些移动是为和平而服务的。

故事：转折点

有个男孩出生在某个家庭里，归属于某个国家和文化，从小他就听闻有某位大英雄，他是每个人的导师，也是每个人心目中的大师，男孩心中深深地渴望可以变得和那位英雄一样，成为像那位英雄一样的人物。

他加入想法类似的同伴团体，多年来实践严格的纪律，跟随那位伟人的典范，后来男孩真的变得和那位伟人一样，想法、话语、感受都像他一样。

不过他觉得自己还是缺了点什么，因此他动身展开一段长程旅途，前往最远的边境，希望能穿越最后一道国界。他经过一个长年被遗弃的老旧花园，花园里野生的玫瑰依旧绽放，高耸的树长出秋天的果实，因为无人采集，因此果实掉落一地。从这里再往前走就遇到了一整片沙漠。

没过多久，男孩被无边无际的空旷包围，每个方向看起来都一样，有时候眼前会出现某些东西，没过多久男孩就发现那些东西其实虚幻不存在。他漫无目的地流浪，失去和感官的连结，然后他发现一处泉水，泉水从土地里流出，然后迅速地渗入沙子里，不过对沙漠来说，有水的地方就是天堂。

然后他抬头望向四方，发现两个陌生人走过来，他们和这位男孩经历过同样的事情，他们也都追随心目中的英雄，到最后也把自己变得跟那位英雄一样，他们也出发走上艰巨的旅程，走尽沙漠的孤独，为的是遇见最后一道仍未克服的边境，他们也和这位男孩一样，找到了这座泉水。他们三人一起弯腰，喝下相同的水，他们相信自己就快要到达目的地了。他们三人相互自我介绍，"我是释迦牟尼佛。""我是耶稣基督。""我是先知穆罕默德。"

但后来黑夜降临，笼罩着他们许久许久，沉默的星星在远处闪烁着光辉，没有一丝声响，三人不发一语。忽然间其中一人感觉到自己和深爱的大师是如此地靠近，从未如此地靠近过。如果自己能了解"失去所有权力，如此微不足道，如此地渺小"这句话的涵意，如果他也能了解什么是罪恶感，那会是怎样的一个光景呢？他突然有所瞥见。

隔天早上他启程返家，离开了沙漠，回程的路上再次经过那个荒凉的花园，这次他走得更深入，遇到了自己的花园。有个老男人站在男孩的花园前问候他，感觉老男人好像早就一直在那边等着男孩。老男人说："从如此遥远的地方返回，而能找到路径回家的人，必定是深爱富饶地球之人。他了解万物有生即有死，而死滋养着生。"

返家的男孩回答："是的，的确是这样，这是我亲爱的地球的运行法则。"后来，男孩就开始栽种这个花园。

第十一章
反思
Reflections

好好整理你的家！

"好好整理你的家！"这句话是什么意思？它表示你把东西通通井然有序地放好，于是你能心无　碍，其他人不需要你在身旁给予指示也知道要如何使用这些东西。所谓的"秩序"就是：不需要你在一旁，事情也会自己进行下去；如果你把这份秩序送给他人，这份秩序也能为他人服务。让你的家保持井然有序，这么一来不需要你持续地关照，这份礼物也能保存良好。

"好好整理你的家！"也同时意味着，当你离去，这些东西不会变成他人的负担，可以持续运作下去。这表示给他人足够的空间，让他们可以接管这些东西，从此之后他们可以把这些东西视为自己的所属物品，其实这也和物品为人所使用的存在使命融合一致。

井然有序的家，能保留住家庭的风味，并且会变成崭新的家庭。因为它是如此有条不紊，家人们带着爱整理家，带着真诚的眼光看向未来，为了生活也为了爱将东西整理得井然有序，因此房子能准备好迎接新的事物来临，而新的事物也必会造访。

守望

我们留心注意自己真心盼望的事情，我们也密切注视着幸福、愉快、夙愿的实现，我们留心关注"完成"某个任务，而我们最关心注意的，就是完成自己的人生。

不管我们想不想承认，完成自己的人生是我们最深的渴望，因此我们最关心注意的就是这份成就，然后我们就能在心灵深处感觉到此生只是某个过渡，将我们转渡到超越生命之处。

这里所提到的"完成"指的是"结束、消失"的相反，就算我们现在看向超越此生的某处，看到它在我们死后的世界等着我们，这一切也终究会结束。

当我们留心张望时，就是看向即将来临的事物，它拉着我们向前行，张望的眼神已经带领我们到达彼方。

如果我们这样持续张望，生命会发生什么事呢？如果在深深归于中心之时，我们张望看向终极的世界，生命会发生什么事呢？这样还能处在当下吗？

我们的确是处在当下，不过质量不同，感觉像是已经完成了某些事情，更轻松、更愉快。

自由

每当我看得超越眼前的一切，看向眼前事物所仰赖的力量，看到眼前事物存在的根基，我就能保有自由感。每当我带着爱和感激之情关心亲人之时，或每当我对亲人生气，不想看到他们之时，看得超越眼前的一切，更是能让我感受到自由。

每当我把注意力放在眼前的事物，尤其是特别关注某些亲近的人，他们就占据了我，我也占有了他们，他们代替了他们背后那更伟大的整体，站在伟大整体的位置奴役我，夺走我的自由。若我想从他们身边离开，以为这样就能重获自由，这样的想法更令我失去自由，说不定这样的想法还会将彼此间的束缚加深。此外，这种以逃避所获得的自由，让我更贫乏，而非更丰富。

但当我看得超越他们，看向心灵的力量，看到这股力量平等地带领着我和他们，我的心就再也不局限于此地而是驻于他处，于是我能以独立之姿生活，脱离亲近之人而行动，当我这样看待这些亲近之人，以前双方用来束缚彼此的力量就消散了。

从此之后，我和他们之间的连结有了不同于以往的质量，连结中多了一份自由。我和他们以心灵之爱相连，心灵之爱带领我们经验无限的满足和完整的连结，远远超越我们那渺小的自我。如何才能与他人以心灵之爱相连呢？答案是愿意抛弃对自由的追寻，在心中空出许多空间，留给真正的真相。

抵达

终于到达了，到达何处呢？到达了某个地方，在那儿我们总是感觉到某物正牵引着我们，它到底要牵引我们去哪呢？去一个我们能驻留之地，一个永远都能驻留的境地。

我们是独自前往吗？其他人会跟我们一起去吗？还是说我们得跟着其他人一起去呢？那里又有什么东西等着我们呢？

那里的万事万物都在期待着我们的到来，万事万物在彼方一起等着我们。等多久呢？直到永远，因为它们在那端与我们同在，和我们共同组成一个完整的整体。

回归彼方是如何的一个光景呢？一切将重新回归源头：身为人类的我们在回归彼方之时将感到十分熟悉，了解到我们从未真正远离；我们带着生命的原本样貌重回彼方，生命上面只刻画着之前所曾历练过的淬炼，之前所拥有的东西却没在生命里留下一丝痕迹；我们带着自己的生命返回彼方，感觉就像我们之前曾出借了一条生命，现在将它带回来贡献出去。如何能这样呢？只要待在彼方与生命同在，和彼方的万事万物同在即可。

我们和启程之时一样吗？有没有改变？当我们抵达之时，有没有带回一些特别的东西？

我们带回了一些曾经发生过的事情，带回了一些人，这些人曾经进入我们的生命，我们也曾进入他们的生命。我们重回到完整的存在状态里，存在状态是如何变得完整呢？是我们拿自己所拥有之物填满的吗？事实上，我们的存在状态里装满了他人曾给我们的东西，装满了我们曾承担的任务，以及我们曾接收到的礼物，这些东西加上我自己本身，就是我的贡献。

重回完整的存在状态会对我来带来什么影响？它净化了我们，因为万事万物都重回自己的源头。

当我们以纯净之姿抵达彼方，并待在那里，我们的存在状态会变成怎样呢？我们待在彼方，保持纯净，临在于心灵之内，临在于世上，与其他的万事万物一同临在。

生命不断延续

谈论到生命的生生灭灭，我们的经验是：每段生命终究都会走到尽头。但是生命结束之时同时也传递了新生，以此方式不断更新，不断进行。生命走到尽头却继续留存，不断延续。

生命来自于何处？它是以物质的形态存在吗？能被清楚地定义吗？因为生命乃是根据某个计划、某个命令而移动，因此引发生命的移动确实是来自于物质世界之外，然而这些命令和计划是在哪边设定的呢？这些计划可能来自于物质世界吗？或者我们能清楚地了解到物质世界被某种律则所统治，这些律则从物质的背后管理、引导着物质，透过这种模式物质开始有了生命？因此当生命开始繁衍时，物质就会在繁衍中消散，生命却得以延续，这是因为生命是从别处而来的吗？生命传承的时间比所有单一个体的形式延续更久，它的存在超越了所有的物质形式，这就是生命所呈现出来的模式。

换句话说，生命以某种灵性的层次存在着，无法被任何物质终止，也无法被任何物质强行消灭。

生命延续的时间比过客来来去去的时间还久，因为生命从他处而来，生命在那个境地里是永恒留存的。

身为人类的我们感觉得到自己的灵性，除了能体验到自己的物质层面，还感觉到自己的内在和外在皆与某种灵性世界有所连结，而这个灵性世界也带领着我们。虽然我们拥有一个物质外形，却仍能感觉自己的心灵：能在精神里想象，能在心灵的带领下移动，让心灵引导，被心灵占领，能在心灵层面里感觉到有一种良知，在此刻、于此生，独立于物质形式以外，带领我们走向永恒。同时我们也感觉到生命的物质形式是具有精神性的，它受到心灵的带领，听从心灵的意志，被心灵赋予了灵魂。

我们首先从物质形式，也就是我们的身体、我们的物质存在，感受到心灵。然而物质若失去了心灵，便无法存在，物质无法单靠自己而活，但心灵却可以：我们可以感觉到心灵能独立于物质以外而存在，能在物质的背后运作，永恒地在物质背后进行自己的工作。现在，就在这具躯体里，就在这一生中，它在心灵的领域里引导着我们，强而有力地牵引我们走入心灵领域。

在心灵的领域里，我们的生命永存，超越了此生，超越了死亡，超越了当前的意识。

我们如何在此时此地就感受到永恒呢？深深地归于中心，在心灵里观照，就能进入永恒。然而，归于中心、心灵冥想是我们内在的产物吗？可以经由努力获得这样的质量吗？

这些质量是别人给我们的，当我们经验这些质量时，它们就像一个礼物；它们是存在的礼物，心灵存在的礼物，永恒生命的礼物。

退守

在心灵的领域里，"退守"带我们更加靠近某事，而非远离，它带我们走向支持万有的力量，因为"退守"让事情按照原本的方式移动。我们曾经远离某些事物，以为那些事物已经被我们抛在脑后，然而"退守"能带着我们再次与这些事物搭起连结，"退守"带我们找到重返往事遗迹的路，那些往事已经不需要再进行下去了，因为它已在自身的圆满里安息。

"退守"带我们找回自己的力量泉源，带我们回到万事万物的本源，那是所有事物的源头，没有什么能与之相提并论。我们后来才观察到事物的生灭，不过它们早已在源头里发生。看起来越是离源头越远的事物，事实上却越在源头深处相连，直到它体会到奋力向前就等于重返源头，它才了解这就像一个循环，向前移动就是朝向回家的路移动，永远如此。

我们要如何重返源头？只要我们持续向前进行，就是走在回家的路上；向前走就是重返源头。

我们终有一天能重返源头吗？把源头想象成我们重返的起点，有道理吗？还是说源头本身是一种移动，永远保持和我们同样的距离？说不定它以移动的方式呈现，事实上仍在更深的本源里进行，那个本源里没有开始没有结束，因为它同时在每个层面里运作，出现在万事万物里，而我们也身在其中。

和平

如果所有人都被他人允许能以自己的方式生活，每个人也都允许他人以他们的本来样貌生活，保持自己的生活形式，那么和平就能开始发展。这表示人人同时相互荣耀彼此的界限，没有人侵犯他人的界限，每个人都留在自己的界限里。这是神授的界限，什么意思呢？这表示有另外一个力量盘算、计划好每个人的本来面貌，让我们能以自己如是的样貌为这伟大的力量而服务，而所谓如是的样貌就包含了我们的界限。

当我们尊重他人的界限，也就是尊重自己的界限，我保持和"道"融合一致，同时尊重自己和他人的界限。当我们和这个移动融合时，这些界限就能带来和平，因为道平等地看向四面八方。

道以一切事物的本来面貌照顾着万事万物，和这样的关照融合一致，和道的移动融合一致，和道之爱融合一致，如此一来，和平就有可能发生。

什么会阻碍了道之爱？当我傲慢地认为，与他人相较之下，道比较关心我，当我认为自己比他人更优越，这种时候我就失去和道、道之爱的共鸣，这表示我和他人有冲突，也和道的运行有所抵触。

于是我发现自己只剩下手段，而被道和道的引导所遗弃。当我失败，甚至死亡，或是其他人为我而死时，被遗弃的感觉尤为强烈。

难道道真的彻底遗弃我了吗？不，它从不遗弃任何人，它只是以另外一种方式带领我们为它服务，以一种自身感觉相当痛苦，他人也感觉十分惨痛的方式，不过就算身在这种处境里，我仍然全然地为道而服务。

当我们以这种方式为道服务时，它会带领我们到何处去呢？它将带领我们认出和他人之间的界限，于是我们就能以他人原本的样貌给予尊重，也以自己的原来样貌尊重自己。不过这是一条既长又曲折的旅程，其中还有很多会让许多人感到痛苦的历练，不过只要我们越是坚持和平，我们就越能以谦虚的态度前进，越来越确定自己和他人是平等的。

这就是真正的和平，能够长存在我们左右的和平、人性化的和平、为人性而服务的和平，也就是心灵的和平。

足够

每当我们学到一些新东西，比如说：灵性家庭排列，就会在某个时刻了解到：先学到这边就够了。这表示，我们了解得够多了，可以将习得的东西拿来实践练习，同时也等待机会将新习得的事物拿来运用。现在，我们想要以自身的体会获得成长，唯有从自身的体会，包括犯错，甚至是失败，我们才能真正了解。更重要的是，从体验当中我们马上就能从自己的感受了解到：新知识到底行不行得通。

因此，老师不会把自己会的东西一次全部展现给学生看，而是引导学生们走到某个门槛前，让学生靠自己的能力跨越门槛，老师则撤开所有的帮助。

于是，关于灵性家庭排列，我只解释一小部分，但那些已在内在展开旅程的人，尤其是那些关心一切事物本来面貌的人，对他们来说这样的了解程度已经够多，足以让他们许下承诺投身进入这场冒险之中，臣服于"道"的带领。

我同时也信任带领他人前进的伟大力量，因为这个力量也是一直这样带领着我。我退守，并和伟大力量的爱融合一致，在这个融合里我保持和这些移动有所连结，那是一切万有的移动，也是我的移动。

消失

我正走向何方？当我抵达目的地之时，我到底是去了哪呢？到达那里的我，还是我吗？或者目的地的牵引之力过大，让我在抵达之时迷失了自己？

此刻我要谈谈洞见之路，那一是条通往终极领悟之路。我能以个人的身分与之交谈吗？还是说它对我的牵引过大，导致我被它完全吸收？走上洞见之路，我就进入领悟，进入纯粹的领悟吗？

这里所指的"纯粹"是什么意思？纯粹表示，我在领悟中被带走，被吸收，彻底消失。那么剩下的是哪个人在领悟呢？谁透过这些领悟工作？谁期望从这些领悟中获得某些东西呢？领悟之时真的了解了什么吗？或者这种了解只是单纯的知晓、纯然的知晓，以纯粹的临在知晓。

就我们所能辨识的范围内，这种知晓会带来什么效果？我们辨识得出来哪种存在以同样的方式意识到我们呢？

如果保持一段距离观看的话，我们能辨识出通往知晓的路径，但充其量也只能辨识到某个程度而已，尤其当我们感觉自己被知晓的力量引导时，辨识的程度尤其小。过了一阵子后，认知就会停止，知晓就会开始，那是一种纯然的知晓，没有"我"挡在前面，试图为事物塑造形象，试图彻底了解、限制、断言。

那我们的命运会变成如何呢？那些生命和我们彼此纠缠的人，命运又将如何？我们的前世呢？某些已经去世但是他的存在仍滋养着我们的前辈，那他们的生命会怎样呢？在这种知晓里，生命消失，被彻底吸收，也完成了使命，它们在终点之处和我们待在一起。

尾声

海灵格科学是一个不断演变的科学，不断超越自身，那些参与此移动的人也将在每一刻里超越自己的过去。因此这本书内所提到的洞见和洞见的应用方式都只是暂时的，这和一般对"科学"二字的概念不太相同。一般来说，科学就是证明自己的可信度，透过预测不断重复发生的事情，证明自身的科学价值。

但是，人际关系和生命的科学，只能是一种流动的科学，就和我们的人际关系、爱、生命相同。生命在不断改变当中有所进展，所谓的科学指的就是一条流动的路径。

这种工作绝对不是要你重复地做某些事情，或是为了依样画葫芦而学习，相反，我们许下承诺进入移动，进入人际关系的科学移动之中，透过这些移动成长、流动，并在科学里的每个层面都保持归于中心。我们待在这个移动里，感受到某个东西超越了自我本身，那是来自于"道"的力量，它引导着我们。

我们待在这种"道"的运行里，让它全方位地包围我们、引导我们，我们保持归于中心，对他人、对眼前的新事物敞开，看着它们每日都以新鲜的面貌出现，为我们创造出新的体会。我们待在这儿：静默、勇敢、力量聚集，超越自身来到创造力的领域，让创造力触动着我们。最重要的是，待在万有一切之中，我们感受到永恒的爱。

Hellinger®
schule

Bert Hellinger and Sophie Hellinger
"New Family Constellation"
伯特·海灵格与索菲·海灵格
"新家庭系统排列"

  通过海灵格学校，索菲·海灵格与伯特·海灵格展示和传授新家庭系统排列。家庭系统排列的领悟及其传授内容源于海灵格科学。

  海灵格科学是一门广泛科学，是人类关系序位的科学。伯特·海灵格发现了这门科学，他和索菲一起共同努力，使其获得提升和发展。海灵格学校引领着爱的序位的理论和实践，确保家庭系统排列的教学质量与伯特·海灵格和索菲·海灵格所引领的家庭系统排列同频一致。

  尤为重要的是，海灵格学校服务于生命与成功。几十年来，海灵格学校已经培养出许多一流水准的老师，他们通过家庭系统排列工作坊，协助许多人获得了成功。

  海灵格家庭系统排列师培训课程的形式与方法，在海灵格科学的引领下独具一格。来自世界各地的人们在这里学习，他们跟随家庭系统排列的源头学习，因而有能力并被允许传递这份支持生命的礼物。

索菲·海灵格是海灵格学校的创始人，也是一位先锋，一直在寻求新的和非传统家庭系统排列的应用领域。她致力于服务人类，在协助生命的领域活跃了几十年。她的研究领域非常广泛，其成果远远超越了很多疗愈方法所能达到的。她的知识与技能跨越了从职业到健康、从心智到身体等诸多生命领域。

Family Constellation in the service of Life——True success in life and love

家庭系统排列服务于生命，服务于生命与爱的真正成功

工作坊和海灵格家排导师班内容概述：

家族系统排列、冥想和练习的议题包括：

- 伴侣关系和性：圆满而持久的爱

- 父母与孩子：当今的教育

- 健康与疾病：症状与内在移动

- 工作与职业：喜悦与成功

- 金钱的系统动力：人们可以"吸引"金钱吗？

- 生命障碍：是什么障碍？什么制约了我们的生命？

- 生命的基本法则：一切的关键

- 更多

我们的工作坊和家排导师班总是根据不断发展的生活需求发展与调整。

您可以扫描并关注我们的公众号，上面有您想了解的信息：

您也可以访问我们的网站
www.hellinger.com